Java Web
开发从入门到实战

蒋亚平 ◉ 编著

人 民 邮 电 出 版 社
北 京

图书在版编目（CIP）数据

Java Web开发从入门到实战 / 蒋亚平编著. -- 北京 : 人民邮电出版社, 2025. -- (Web开发人才培养系列丛书).

ISBN 978-7-115-65008-5

Ⅰ. TP312.8

中国国家版本馆CIP数据核字第2024ZV1486号

内 容 提 要

本书从初学者角度出发，通过丰富的案例，循序渐进地介绍了关于 Java Web 应用程序开发的基本技术，同时介绍了 Vue 框架、Spring Boot 框架以及 MyBatis 框架的基础知识。为了让读者快速提升动手能力，做到“学中做，做中学”，本书配备了两个完整的项目案例。

本书分为 Web 开发基础篇、Java Web 技术篇、Java Web 提高篇、流行框架篇和项目实践篇。全书共分 15 章，内容包括 Web 前端基础，搭建开发环境，HTTP 基础，Servlet 技术，JSP 技术，会话及会话技术，过滤器和监听器，JDBC 编程，EL 表达式和 JSTL 标签库，Ajax、jQuery 和 JSON 技术，Vue 框架，Maven 和 Spring Boot 框架，MyBatis 框架，以及两个项目案例：企业新闻管理系统、员工管理系统。本书所有知识点都配有具体的案例，关键程序代码给出了详细的注释，以便读者更好地学习和掌握 Java Web 的相关技术。

本书可以作为高等院校计算机类及相关专业的教材或教学参考书，也可以作为 Java 技术的培训教材，同时也适合从事 Java Web 开发的工程技术人员参考。

◆ 编　　著　蒋亚平
　责任编辑　刘　博
　责任印制　陈　犇

◆ 人民邮电出版社出版发行　　北京市丰台区成寿寺路 11 号
　邮编　100164　　电子邮件　315@ptpress.com.cn
　网址　https://www.ptpress.com.cn
　三河市兴达印务有限公司印刷

◆ 开本：787×1092　1/16
　印张：17.5　　　　2025 年 1 月第 1 版
　字数：503 千字　　2025 年 1 月河北第 1 次印刷

定价：69.80 元

读者服务热线：(010)81055256　印装质量热线：(010)81055316

反盗版热线：(010)81055315

广告经营许可证：京东市监广登字 20170147 号

"Java Web"是一门技术性很强的课程，也是高等学校计算机类专业的一门重要专业课程。根据多年的教学和开发经验，编者认识到实践能力的重要性，因此本书强调理论与实践的结合，注重实践训练，不仅为每个知识点设计了小案例，还精心设计了两个完整的项目案例，以培养学生分析和解决实际业务问题的能力，使其熟练掌握 Java Web 技术。

本书以高等院校对 Java Web 人才的培养目标和定位为标准，以企业需求为基础，明确课程目标，对 Java Web 知识体系进行系统梳理，精准提炼知识重点，真正做到了由浅入深、由易到难、循循善诱。

本书主要内容

本书共分为五大部分，包括 Web 开发基础篇、Java Web 技术篇、Java Web 提高篇、流行框架篇和项目实践篇。

在 Web 开发基础篇中，第 1 章介绍 Web 开发技术，包括 HTML、CSS 和 JavaScript 技术；第 2 章介绍开发环境 JDK、Tomcat、IntelliJ IDEA 和 Visual Studio Code 的搭建；第 3 章介绍 HTTP，回顾了 HTTP 发展阶段，详细阐述了 HTTP 请求消息和 HTTP 响应消息。

在 Java Web 技术篇中，第 4 章介绍 Servlet 常用接口、类和生命周期；第 5 章介绍 JSP 的运行原理、JSP 脚本标记、JSP 指令标记、JSP 动作标记和 JSP 内置对象，并阐述文件的上传与下载；第 6 章介绍会话及会话技术，详细阐述 Cookie 对象和 Session 对象；第 7 章介绍过滤器的概念、配置、生命周期和应用，阐述监听对象生命周期的监听器、监听对象属性的监听器和监听 Session 对象状态变化的监听器。

在 Java Web 提高篇中，第 8 章介绍使用 JDBC 访问 MySQL 数据库，分析基于 PreparedStatement 优化代码防止 SQL 注入，并详细阐述 JDBC 中数据库事务的实现、批量插入提升性能以及使用 CallableStatement 访问存储过程；第 9 章介绍 EL 表达式和 JSTL 标签库的使用；第 10 章介绍 Ajax、jQuery 和 JSON 技术，详细阐述使用 Ajax 技术模拟用户名验证、百度搜索功能和使用 jQuery Ajax 获取 JSON 数据。

在流行框架篇中，第 11 章介绍 Vue 框架、Axios 的使用，阐述 Element-UI 组件；第 12 章介绍 Maven 项目管理工具的安装、依赖管理和 IDEA 整合 Maven，分析 Spring Boot 框架，详细阐述 Spring IoC/DI 和 Spring AOP；第 13 章介绍 MyBatis 的基本操作、XML 映射配置文件，详细阐述了传统分页查询和分页插件 PageHelper 的使用。

在项目实践篇中，第 14 章介绍基于 JSP+Servlet 的企业新闻管理系统的设计与实现；第 15 章介绍基于 Spring Boot+MyBatis+Vue 的员工管理系统的设计与实现。

本书特点

本书把 Java Web 技术与实际应用融合起来介绍，使学生理论基础扎实、动手能力强。

本书高度重视实践能力的培养，对工具的安装、配置、应用过程给出了十分详细的描述，所有案例都是基于实际完成的真实操作介绍，并配有截图，为读者展示了真实、详尽、可重现的场景，方便读者自学和钻研。本书覆盖了 Java Web 的完整技术体系，并且配套提供了丰富的电子资源，每章配有思考与练习，并以电子版形式提供了参考答案。

本书从 Java Web 基础知识开始，再到流行框架 Vue、Spring Boot 和 MyBatis，然后是两个完整的项目案例，因此适合不同层次的人员阅读与使用。

与很多 Java Web 书不同，本书突出了技术的应用，深入介绍了如何运用技术进行实际的项目开发，所展示的项目具有实用的参考价值。在本书的基础上，感兴趣的读者可以继续深入学习和实践 Java 框架技术。

本书的读者群体

本书十分适合初学者入门和进阶。

本书可以作为普通高等院校计算机类及相关专业的教材。

本书可以作为 Java 技术的培训教材。

本书也可供那些已经学习过 Web 技术，但希望全面、系统地理解并掌握实际应用技巧的读者参考。

本书特别适合自学，读者完全可以利用本书给出的资源和示例，一步一步地完成各项操作和应用。

配套资源

为便于教学，本书配有源代码、教学课件、教学大纲、实验课程大纲、安装程序、题库，读者可登录人邮教育社区（www.ryjiaoyu.com），搜索本书获得配套资源。

致谢

本书由蒋亚平编著，在本书编写过程中，编者听取了同行及读者的宝贵意见和建议，在此表示衷心的感谢。

Java Web 技术发展迅速，编者将跟踪 Java Web 技术发展趋势，同时不断将最新、最实用的电子资料发布到配套资源平台。

限于编者水平和时间，书中难免存在不足之处，欢迎各界专家和读者批评指正，特别希望使用本书的教师和学生多提宝贵意见。

编　者

2024 年 11 月

第一篇 Web开发基础篇

第1章 Web 前端基础

第2章 搭建开发环境

第3章 HTTP 基础

第二篇 Java Web技术篇

第 4 章 Servlet 技术

第 5 章 JSP 技术

第 6 章 会话及会话技术

第 7 章 过滤器和监听器

第三篇 Java Web提高篇

第 8 章 JDBC 编程

第 9 章 EL 表达式和 JSTL 标签库

第 10 章 Ajax、jQuery 和 JSON 技术

第四篇 流行框架篇

第 11 章 Vue 框架

第 12 章 Maven 和 Spring Boot 框架

第 13 章 MyBatis 框架

第五篇 项目实践篇

第14章 项目案例：企业新闻管理系统

第15章 项目案例：员工管理系统

第一篇

Web开发基础篇

第1章 Web 前端基础

网络程序开发体系架构主要分为基于客户端/服务器架构和基于浏览器/服务器架构两种。Web 前端开发的三大组件包括 HTML（Hyper Text Mark Language，超文本标记语言）、CSS（Cascading Style Sheets，层叠样式表）、JavaScript 语言。HTML 是一种用于编写网页的标准标记语言；CSS 是一种为结构化文档添加样式的标记语言，能使内容和样式分离，使得网页的外观更加美观和易于维护；JavaScript 是一种基于对象和事件驱动的解释型编程语言，也是广泛用于客户端 Web 开发的脚本语言。

本章首先介绍网络程序开发体系架构、Web 应用技术，然后介绍 HTML 和 CSS 技术，最后介绍 JavaScript 语言。

1.1 Web 开发技术概述

随着计算机网络技术的飞速发展，网络应用程序设计与开发已经成为当前软件开发行业的主流趋势。Web 开发技术主要涉及客户端和服务器端技术。客户端技术主要包括 HTML、CSS、JavaScript、jQuery 和 Vue（jQuery 和 Vue 都是 JavaScript 框架）；服务器端技术主要包括 CGI（Common Gateway Interface，公共网关接口）、JSP（Java Server Pages，Java 服务页面）、ASP.NET 脚本语言（Active Server Page.NET）和 Java 框架技术。

1.1.1 网络程序开发体系架构

网络程序开发体系架构主要分为基于客户端/服务器（Client/Server，C/S）和基于浏览器/服务器（Browser/Server，B/S）两种架构。

1. C/S 体系架构

C/S 体系架构采用两层结构，即客户端和服务器结构，对应的是前台程序与后台程序，客户端负责完成与用户的交互任务，服务器负责数据的管理，其主要应用于局域网内。C/S 体系架构如图 1-1 所示。

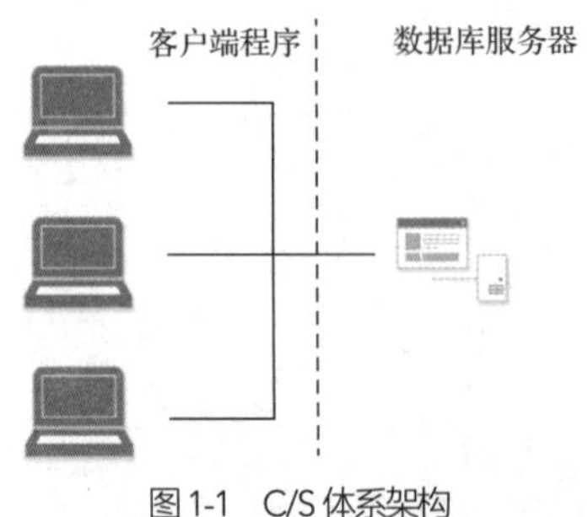

图 1-1 C/S 体系架构

2. B/S 体系架构

B/S 体系架构即浏览器和服务器结构，它是对 C/S 体系架构的一种改进。B/S 体系架构如图 1-2 所示。

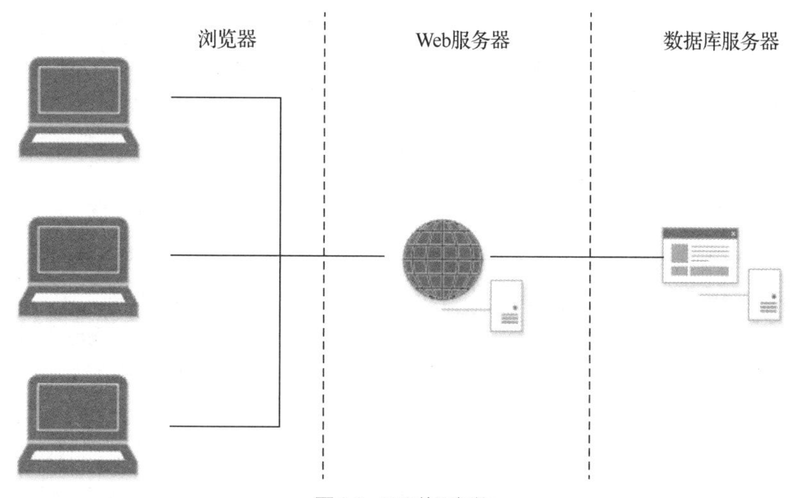

图 1-2 B/S 体系架构

客户端浏览器向 Web 服务器发送各种请求，Web 服务器处理请求，与数据库服务器进行交互，并将结果返回浏览器显示。客户端浏览器有 IE、Firefox、Opera、Chrome 等，Web 服务器有 Tomcat、WebSphere、WebLogic 等。从图 1-2 中可以看出，浏览器通过 Web 服务器与数据库服务器建立连接。B/S 体系架构可以解决数据库并发数量有限的问题。

1.1.2 Web 应用技术

在 Web 应用程序中，Web 技术通常分为客户端应用技术和服务器端技术。客户端通常是指用户使用的浏览器，服务器是一种运行在网络上，负责处理客户端的请求并返回相应的数据的设备。

1. 客户端应用技术

（1）HTML

HTML（Hyper Text Markup Language，超文本标记语言）是一种用于创建网页的标准标记语言。它使用一系列的标签来描述网页内容，如标题、段落、图片等，这些标签可以被浏览器解析并呈现为可视化的网页。HTML 是构建和设计网页的基础，它使得网页内容更加丰富和交互性更强。

（2）CSS

CSS 是一种标准的样式表语言，用于描述网页的表现形式，如网页元素的字体大小、颜色等。CSS 的主要作用是美化网页，能够实现对网页中元素位置的排版进行像素级精确控制。CSS 在 Web 设计领域是一个突破，市面上几乎所有的浏览器都支持 CSS。

（3）JavaScript

JavaScript 是一种编程语言，主要用于 Web 浏览器中，以使网页具有交互性。JavaScript 代码嵌入网页中的特定程序，代码由浏览器进行解释执行。它可以控制 HTML 文档的动态内容，以及与用户进行交互。

（4）jQuery

jQuery 是一个快速、简洁的 JavaScript 框架，它的设计宗旨是“Write Less，Do More”，即“写得少，做得多”。jQuery 极大地简化了 JavaScript 编程。jQuery 可以访问和操作 DOM 元素、控制页面样式、对页面事件进行处理、与 Ajax 技术完美结合等。与 JavaScript 相比，jQuery 的优势是具有强大的选择器、出色的 DOM 封装、可靠的事件处理机制和出色的浏览器兼容性。

（5）Vue

Vue 是一款用于构建用户界面的 JavaScript 框架。它基于标准 HTML、CSS 和 JavaScript 构建，并提供了一套声明式的、组件化的编程模型，帮助前端开发人员高效地开发用户界面。因为不同开发者在 Web 上构建的内容在形式上会有所不同，所以 Vue 设计非常注重灵活性和渐进式。

2．服务器端技术

（1）CGI

CGI 最早是一种用来创建动态网页的技术，可以让一个客户端，从网页浏览器向执行在网络服务器上的程序请求数据。在 CGI 中使用的最常见语言是 C/C++、Java 等。CGI 应用程序能与浏览器进行交互，还可以通过数据 API 与数据库服务器等外部数据源进行通信，从数据库服务器中获取数据。CGI 程序可以将数据格式化为 HTML 文档后发送给浏览器，也可以将从浏览器获得的数据放到数据库中。

（2）JSP

JSP 是以 Java 为基础开发的，具有强大的 Java API 功能。JSP 允许开发人员在 HTML 页面中直接嵌入 Java 代码。这些代码在服务器上执行，生成动态的网页内容。JSP 可以与许多 Java 技术结合使用，如 JDBC 等，以实现更复杂的应用。JSP 可以与 Servlet 一起使用，Servlet 是一种基于 Java 的服务器端程序，可以处理客户端请求并生成动态内容。

（3）ASP.NET

ASP.NET 是微软公司开发的一种服务器端脚本技术，它基于.NET Framework 平台，用于构建动态 Web 应用程序。ASP.NET 使用 C#等.Net 编程语言进行开发，并提供了一套丰富的控件和 API 来简化 Web 应用程序的开发过程。ASP.NET 是一种功能强大、易于使用的服务器端技术，适用于构建各种规模的 Web 应用程序。

（4）Java 框架技术

流行的 Java 框架技术主要有 Spring 框架、MyBatis 框架、Log4j 框架等。Spring 是一个开源的 Java EE 应用程序框架，由 Rod Johnson 发起，主要用于解决企业级编程开发中的复杂性，实现敏捷开发。它是一个轻量级容器，提供了功能强大的控制反转（IOC）、面向切面编程（AOP）及 Web MVC 等功能。MyBatis 是一个基于 Java 的持久层框架，它提供了一种简洁的方式来执行数据库操作。通过 MyBatis，开发者可以使用 XML 或注解来配置和映射原生信息，并且可以定制 SQL、存储过程以及高级映射。Log4j 是一个为 Java 提供的日志框架，由 Apache 开发并开源。通过 Log4j，开发者可以控制日志信息输送的目的地，如控制台、文件等，也可以控制每一条日志的输出格式。

1.2 HTML 和 CSS 技术

网页是构成网站的基本元素，它是一个包含 HTML 标签的纯文本文件，可以通过网页浏览器来阅读。为了让网页看起来更加美观大气，需要给网页添加 CSS（层叠样式表）样式，用于装饰网页和达到设计效果。

1.2.1 HTML 基础

HTML 标准格式主要包括基本标签、表格和表单。常用的 HTML 编辑器有 EditPlus、HBuilder、Visual

Studio Code 等。

1．基本标签

一个 HTML 页面一般包括文档的根标签（html）、文档的头信息（head）和网页内容（body）三部分。

【例 1-1】HTML 框架示例，其代码如下：

```
<!DOCTYPE html>
<html>
    <head>
        <meta charset="utf-8" />
        <title>标题</title>
    </head>
    <body>
        主体
    </body>
</html>
```

HTML 常用的基本标签如表 1-1 所示。

表 1-1　HTML 常用的基本标签

标签	描述
p	段落标签
a	超链接
h1～h6	一级标题至六级标题。例如，h1 表示一级标题，h1 在 6 种标题中字体最大
br	换行标签
img	图片标签
ol	有序列表标签
ul	无序列表标签
li	有序列表或无序列表的列表项标签。语法：<ul><li>列表项 1</li><li>列表项 2</li></ul>
dl、dt、dd	定义性列表。这 3 个 HTML 标记是一个组合。语法：<dl><dt>标题或术语</dt><dd>描述</dd></dl>
marquee	文字滚动标签。实现跑马灯效果。例如，文字从左向右滚动，滚动延时 500 毫秒：<marquee scrolldelay="500" direction="right">跑马灯效果</marquee>
strong	加粗标签。例如，中国加粗显示：<strong>中国</strong>
em	斜体
hr	水平线
font	字体标签。通过属性 color 设置字体颜色，size 设置字体大小

接下来对部分标签进行分析。

（1）图片标签<img>

【例 1-2】图片标签示例，其代码如下：

```
<img src="img/icon-3.jpg" title="美女" alt="路径错误" width="100px" height="100px"
align="center"/>
```

上述代码中，src 表示图片的路径，可以是本地或者网络上的图片，title 表示悬浮在图片上时显示的文字，alt 表示图片不存在时显示的文字，width 表示图片宽度，height 表示图片高度，align 表示水平显示位置（center：居中，right：靠右，left：靠左）。

（2）超链接

【例 1-3】超链接示例，其代码如下：

```
<a href="http://www.baidu.com" target="_blank">百度</a>
```

上述代码中，href 属性是用来指定链接目标的地址，target 属性规定在何处打开链接文档。“_blank”是在新窗口中打开被链接文档，“_self”是在相同的框架中打开被链接文档，这是默认值，“_parent”是在父框架中打开被链接文档，“_top”是在整个窗口中打开被链接文档，“framename”是在指定的框架中打开被链接文档。

（3）无序列表

【例 1-4】无序列表示例，其代码如下：

```
<ul>催人上进的经典励志名言
    <li>只有不断地努力和上进，才能成为更好的自己，享受更美好的人生。</li>
    <li>上进心是通向成功的阶梯，只有努力才能攀登到顶峰。</li>
    <li>不要停止前进的脚步，只有努力上进，才能不断超越自己，取得更大的成就。</li>
</ul>
```

2. 表格

表格由<table>标签、<tr>标签和<td>标签组成，第一行的表头一般使用<th>标签代替<td>标签，<th>标签中的内容默认居中加粗显示，单元格包含文本、图片、列表等。

【例 1-5】HTML 表格的基本框架示例，其代码如下：

```
<table border="1">
    <tr>
        <th>表头第一个单元格</th><th>表头第二个单元格</th>
    </tr>
    <tr>
        <td>内容部分第一行，第一个单元格</td><td>内容部分第一行，第二个单元格</td>
    </tr>
</table>
```

表格常用的属性如表 1-2 所示。

表 1-2　表格常用的属性

属性	描述	属性	描述
width	表格的宽度	align	指定水平对齐方式
height	表格的高度	valign	指定垂直对齐方式
border	表格边框的宽度	colspan	跨列，合并同一行的单元格
cellpadding	指定边框与内容之间的空白	rowspan	跨行，合并同一列的单元格
cellspacing	指定单元格之间的空白		

3. 表单

表单是 UI 设计中很常见的元素。

【例 1-6】表单示例，其代码如下：

```
<form method="post" action="目标URL" onsubmit="return checkForm()"
onreset="return resetForm()"></form>
```

上述代码中，method 是表单提交方式，常用的提交方式是 get 或 post。action 是表单提交目标的 URL。

onsubmit 在表单提交前触发，一般是验证表单元素的内容是否正确，返回 true，将会提交表单数据到 action 对应的目标进行处理，否则不提交。onreset 是单击表单重置按钮时触发，返回 true，将会重置表单元素。

表单中包含多个表单元素，主要的表单元素有文本框、密码框、按钮、文件等。下面介绍几种常用的表单元素。

（1）input 表单元素

input 表单元素中文本框的语法如下：

```
<input type="text" name="名称" value="值"/>
```

上述代码中，type 可以设置为 password、hidden、submit、reset、button、image、file，分别表示密码框、隐藏域、提交按钮、重置按钮、普通按钮、图片和上传文件标签，type 设置为 radio、checkbox，分别表示单选按钮和复选框。属性 checked 设置为 true，表示单选按钮或者复选框被选中。只读属性设置 readonly 属性为“readonly”，禁用属性设置 disabled 属性为“disabled”，禁用效果为灰色。

（2）下拉列表

下拉列表由<select>标签和<option>标签组成。

【例 1-7】下拉列表示例，其代码如下：

```
<select>
    <option value="选项一的值">选项一的文本</option>
    <option value="选项二的值">选项二的文本</option>
    <option value="选项三的值">选项三的文本</option>
</select>
```

（3）多行文本域

在 Web 应用中，输入一些文本信息，一般会使用多行文本域。

【例 1-8】多行文本域示例，其代码如下：

```
<textarea rows="3" cols="20">多行文本域</textarea>
```

上述代码中，rows 指定文本域的高度（以行数计），cols 指定文本域的宽度。

1.2.2 CSS 技术

CSS 是一种用来表现 HTML 或 XML 等文件样式的计算机语言，可以统一设置页面布局、字体、背景等，从而使页面布局更加轻松、风格更加统一。

CSS 的优势如下。

（1）内容与表现分离。

（2）网页的表现统一，易于维护。

（3）丰富的样式，使得页面布局更加灵活。

（4）减少网页的代码量，页面加载速度更快，节省网络带宽。

（5）运用独立于页面的 CSS，有利于网页被搜索引擎收录。

1. CSS 选择器

CSS 选择器分为标签选择器、类选择器和 ID 选择器。

【例 1-9】CSS 标签选择器示例，其代码如下：

```
<style type="text/css">
    p{
        font-size: 12px;
```

```
        color: #F00;
    }
</style>
```

上述代码中，p 是标签选择器，表示当前页面中所有段落<p>标签的字体大小为“12px”，字体颜色为“#F00”，即红色。

类选择器的使用有以下两个步骤。

① 定义一个类样式，语法如下：

```
.类名称{属性:值}
```

② 通过 class 属性引用类样式，语法如下：

```
<标签名 class="类名称">标签内容</标签名>
```

ID 选择器的使用有以下两个步骤。

① 定义一个 ID 样式，语法如下：

```
#id 名称{属性:值}
```

② 通过 id 属性引用 ID 样式，语法如下：

```
<标签名 id="id 名称">标签内容</标签名>
```

2．HTML 中引入 CSS 样式

HTML 中引入 CSS 样式有内联样式、内部样式表和外部样式表 3 种方式。

内联样式是在标签中使用 style 属性引入 CSS 样式，该样式只在本标签有效。

【例 1-10】内联样式示例，其代码如下：

```
<h1 style="color: blue;">Stop struggling, life is stopped. 停止奋斗,生命也就停止了。 </h1>
```

内部样式表是写在页面头部的<style>和</style>之间，方便在同页面中修改样式，但不利于多页面间共享复用代码及维护，对内容与样式的分离也不够彻底。

外部样式表是编写一个扩展名为.css 的样式表文件，样式写在该样式表文件中，页面（如 HTML 文件）引用扩展名为.css 的样式表。

【例 1-11】引入外部样式表文件示例，其代码如下：

```
<link href="css/index.css" rel="stylesheet" type="text/css" />
```

上述代码中，href 是外部样式表文件 URL。外部样式表解决了内部样式表的问题，多个页面可以共享复用 CSS 样式表文件。

浏览器通过判断 CSS 优先级来决定元素应用哪些属性，通常用优先级来合理控制元素达到理想的显示状态。

（1）内联样式、内部样式表和外部样式表同时应用于同一个元素的优先级如下：

```
内联样式 > 内部样式表 > 外部样式表
```

CSS 优先级就近原则，距离元素越近的样式优先级越高。“内联样式”优先级高于“内部样式表”，“内部样式表”优先级高于“外部样式表”。

（2）ID 选择器、类选择器和标签选择器同时应用于同一个元素的优先级如下：

```
ID 选择器 > 类选择器 > 标签选择器
```

“ID 选择器”优先级高于“类选择器”，“类选择器”优先级高于“标签选择器”。

3．CSS 常用样式

CSS 常用样式有字体样式、文本样式、超链接伪类样式、背景样式和列表样式等。

字体样式的属性如表 1-3 所示。

表 1-3　字体样式的属性

属性	描述	属性	描述
font-family	字体类型。例如，font-family: “隶书”；	font-weight	字体粗细。例如，font-weight:bold;
font-size	字体大小。例如，font-size:12px;	font-style	字体风格。例如，font-style:italic;
font	设置所有字体属性。例如， font:italic bold 36px "隶书";		

文本样式的属性、描述及示例如表 1-4 所示。

表 1-4　文本样式的属性、描述及示例

属性	描述	示例
color	设置文本颜色	color:#abc123;
text-align	设置元素水平对齐方式	text-align:center;
line-height	设置文本的行高	line-height:25px;
text-decoration	设置文本的装饰	text-decoration:underline;
text-indent	首行文本的缩进	text-indent:20px;

超链接伪类样式的伪类名称、描述及示例如表 1-5 所示。

表 1-5　超链接伪类样式的伪类名称、描述及示例

伪类名称	描述	示例
a:link	未单击访问时超链接样式	a:link{color:#123abc;}
a:visited	单击访问后超链接样式	a:visited {color:#666;}
a:hover	鼠标悬浮其上的超链接样式	a:hover{color:#ffff00;
a:active	鼠标单击未释放的超链接样式	a:active {color:#888;}

背景样式的属性、描述及示例如表 1-6 所示。

表 1-6　背景样式的属性、描述及示例

属性	描述	示例
background-color	背景颜色	背景颜色设置为透明 background-color:transparent;
background-image	背景图像	background-image:url(images/car.jpg);
background-repeat	背景重复方式	background-repeat:no-repeat;
background-position	背景定位	background-position:top right;
background	设置所有背景属性	background:#F00 url(../images/cat.gif) 115px 20px no-repeat;

背景重复方式属性 background-repeat 有 4 个值：repeat 表示沿水平和垂直两个方向平铺；no-repeat 表示不平铺，即只显示一次；repeat-x 表示只沿水平方向平铺；repeat-y 表示只沿垂直方向平铺。

背景定位属性 background-position 的值如表 1-7 所示。

表 1-7 背景定位属性 background-position 的值

值	描述
Xpos Ypos	Xpos 表示水平位置，Ypos 表示垂直位置，单位为 px
X% Y%	使用百分比表示背景的位置
X、Y 方向关键词	水平方向的关键词：left、center、right 垂直方向的关键词：top、center、bottom 定义时垂直方向在前，水平方向在后。例如，右下角：bottom right;

列表样式属性 list-style-type 的值如表 1-8 所示。

表 1-8 列表样式属性 list-style-type 的值

值	描述	值	描述
none	无标记符号。例如，list-style-type:none;	square	实心正方形
disc	实心圆，默认类型	decimal	数字
circle	空心圆		

在 Web 应用中，list-style-type 也可以使用 list-style 代替。

列表样式属性 list-style-image 用于设置每个列表项的背景图片。

【例 1-12】列表样式示例，其代码如下：

```
list-style-image: url(img/icon-3.jpg);
```

1.2.3 示例：新浪微博热搜

使用 HTML 和 CSS 实现“新浪微博热搜”页面，效果图如图 1-3 所示。读者可以在本书配套资源中的案例库第 1 章中找到本示例图片。

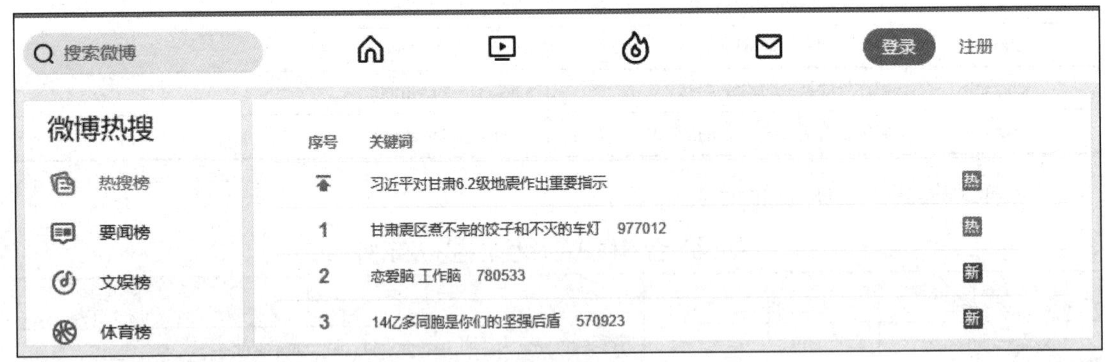

图 1-3 “新浪微博热搜”页面

实现“新浪微博热搜”页面的具体步骤如下。

（1）在 css 文件夹中编写 CSS 样式，如例 1-13 所示。

【例 1-13】index.css

```
*{
      margin:0px;
      padding:0px;
      font-size:12px;
}
```

```
a:link{
	font-size:12px;
	text-decoration:none;
	color:black;
}
#container{
	width:750px;
	height:270px;
	margin:0 auto;
	background:#f5f5f5;
}
#header{
	width:750px;
	height:50px;
	border-top:2px solid #ff9f3b;
	background:white;
	margin-bottom:10px;
}
#header.register{
	color:gray;
	display:block;
	height:50px;
	line-height:40px;
	text-decoration:none;
	font-weight:bold;
}
#header li{
	float:left;
	list-style:none;
	width:70px;
	height:50px;
	line-height:60px;
}
#header li.search{
	width:210px;
	background:url(images/6.png) no-repeat;
	padding-left:30px;
}
#header .searchText{
	display:block;
	margin-top:6px;
	height:26px;
	width:150px;
	border:0;
	background:#f0f1f4;
}
#body{
	width:760px;
	height:220px;
}
h2{
	font:bold 18px 宋体;
	margin-top:6px;
}
#left{
	width:160px;
	height:200px;
	padding:5px;
	float:left;
	background:white;
	margin-right:10px;
```

```
}
#left ul{
      margin-top:20px;
}
#left li{
      list-style:none;
      height:38px;
}
#left li img{
      vertical-align:middle;
}
#left li span{
      margin-left:15px;
}
#right{
      width:540px;
      height:220px;
      padding-left:30px;
      float:left;
      background:white;
}
#right ul{
      width:490px;
      height:40px;
      line-height:40px;
}
#right li{
      list-style:none;
      float:left;
      width:320px;
}
#right li img{
      vertical-align:middle;
      width:14px;
      height:14px;
}
#right .item{
      width:50px;
}
```

（2）编写 HTML 页面，如例 1-14 所示。

【例 1-14】index.html

```
<head>
        <link rel="stylesheet" href="css/index.css" type="text/css"/>
</head>
<body>
    <div id="container">
        <div id="header">
            <ul>
                <li class="search"><input type="text" name="search" class="searchText"/>
</li>
                <li><img src="images/2.png"/></li>
                <li><img src="images/2.png"/></li>
                <li><img src="images/2.png"/></li>
                <li><img src="images/2.png"/></li>
                <li><img src="images/2.png"/></li>
                <li><img src="images/4.png"/></li>
                <li><a href="#" class="register">注册</a></li>
            </ul>
```

```
        </div>
        <div id="body">
            <div id="left">
                <h2>微博热搜</h2>
                <ul>
                    <li><img src="images/menu1.png"/>
                        <span><a href="#">热搜榜</a></span></li>
                    <li><img src="images/menu2.png"/>
                        <span><a href="#">要闻榜</a></span></li>
                    <li><img src="images/menu3.png"/>
                        <span><a href="#">文娱榜</a></span></li>
                    <li><img src="images/menu4.png"/>
                        <span><a href="#">体育榜</a></span></li>
                </ul>
                </div>
                <div id="right">
                <ul>
                    <li class="item">序号</li>
                    <li>关键词</li>
                </ul>
                <ul>
                    <li class="item"><img src="images/hot0.png"/></li>
                    <li><a href="#">习近平对甘肃 6.2 级地震作出重要指示</a></li>
                </ul>
                <ul>
                    <li class="item"><img src="images/hot1.png"/></li>
                    <li><a href="#">甘肃震区煮不完的饺子和不灭的车灯 977012</a></li>
                </ul>
                <ul>
                    <li class="item"><img src="images/hot2.png"/></li>
                    <li><a href="#">恋爱脑 工作脑 780533</a></li>
                </ul>
                <ul>
                    <li class="item"><img src="images/hot3.png"/></li>
                    <li><a href="#">14 亿多同胞是你们的坚强后盾 570923</a></li>
                </ul>
            </div>
        </div>
    </div>
</body>
```

（3）双击“index.html”打开网页，可以看到图 1-3 所示的效果。

1.3 JavaScript 语言

JavaScript 是一种基于对象和事件驱动并具有安全性能的脚本语言。它是通过嵌入或调入在标准的 HTML 中来实现自身功能的，弥补了 HTML 的不足。

1.3.1 JavaScript 的引入

页面中引入 JavaScript 有以下两种方式。

1．使用内嵌引入 JavaScript 代码

使用内嵌引入 JavaScript 代码，只在本页面有效果，不能实现共享，语法如下：

```
<script type="text/javascript">
    JavaScript 代码
</script>
```

编写第一个 JavaScript 程序，弹出警告框，如例 1-15 所示。

【例 1-15】警告框示例，其代码如下：

```
<script type="text/javascript">
    alert("第一个 JavaScript 程序");
</script>
```

2．使用外链式引入 JavaScript 代码

语法如下：

```
<script src="外部 JavaScript 文件的 URL" type="text/javascript"></script>
```

综合案例：创建一个 HTML 页面，采用外链式引入 JavaScript 代码。

首先，在文件夹 js 中创建一个以".js"为扩展名的 JavaScript 文件，代码如例 1-16 所示。

【例 1-16】outerChain.js

```
document.write("外链式引入 JavaScript 代码")
```

然后，创建一个 HTML 页面，并引入外部 JS 文件，代码如例 1-17 所示。

【例 1-17】outerChain.html

```
<!DOCTYPE html>
<html>
    <head>
        <meta charset="UTF-8">
        <title>外链式引入 JavaScript 的示例</title>
        <script type="text/javascript" src="js/outerChain.js" ></script>
    </head>
    <body>
        <h1>JavaScript 入门</h1>
    </body>
</html>
```

最后，双击网页 outerChain.html，运行结果如图 1-4 所示。

图 1-4　运行结果

1.3.2　JavaScript 基础

1．变量及变量的命名规则

使用 var 可以声明任意类型的变量，语法如下：

```
var 变量名= 值;
```

变量的命名规则是必须以字母、下画线或美元符号（$）开头；变量名只能包含字母、数字、下画线和美元符号；变量名区分大小写；变量名不能使用 JavaScript 的关键字或保留字命名。

2. 注释

为了提高代码的可读性和可维护性，在 JavaScript 代码中，会加入一些注释。JavaScript 包括单行注释和多行注释。单行注释使用“//”，多行注释以“/*”开始，以“*/”结束。

【例 1-18】注释示例，其代码如下：

```
var name = "Charles";//单行注释
/*
多行注释
 */
```

3. 运算符

运算符是对给定的操作数执行数学运算和逻辑运算。JavaScript 常用运算符主要包括赋值运算符、算术运算符和逻辑运算符。

（1）赋值运算符

赋值运算符如表 1-9 所示。

表 1-9 赋值运算符

运算符	描述	运算符	描述
=	赋值。例如，x=10;	*=	乘赋值。例如，x*=10;
+=	加赋值。例如，x+=10;	/=	除赋值。例如，x/=10;
-=	减赋值。例如，x-=10;	%=	模赋值。例如，x%=10;

（2）算术运算符

算术运算符如表 1-10 所示。

表 1-10 算术运算符

运算符	描述	运算符	描述
+	加法。例如，a = 1 + 5;	%	取余。例如，a=i%2;
-	减法	++	自增。例如，i++;
*	乘法	--	自减。例如，i--;
/	除法		

（3）逻辑运算符

逻辑运算符如表 1-11 所示。

表 1-11 逻辑运算符

运算符	描述	示例
&&	逻辑与（表达式 1 错误，不会执行表达式 2），两个表达式同时为 true，结果才为 true	表达式 1&&表达式 2
||	逻辑或（表达式 1 正确，不会执行表达式 2），有一个表达式为 true，结果为 true	表达式 1||表达式 2
!	逻辑非（表达式为 true，结果为 false；表达式为 false，结果为 true）	！表达式

4．数据类型及数据类型的转换

（1）数据类型

JavaScript 的数据类型主要包括数值型、字符型、布尔型、空值和未定义值。数值型分为整型和浮点型；字符型是用单引号或者双引号表示的一个或者多个字符；布尔型只有 true 和 false 两种值，在 JavaScript 中，一般使用 0 表示 false，非 0 的整数表示 true；JavaScript 的空值用来定义空的或者不存在的引用。例如，引用一个定义但未赋值的变量，就会返回 null；JavaScript 的未定义值是指引用了一个没有声明的变量。

（2）数据类型的转换

JavaScript 提供的函数不需要创建任何对象就可以直接使用。以下 4 个函数用来进行数据类型的转换。

① parseInt(字符串)

函数 parseInt(字符串)的功能是将以数字开始的字符串转换为整数。

【例 1-19】字符串转整型示例，其代码如下：

```
var num = parseInt("123abc");
```

上述代码执行后变量 num 的值为 123。

② parseFloat(字符串)

函数 parseFloat(字符串)的功能是将以数字开始的字符串转换为浮点数。

【例 1-20】字符串转浮点数示例，其代码如下：

```
var num = parseFloat("123.567abc");
```

上述代码执行后变量 num 的值为 123.567。

③ Number(字符串)

Number(字符串)的功能是将数字字符串转换为数字，如是参数为非数字字符，则返回 NaN。

【例 1-21】字符串转数字示例，其代码如下：

```
var num = Number("123");
```

上述代码执行后变量 num 的值为 123。

④ eval(字符串表达式)

eval(字符串表达式)的功能是返回字符串表达式的值。

【例 1-22】计算字符串表达式的值，其代码如下：

```
var num = eval("1+2");
```

上述代码执行后变量 num 的值为 3。

5．流程控制语句

流程控制语句主要包括 if 语句、switch 语句、for 循环语句、while 和 do...while 语句。

（1）if 语句

if 语句的语法如下：

```
if(变量/条件表达式){
    条件成立时执行的语句
}
```

或者

```
if(变量/条件表达式){
    条件成立时执行的语句
```

```
}else{
    条件不成立时执行的语句
}
```

（2）switch 语句

switch 语句的语法如下：

```
switch(变量/表达式){
    case 值1:
        语句块1
        break;
    case 值2:
        语句块2
        break;
    ...
    default:
        default 语句块
        alert("d");
}
```

（3）for 循环语句

for 循环语句适合循环次数固定的场景，for 循环语句的语法如下：

```
for(表达式1;表达式2;表达式3){
    循环体
}
```

表达式 1 的作用是初始化变量；表达式 2 为条件判断，条件成立时，执行循环体；执行完循环体后，再执行表达式 3。接着循环执行“表达式 2→循环体→表达式 3”，直到表达式 2 不成立。

【例 1-23】 使用 for 循环输出 1～100 偶数的和，其代码如下：

```
<script>
var i=1,sum=0;
for(;i<=100;i++ ){
    if(i%2 == 0){//判断循环变量是否为偶数
        sum+=i;//累加偶数和
    }
}
document.write("1-100 偶数的和: "+sum)
</script>
```

（4）while 语句

while 语句适合循环次数不固定的场景，while 语句的语法如下：

```
while(变量或条件表达式){
    循环体
}
```

如果循环条件（变量或条件表达式）第一次不成立，那么循环体一次都不会执行。

（5）do...while 语句

do...while 语句适合先执行再判断的场景，无论如何至少执行一次循环体，其语法如下：

```
do{
    循环体
}while(变量或条件表达式);
```

1.3.3 JavaScript 常用事件和对象模型

JavaScript 使我们有能力创建动态页面，网页中的每一个元素都可以产生某些触发 JavaScript 函数的事件。我们可以认为事件是可以被 JavaScript 侦测到的一种行为。

1. JavaScript 常用事件

在 Web 应用中，用户在网页上执行移动鼠标、单击按钮等操作时，会触发相应的事件，通过触发的事件来实现 JavaScript 与 Web 页面的交互。JavaScript 常用事件如表 1-12 所示。

表 1-12　JavaScript 常用事件

事件	描述	事件	描述
onblur	元素失去焦点时触发	onmousedown	按下鼠标时触发
onfocus	元素获得焦点时触发	onmousemove	移动鼠标时触发
onload	页面加载完全后触发	onmouseout	鼠标离开某对象范围时触发
onclick	单击某个对象时触发	onmouseover	鼠标移到某对象范围的上方时触发
ondblclick	双击某个对象时触发	onmouseup	鼠标按下后松开时触发
onchange	内容改变时触发	onkeydown	键盘上某个键按下时触发
onsubmit	单击提交按钮时触发	onkeypress	键盘上某个键按下并释放时触发
onreset	单击重置按钮时触发	onkeyup	键盘上某个键被放开时触发

【例 1-24】实现树形菜单显示和隐藏的切换功能，代码如下：

```
<!DOCTYPE html>
<html>
    <head>
        <meta charset="UTF-8">
        <title>树形菜单</title>
        <style type="text/css">
            div{font-size: 12px; color: #000000; line-height: 22px;}
            img {vertical-align: middle;}
            a{font-size: 13px; color: #000000; text-decoration: none}
            a:hover {font-size: 13px; color: #999999}
        </style>
        <script type="text/javascript">
            function show(elementId){
                if(document.getElementById(elementId).style.display=='none'){
                    //触动的层如果处于隐藏状态，即显示
                    document.getElementById(elementId).style.display='block';
                }else{
                    //触动的层如果处于显示状态，即隐藏
                    document.getElementById(elementId).style.display='none';
                }
            }
        </script>
    </head>
    <body>
        <a href="javascript:onClick=show('divFront') "><img src="img/z-1.jpg" border=
"0">前端技术</a>
        <div id="divFront" style="display:none;padding-left:15px;">
            <img src="img/z-top.gif" >HTML<BR>
            <img src="img/z-top.gif" >CSS<BR>
            <img src="img/z-top.gif" >JavaScript<BR>
            <img src="img/z-top.gif" >JQuery<BR>
```

```
            <img src="img/z-end.gif" >Vue</div>
        <div>
        <a href="javascript: onClick=show('divBackend') "><img src="img/z-2.jpg" border=
"0" >后端技术</a>
        <div id="divBackend" style="display:none;padding-left:15px;" >
            <img src="img/z-top.gif" >MySQL<BR>
            <img src="img/z-top.gif" >JDBC<BR>
            <img src="img/z-top.gif" >Servlet<BR>
            <img src="img/z-top.gif" >MyBatis<BR>
            <img src="img/z-end.gif" >Spring</div>
        </div>
    </body>
</html>
```

加载页面时的效果如图 1-5 所示，单击“前端技术”后的显示效果如图 1-6 所示。

前端技术
后端技术

图 1-5　加载页面时的效果

图 1-6　单击父节点后的效果

综合案例：实现图片自动轮播效果，如图 1-7 所示。

图 1-7　图片轮播效果

该案例的具体实现步骤如下。

（1）在 css 目录下创建 CSS 文件 scroll.css，如例 1-25 所示。

【例 1-25】scroll.css

```
*{
    margin:0px;
    padding:0px;
}
#container{
    width:500px;
    height:180px;
    position:absolute;
    margin:0px auto;
}
```

```
#advNum{
    position:absolute;
    right:5px;
    bottom:5px;
}
#advNum li{
    color:white;
    margin-left:5px;
    width:20px;
    height:20px;
    line-height:20px;
    border:1px solid dimgray;
    list-style:none;
    float:left;
    background:gray;
    text-align:center;
}
img{
    width:500px;
    height:180px;
}
```

（2）创建 HTML 页面 scroll.html，如例 1-26 所示。

【例 1-26】scroll.html

```
<!DOCTYPE html>
<html>
    <head>
        <meta charset="UTF-8">
        <title>图片轮播</title>
        <link href="css/scroll.css" type="text/css" rel="stylesheet"/>
        <script type="text/javascript">
            var i=1;
            function scrollAdv(){//图片滚动
                var imgScroll=document.getElementById("imgScroll");
                imgScroll.src="img/"+i+".jpg";//指定图片 URL
                //数字滚动样式
                for(var j=1;j<=3;j++){//三张图片循环显示
                var num=document.getElementById("num_"+j);
                if(i==j){//设置当前图片对应数字的颜色和背景色
                    num.style.color="green";
                    num.style.backgroundColor="#efefef";
                }else{//设置未选中数字的样式
                    num.style.color="white";
                    num.style.backgroundColor="gray";
                }
            }
            i++;
            if(i>3){//显示完最后一张图片后，接下来显示第一张图片
                i=1;
            }
            //定时器，1s（1000ms）后执行一次"scrollAdv()"函数
            setTimeout("scrollAdv()",1000);
        }
        function overNum(num){//鼠标悬浮在数字上时，显示对应的图片
            i=num;
        }
    </script>
```

```
    </head>
    <body onload="scrollAdv()">
        <div id="container">
            <img id="imgScroll" src="img/1.jpg" />
            <ul id="advNum">
                <li id="num_1" onmouseover="overNum(1)">1</li>
                <li id="num_2" onmouseover="overNum(2)">2</li>
                <li id="num_3" onmouseover="overNum(3)">3</li>
            </ul>
        </div>
    </body>
</html>
```

setTimeout()函数是 JavaScript 中的一个定时器函数，用于在指定的时间（以 ms 为单位）后执行一次指定的函数或代码，语法如下：

```
setTimeout("函数",延迟时间);
```

执行 clearTimeout(定时器)取消定时器。

【例 1-27】取消定时器示例，其代码如下：

```
var timeOut;//存放定时器
function scrollAdv(){
    timeOut=setTimeout("函数",延迟时间);
}
function cancelTimeout(){//取消定时器
    clearTimeout(timeOut);
}
```

2．JavaScript 对象模型

JavaScript 常用内置对象有 window 对象、history 对象、location 对象和 document 对象，这些内置对象可以直接使用而不需要定义它。

（1）window 对象

window 对象常用的方法有 alert()、prompt()、confirm()和 open()。

① alert()。该方法是 JavaScript 中的一个常用函数，用于创建弹窗提示框。

② prompt()。该方法用于接收用户数据的对话框，第一个参数是提示信息，第二个参数是默认值，效果如图 1-8 所示。

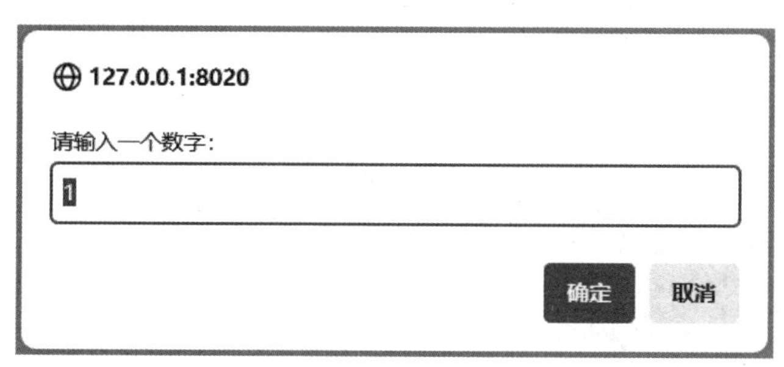

图 1-8 prompt()方法的使用

【例 1-28】prompt 对话框示例，其代码如下：

```
var num = prompt("请输入一个数字: ","1");
```

③ confirm()。confirm 是确认框，效果如图 1-9 所示。

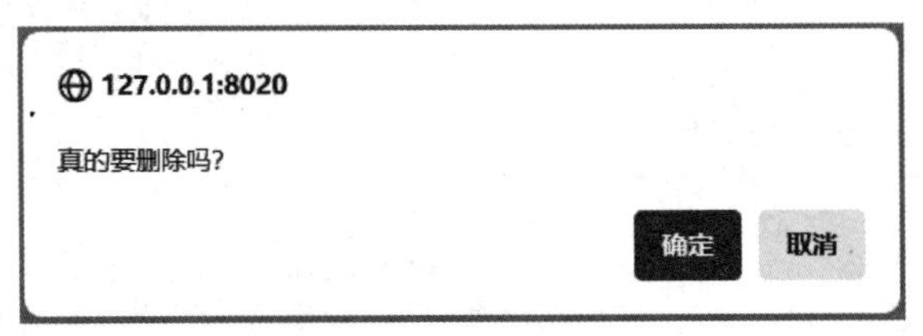

图 1-9 confirm()方法的使用

【例 1-29】confirm 确认框示例，其代码如下：

```
if(confirm("真的要删除吗? ")){
    //删除数据的代码
}else{
    //取消删除的代码
}
```

④ open()。open()方法可以在页面上打开一个对话框窗口。

案例：创建页面 index.html，启动 index.html 页面时弹出广告页面 adv.html。adv.html 代码如例 1-30 所示，index.html 代码如例 1-31 所示。运行效果图如图 1-10 所示。

【例 1-30】adv.html

```
<body>
    <img src="img/adv.jpg" width="300px" height="220px"/>
</body>
```

【例 1-31】index.html

```
<!DOCTYPE html>
<html>
    <head>
        <meta charset="UTF-8">
        <title>首页：打开广告页</title>
        <script>
            window.open("adv.html","广告页","width=350,height=230,left=100,top=100");
        </script>
    </head>
    <body><div style="text-align: center;">本页面加载时<h2>打开广告页</h2></div></body>
</html>
```

图 1-10 用 open()方法打开广告页

(2) history 对象

history 对象记录了用户曾经访问过的页面 URL，可以实现类似浏览器前进与后退的功能。history 对象的 length 属性返回浏览器历史列表中的 URL 数量。history 对象的常用方法是 forward()、back()和 go()，如表 1-13 所示。

表 1-13 history 对象的常用方法

方法	描述
forward()	加载历史记录列表中的下一个 URL
back()	加载历史记录列表中的前一个 URL
go()	加载历史列表中的某个具体的页面，带一个正/负整数或字符串

（3）location 对象

在 JavaScript 代码中，可以使用 location 对象改变 URL 地址。

【例 1-32】设置当前页面 URL 的 JavaScript 属性有两种方式，其代码如下：

```
window.location = "test.html";
location.href = "test.html";
```

（4）document 对象

document 对象用来操作 HTML 文档，此对象封存了 HTML 文档的所有信息。document 对象有以下几个常用的方法。

① getElementById(id)方法。该方法根据指定的 id 属性值得到对象。

② getElementsByName(name)方法。该方法根据指定的 name 属性值得到对象。

③ getElementsByTagName(tagName)方法。该方法根据指定的标签名得到对象。

【例 1-33】获取网页中所有<p>标签，其代码如下：

```
var p = document.getElementsByTagName("p");
```

④ 获取表单对象。

【例 1-34】获取表单对象有三种方式，其代码如下：

```
document.forms[下标]
document.forms["表单名称"]
document.表单名称
```

1.3.4 JavaScript 对象

1. 数组对象

在 JavaScript 程序中，可以使用 new 运算符创建对象。

【例 1-35】使用 new 运算符创建对象，其代码如下：

```
var obj = new String();
```

JavaScript 数组是一组有序列表，与 Java 等语言不同的是，JavaScript 数组中每一项都可以是任何类型的数据。例如，第一个元素是字符串类型的数据，第二个元素可以是数值类型。而且数组的大小是可以动态调整的。

创建数组有以下两种方式。

（1）使用 Array 构造函数

【例 1-36】使用 Array 构造函数示例，其代码如下：

```
var arr = new Array();
```

```
var arr = new Array(10);
var arr = new Array("Charles","Jack","Mia");
```

（2）使用数组字面量表示法

【例 1-37】使用数组字面量表示法创建数组示例，其代码如下：

```
var arr = [];
var arr = ["Charles","Jack","Mia"];
```

使用方括号、索引来设置和读取数组的值。

【例 1-38】使用方括号读取数组的值，其代码如下：

```
var element = arr[0];//读取arr数组中的第一个元素
```

2．日期对象

在 JavaScript 程序中，可以使用 new 运算符创建一个日期对象。

【例 1-39】使用 new 运算符创建日期对象，其代码如下：

```
var date = new Date("June 8,2024");//2024年6月8日
var date = new Date();//系统当前日期和时间
```

获取和设置日期某部分的方法如表 1-14 所示。

表 1-14　获取和设置日期某部分的方法

方法	描述	方法	描述
getYear()	获取年份	setYear()	设置年份
getMonth()	获取月份（从 0 到 11）	setMonth()	设置月份
getDate()	获取一个月中的某一天	setDate()	设置某日
getDay()	获取星期几（0~6）	setHours()	设置小时
getHours()	获取小时	setMinutes()	设置分钟
getMinutes()	获取分钟	setSeconds()	设置秒
getSeconds()	获取秒	setTime()	设置毫秒
getTime()	获取毫秒		

【例 1-40】获取当前日期对象，并在网页中实时显示当前日期和时间，代码如下：

```
<!DOCTYPE html>
<html>
    <head>
        <meta charset="UTF-8">
        <title>显示当前日期和时间</title>
        <script>
            window.onload = showTime;
            function showTime(){
                var date=new Date();//获取当前日期对象
                var year=date.getFullYear();//年份
                var month=date.getMonth()+1;//月份（从0开始）
                var day=date.getDate();//日
                var hour=date.getHours();//小时
                var minute=date.getMinutes();//分钟
                var second=date.getSeconds();//秒
                //拼接当前日期时间
```

```
                var time=year+"-"+month+"-"+day+" "+hour+":"+minute+":"+second;
                //获取用于显示时间的标签
                var currentTime=document.getElementById("currentTime");
                currentTime.innerText=time;
                setTimeout("showTime()",1000);//使用定时器实时显示日期和时间
            }
        </script>
    </head>
    <body>
        <label id="currentTime"></label>
    </body>
</html>
```

3. 字符串对象

【例 1-41】创建字符串对象的示例，其代码如下：

```
var str = new String("Java Web 从0到1");
var str = "Java Web 从0到1";
```

字符串的常用方法如表 1-15 所示。

表 1-15　字符串的常用方法

方法	描述
trim()	去掉左边和右边空格
substring(start,end)	截取字符串，不包含 end
substr(start,length)	在字符串中截取从 start 下标开始到指定 length 数目的字符
charAt(index)	获取下标为 index 的字符
toUpperCase()	转换为大写字母
toLowerCase()	转换为小写字母
indexOf(searchValue)	获取第一次出现子字符串的字符位置
lastIndexOf()	获取最后一次出现子字符串的字符位置
concat()	连接字符串
replace(old,new)	子字符串 old 被 new 替代
split(separator,limit)	以 separator 为分隔符切割成多个子字符串，子字符串以数组形式返回

【例 1-42】字符串常用方法示例，其代码如下：

```
var str = "Java Web 从0到1";
var newStr = str.replace("Web","开发");
```

上述代码执行后，newStr 的值为 “Java 开发 从 0 到 1”，str 的值还是 “Java Web 从 0 到 1”。

1.3.5　表单验证

Web 项目离不开表单验证，表单验证是指在客户端中对用户输入的数据进行有效性检测，检测通过后才能让数据提交到服务器，这样可以降低服务器的压力。表单验证一般使用 JavaScript 实现，正则表达式在表单验证中比较常见。

1. 正则表达式

正则表达式（Regular Expression）是一种由普通字符（例如，字符 a、b 等）以及特殊字符（例如，“*”表示任何字符串）组成的文字模式，是用于匹配文本模式的工具。正则表达式就是用事先定义好的一些特定字符及这些特定字符的组合，组成一个“规则字符串”，这个“规则字符串”用来表达对字符串的一种过滤逻辑。

正则表达式常用的特殊字符如表 1-16 所示。

表 1-16 正则表达式常用的特殊字符

特殊字符	描述
^	匹配输入字符串的开始位置
$	匹配输入字符串的结尾位置
( )	标记一个子表达式的开始和结束位置
*	匹配前面子表达式的 0 次或多次，要匹配*，使用*
+	匹配前面子表达式的 1 次或多次
?	匹配前面子表达式的 0 次或 1 次
[	标记一个中括号表达式的开始，结尾使用“]”
.	匹配除换行符\n 之外的任何单字符
\	将下一个字符标记为特殊字符或原义字符。例如，“\n”匹配换行符；“\\”匹配“\”
|	两项之间选择一个
{	标记限定符表达式的开始，结束使用“}”。例如，{n,m}表示最少匹配 n 次且最多匹配 m 次前面的子表达式

正则表达式常用的元字符如表 1-17 所示，与表 1-16 中特殊字符相同的元字符在表 1-17 中未列出。

表 1-17 正则表达式常用的元字符

字符	描述
\d	匹配一个数字字符，等价于[0-9]
\D	匹配一个非数字字符，等价于[^0-9]
\w	匹配任何单词字符，等价于[A-Za-z0-9_]
\W	匹配任何非单词字符，等价于[^A-Za-z0-9_]
\n	匹配一个换行符
\r	匹配一个回车符
\s	匹配任何空白字符，包括空格、制表符等
\S	匹配任何非空白字符

2. 案例：验证输入分数（在 10～99 之间）

代码如例 1-43 所示。

【例 1-43】checkScore.html

```
<!DOCTYPE html>
<html>
    <head>
        <meta charset="UTF-8">
        <title>验证分数</title>
        <style type="text/css">
            .success{
```

```
                color:blue;
            }
            .error{
                color:red;
            }
        </style>
        <script>
            function checkScore(obj){//验证分数在10～99之间的范围
                var score = obj.value;//通过this传递触发onblur事件的对象到本函数中
                var reg = /^[1-9]\d$/;//定义正则表达式
                if(reg.test(score)){//分数匹配正则表达式，则显示蓝色的“✔”
                    var msg = document.getElementById("msg");
                    msg.innerHTML="✔" //设置span 的内联文本
                    msg.className="success";//通过className属性指定样式
                }else{//不匹配，则显示红色的“✘”
                    var msg = document.getElementById("msg");
                    msg.innerHTML="✘"
                    msg.className="error";
                }
            }
        </script>
    </head>
    <body>
        请输入分数：<input type="text" id="score" onblur="checkScore(this)"/><span
id="msg"></span>
    </body>
</html>
```

3．综合案例：验证用户注册

用户注册界面加载时的效果如图 1-11 所示，验证效果如图 1-12 所示。从图 1-11 中可以看出，因为文本框中没有输入数据，所以后面显示“*”号。

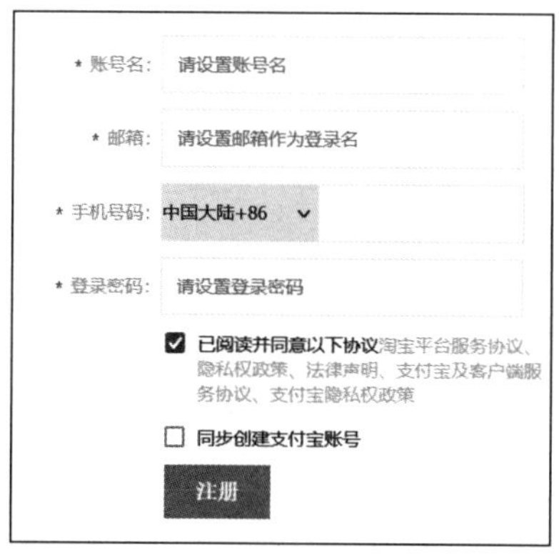

图 1-11　用户注册界面加载时的效果

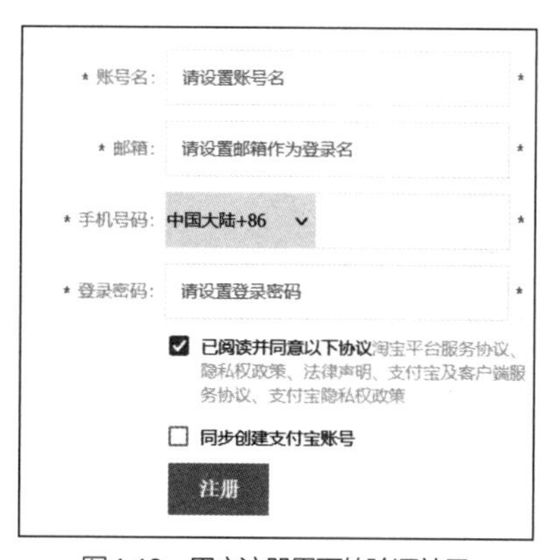

图 1-12　用户注册界面的验证效果

用户注册的具体步骤如下。

（1）在目录 css 中，编写样式表文件，代码如例 1-44 所示。

【例 1-44】register.css

```
*{
    margin:0px;
    padding:0px;
    font-size:12px;
```

```
}
#container{
    margin:0 auto;
    width:350px;
    border:1px solid lightgray;
    padding:10px;
    margin-top:10px;
}
.line{
    margin:10px 0px;
}
span.star{
    color:red;
    margin-right:5px;
    vertical-align:middle;
}
.lbl{
    width:95px;
    color:#a5a697;
    display:inline-block;
    text-align:right;
}
input.text{
    border:1px solid #ececec;
    padding-left:10px;
    width:240px;
    height:38px;
}
input.tel{
    border:1px solid #ececec;
    padding-left:10px;
    width:136px;
    height:38px;
    vertical-align:top;
    border-left:0px;
}
select{
    border:1px solid #ececec;
    width:105px;
    height:38px;
}
select option{
    display:block;
    height:38px;
    background:lightgray;
}
.textRead{
    float:right;
    width:230px;
}
.syn{
    margin-top:45px;
}
.register{
    color:white;
    font:bold 14px 宋体;
    background:#ff6000;
    width:70px;
    height:35px;
    border:0;
```

```
}
.textRead .textColor{
    color:#ffa069;
}
span.msg{
    color: red;
    margin-left: 5px;
}
```

（2）在目录js 中，编写 JavaScript 脚本文件，代码如例 1-45 所示。

【例 1-45】register.js

```
//验证账号名
function checkId(){
    var id = document.getElementById("id");
    if(id.value.trim().length==0){//账号名为空时，使用“*”提示
        id.parentNode.lastChild.innerHTML="*";
        return false;
    }else{
        id.parentNode.lastChild.innerHTML="";
        return true;
    }
}
//验证邮箱
function checkEmail(){
    var email = document.getElementById("email");//获取 Email
    var regEmail=/^[0-9a-zA-Z]\w{4,}@[0-9a-zA-Z]{2,}(\.[a-zA-z]{2,}){1,2}$/;
    if(!regEmail.test(email.value)){//邮箱不匹配时，使用“*”提示
        email.parentNode.lastChild.innerHTML="*";
        return false;
    }else{
        email.parentNode.lastChild.innerHTML="";
        return true;
    }
}
//验证 11 位手机号码是否符合规范
function checkTel(){
    var tel = document.getElementById("tel");//获取电话
    //^表示开头，[3-9]表示第二个数字必须是 3～9 之间的一个数，\d{9}表示 9 个数字，$表示结尾。
    var regTel=/^1[3-9]\d{9}$/;
    if(!regTel.test(tel.value)){//手机号码不匹配时，使用“*”提示
        tel.parentNode.lastChild.innerHTML="*";
        return false;
    }else{
        tel.parentNode.lastChild.innerHTML="";
        return true;
    }
}
//验证密码
function checkPwd(){
    var password = document.getElementById("password");
    if(password.value.trim().length==0){//密码为空时，使用“*”提示
        password.parentNode.lastChild.innerHTML="*";
        return false;
    }else{
        password.parentNode.lastChild.innerHTML="";
        return true;
    }
```

```
}
//验证表单
//账号名、邮箱、电话和密码全部通过验证，则提交表单
function checkRegister(){
    if(checkId() && checkEmail() && checkTel() && checkPwd()){
        return true;
    }else{
        return false;
    }
}
```

注意

在上述 JavaScript 代码中，通过“表单元素.parentNode.lastChild”获取<span class="msg"></span>元素，因此，<span class="msg"></span>元素后面要紧跟</div>标签，否则 lastChild 取出来的是</div>之前的空格。

（3）编写 HTML 页面，页面中引入 css 目录下的 register.css 文件和 js 目录下的 register.js 文件，代码如例 1-46 所示。

【例 1-46】register.html

```
<html>
    <head>
        <meta charset="utf-8" />
        <link rel="stylesheet" type="text/css" href="css/register.css" />
        <script type="text/javascript" src="js/register.js"></script>
    </head>
    <body>
        <div id="container">
            <form method="post" onsubmit="return checkForm()" action="index.html">
                <div class="line">
                    <div class="lbl"><span class="star">*</span><label>账号名：
</label></div><input class="text" type="text" placeholder="请设置账号名" id="id"
onblur="checkId()"/><span class="msg"></span></div>
                <div class="line">
                    <div class="lbl"><span class="star">*</span><label>邮箱：
</label></div><input class="text" type="text" placeholder="请设置邮箱作为登录名"
id="email" onblur="checkEmail()"/><span class="msg"></span></div>
                <div class="line">
                    <div class="lbl"><span class="star">*</span><label>手机号码：
</label></div><select>
                        <option><label>中国内地</label>+86</option>
                        <option><label>中国香港</label>+852</option>
                    </select><input class="tel" type="text" id="tel" onblur=
"checkTel()"/><span class="msg"></span></div>
                <div class="line"><div class="lbl"><span class="star">*</span>
<label>登录密码：</label></div><input class="text" type="text" placeholder="请设置登录密
码" id="password" onblur="checkPwd()"/><span class="msg"></span></div>
                <div class="line">
                    <div class="lbl"><span></span><label> </label></div>
                    <input type="checkbox" name="read" checked="checked"/><div
class="textRead">已阅读并同意以下协议<span class="textColor">淘宝平台服务协议、隐私权政策、法
律声明、支付宝及客户端服务协议、支付宝隐私权政策<span></div>
                </div>
                <div class="line syn">
```

```
                    <div class="lbl"><span></span><label> </label></div>
                    <input type="checkbox" name="read"/><div class="textRead">同步创
建支付宝账号</div>
                </div>
                <div class="line">
                    <div class="lbl"><span></span><label> </label></div>
                    <input class="register" type="submit" value="注册"/>
                </div>
            </form>
        </div>
    </body>
</html>
```

1.4 本章小结

本章重点介绍了客户端应用技术 HTML、CSS 和 JavaScript 语言。通过新浪微博热搜、树形菜单、图片轮播效果、用户注册等案例介绍了客户端技术，让读者更容易理解前端开发的基本技术，掌握如何开发高质量的 Web 应用程序。

思考与练习

1．单选题

（1）在 HTML 中，样式表按照应用方式可以分为三种类型，其中不包括（　　）。

A．内嵌样式表　　B．内联样式表　　C．外部样式表　　D．类样式表

（2）在 HTML 中，可以使用（　　）标记向网页中插入 GIF 动画文件。

A．<FORM>　　B．<BODY>　　C．<TABLE>　　D．<IMG>

（3）在 HTML 上，将表单中 INPUT 元素的 TYPE 属性值设置为（　　）时，用于创建重置按钮。

A．reset　　B．set　　C．button　　D．image

（4）在制作 HTML 页面时，页面的布局技术主要分为（　　）。

A．框架布局　　B．表格布局　　C．DIV 层布局　　D．以上全部选项

（5）在 HTML 中，以下关于 CSS 样式中文本属性的说法，错误的是（　　）。

A．font-size 用来设置文本的字体大小

B．font-family 用来设置文本的字体类型

C．color 用来设置文本的颜色

D．text-align 用来设置文本的字体形状

（6）以下说法正确的是（　　）。

A．<p>标签必须以</p>标签结束

B．
标签必须以</BR>标签结束

C．<TITLE>标签应该以</TITLE>标签结束

D．<FONT>标签不能在<PRE>标签中使用

（7）在 HTML 中，（　　）标签用于在网页中创建表单。

A．<INPUT>　　B．<SELECT>　　C．<TABLE>　　D．<FORM>

（8）在 HTML 中，表示页面背景的是（　　）。

A. <body bgcolor=>　　B. <body bkcolor=>

C. <body agcolor=>　　D. <body color=>

（9）以下（　　）变量名是非法的。

A. hello_1　　B. 2jack　　C. hello　　D. hello2$j

（10）JavaScript 数组的方法中，不能改变自身数组的方法有（　　）。

A. pop　　B. concat　　C. splice　　D. sort

2．编程题

编程实现用户登录页面，如图 1-13 所示。

实现思路如下。

（1）创建 HTML 登录页面（login.html）和首页（index.html）。

（2）创建外部样式表文件 login.css，并在登录页面 login.html 中引入。

（3）单击“登录”按钮时，进行表单验证，验证成功进入 index.html 页面，否则弹出警告框提示重新输入登录信息。

图 1-13　用户登录页面

第2章 搭建开发环境

“工欲善其事，必先利其器”。编写 Java Web 代码之前，必须掌握开发环境的搭建，JDK（Java Development Kit，Java 开发工具包）、Tomcat 是 Java Web 开发必备工具，IntelliJ IDEA 是一款功能强大的 Java IDE（Integrated Development Environment，集成开发环境），学习和掌握 IntelliJ IDEA 可以极大地提高开发者的开发效率，本书使用 IntelliJ IDEA 作为开发工具。Visual Studio Code 是一款免费的跨平台代码编辑器，支持多种编程语言和框架，本书前端程序使用 Visual Studio Code 开发工具。

本章首先对开发工具 JDK、Tomcat、IntelliJ IDEA 和 Visual Studio Code 进行简要介绍，然后通过一个简单的 Web 程序介绍 JSP 项目开发的基本步骤。通过本章的学习，读者能够熟练掌握使用 IntelliJ IDEA 开发 Java Web 应用程序。

2.1 构建开发环境

在应用开发中，开发环境的搭建是软件开发的首要阶段，也是必需阶段，只有开发环境搭建好后，才能进行开发。营造良好的开发环境，将为后续的开发工作带来极大的便利。Java 开发常用工具包含 JDK、Tomcat、IntelliJ IDEA 和 Visual Studio Code。

2.1.1 开发工具简介

1. JDK

JDK 是 Sun 公司提供给 Java 开发人员的 SDK（Software Development Kit，软件开发工具包），它提供了 Java 的开发环境和运行环境。读者可以访问 Oracle 官网下载 JDK 工具，也可以从本书软件资源中得到已经下载好的文件“jdk-11.0.15.1”。

2. Tomcat

目前比较常用的 Web 服务器有 Tomcat、WebSphere、WebLogic、Nginx 等。本书使用 apache-tomcat-10.0.27。读者可以访问 Tomcat 官网下载 Tomcat，也可以从本书软件资源中得到已经下载好的文件“apache-tomcat-10.0.27”。

3. IntelliJ IDEA

为了提高开发效率，需要安装 IDE，本书采用的工具是 IntelliJ IDEA（简称 IDEA）。IDEA 是业界公认最好的 Java 开发工具之一，尤其在智能代码助手、代码自动提示、重构、J2EE 支持等方面的功能非常强大。读者可以访问 JetBrains 官网下载 IntelliJ IDEA，也可以从本书软件资源中得到已经下载好的文件“idealU-2023.2.1.exe”。

4．Visual Studio Code

Visual Studio Code（简称 VS Code）是一款由微软开发的轻量级、跨平台的集成开发环境（IDE）。它支持多种编程语言，如 JavaScript、TypeScript、Python、C++等，并且提供了丰富的插件和工具来简化开发过程。VS Code 具有出色的编辑功能、自动补全、智能代码提示、内置 Git 管理以及直观的调试体验等特点，可以提高开发者的生产力和代码质量。本书使用的是 Visual Studio Code 1.83 版本。

2.1.2 工具的安装与配置

在开发程序前需要安装与配置开发工具，本小节将介绍后端工具 JDK、Tomcat、IDEA 和前端工具 Visual Studio Code 的安装与配置。

1．JDK 的安装与配置

（1）安装 JDK

双击下载好的 JDK 进行安装，如果下载解压版，只需解压安装包。本书的安装路径是“D:\Program Files\Java\jdk-11.0.15.1\”。

（2）配置环境变量

安装 JDK 后，需要配置“环境变量”的“系统变量”JAVA_HOME 和 Path。系统变量 JAVA_HOME 配置如图 2-1 所示。在系统变量 Path 中，借用 JAVA_HOME，配置 JDK 的 bin 目录“%JAVA_HOME%\bin”，如图 2-2 所示。

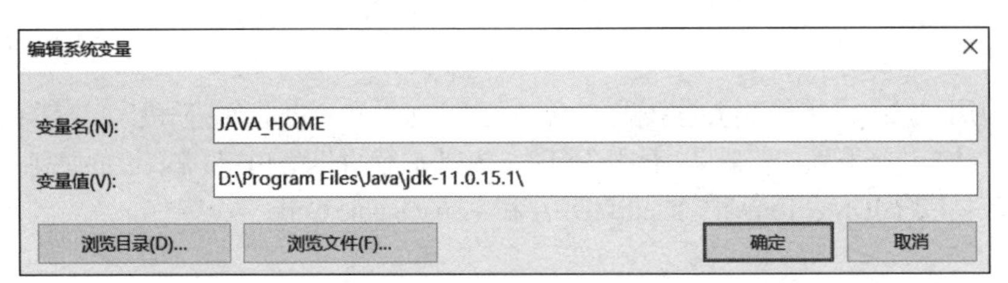

图 2-1　编辑系统变量 JAVA_HOME

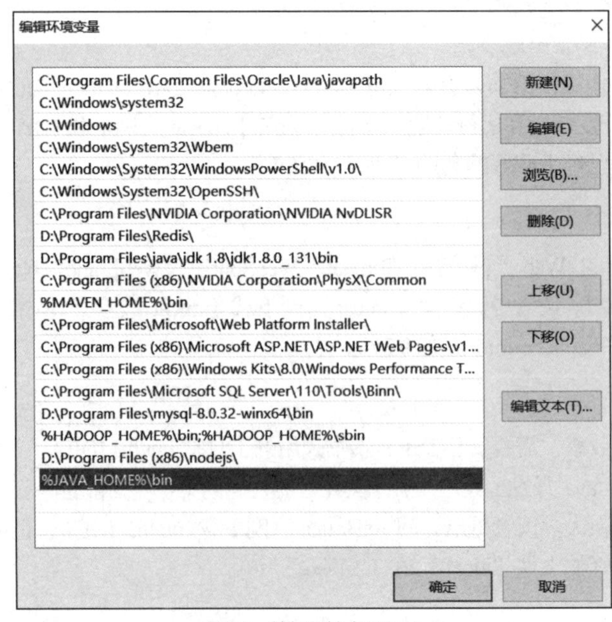

图 2-2　编辑环境变量 Path

2．Tomcat 的安装与启动

安装好 JDK 后就可以开始安装 Tomcat，将下载的 apache-tomcat-10.0.27 文件解压到某个目录下，本书放在 D 盘的根目录。Tomcat 目录结构如图 2-3 所示。

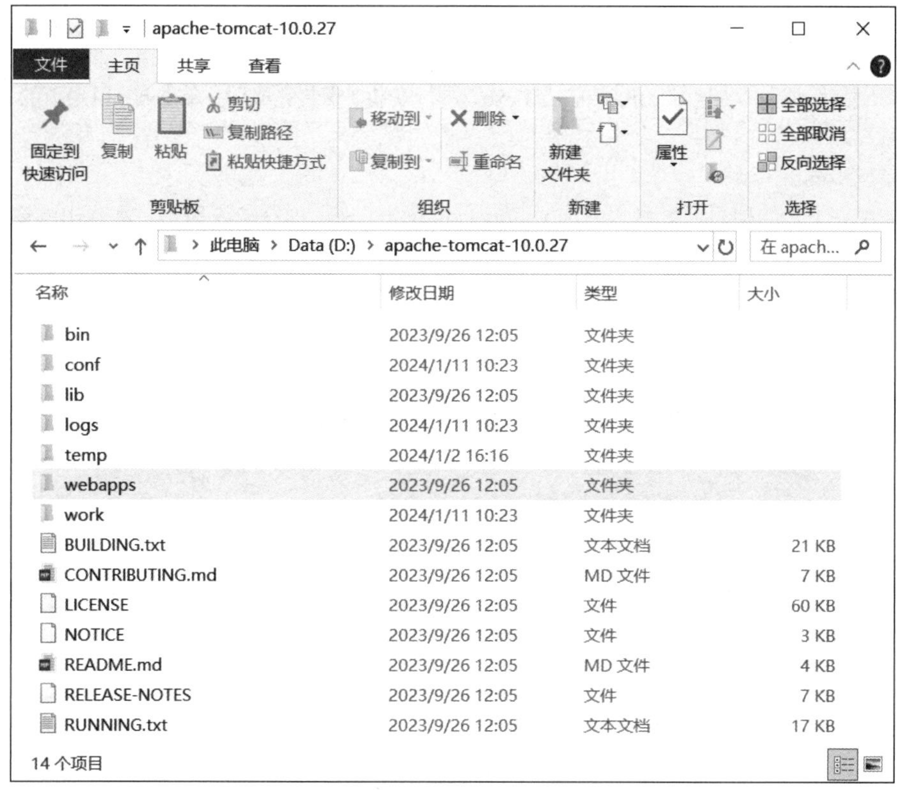

图 2-3　Tomcat 目录结构

执行 bin 目录下的 startup.bat 启动 Tomcat 服务器。Tomcat 服务器启动后，在浏览器的地址栏中输入“http://localhost:8080”，出现图 2-4 所示的页面，表示 Tomcat 安装成功。

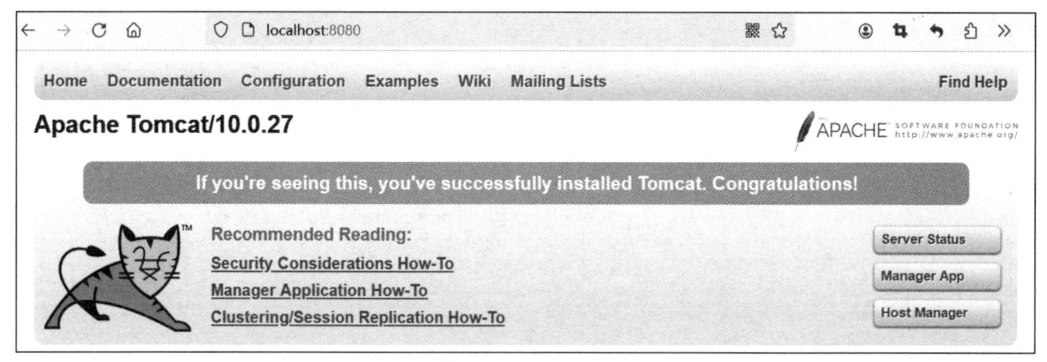

图 2-4　Tomcat 页面

Tomcat 服务器默认端口号为 8080，读者可以修改 conf 目录下的 server.xml 文件修改端口号。如例 2-1 所示，如果将端口 port 改成 8088，那么在浏览器的地址栏中应该输入“http://localhost:8088”访问 Tomcat 页面。HTTP 协议默认端口号为 80，如果将 Tomcat 端口号改为 80，那么访问 Tomcat 页面时可以省略端口号。

【例 2-1】在 server.xml 文件中修改端口号为 8088，其代码如下：

```
<Connector port="8088" protocol="HTTP/1.1" connectionTimeout="20000" redirectPort=
"8443" />
```

3．IDEA 的安装与配置

（1）安装 IDEA

IDEA 下载完成后，双击“ideaIU-2023.2.1.exe”进行安装。安装完成后，单击 bin 目录下的 idea64.exe 启动 IDEA。

（2）集成 Tomcat

在 IDEA 右上角的项目运行列表中选中 Edit Configurations，如图 2-5 所示。在弹出的窗口中单击“+”，找到 Tomcat Server 中的 Local 进行单击，如图 2-6 所示。

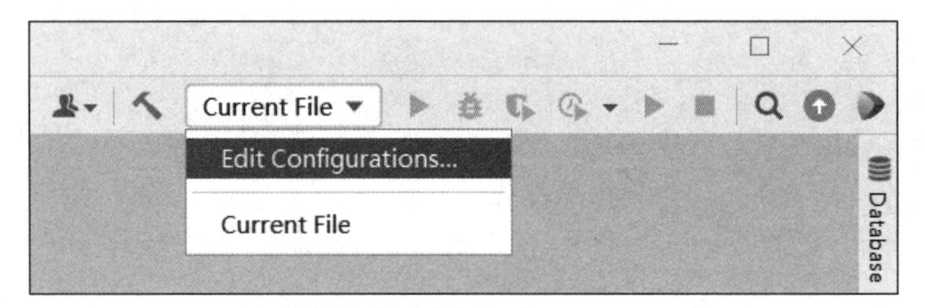

图 2-5　选中 Edit Configurations

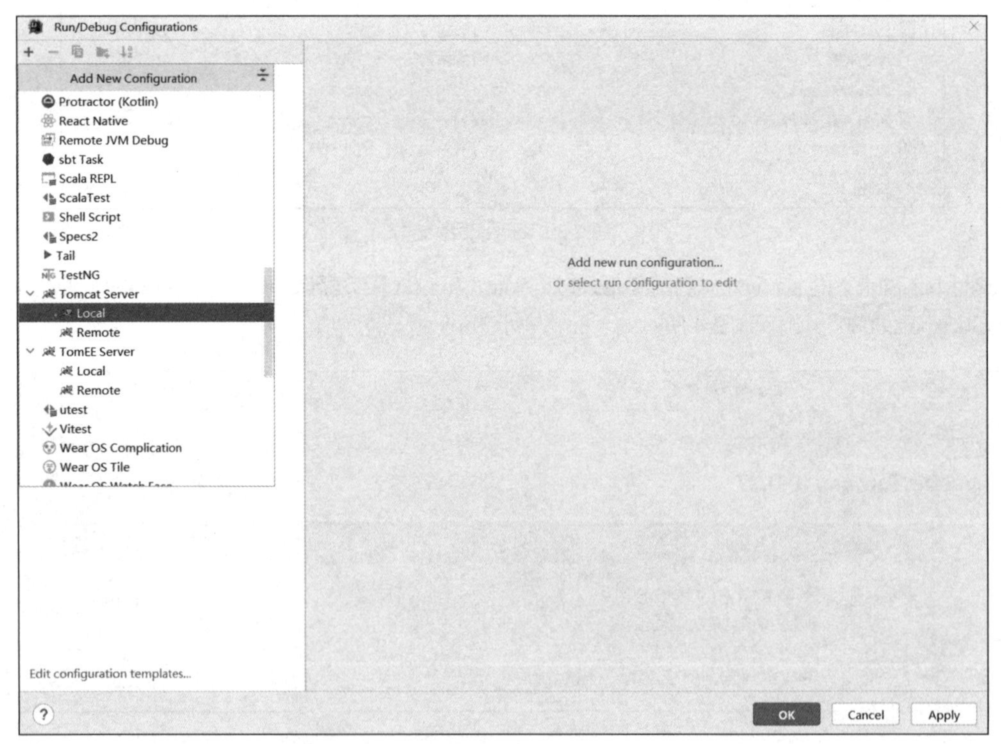

图 2-6　选中 Local

在弹出的窗口中，首先单击右边的“Configure”按钮弹出新窗口，然后单击“+”，在新弹出的窗口中将 Tomcat Home 设置为 Tomcat 的安装目录，如图 2-7 所示。单击“OK”按钮，回到“Application Servers”窗口，如图 2-8 所示。接着单击“OK”按钮，最后回到图 2-9 所示的界面，单击下方的“OK”按钮就可以配置好 Tomcat。

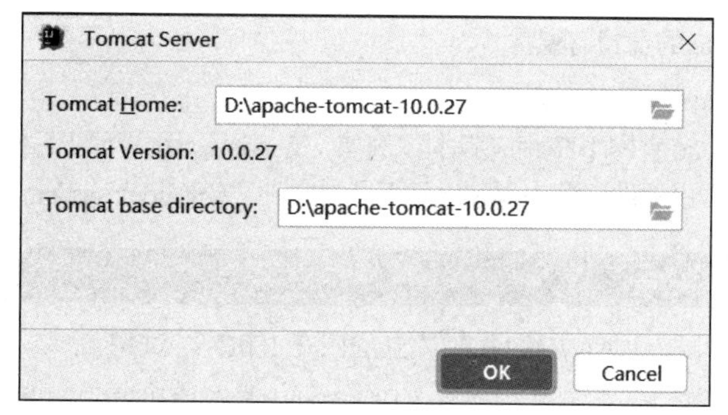

图2-7 设置Tomcat Server

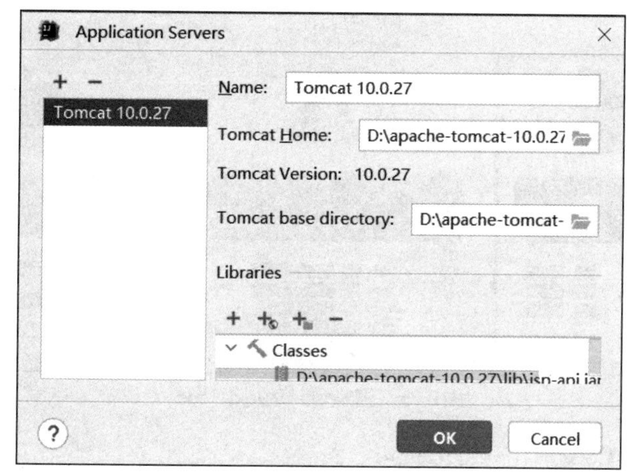

图2-8 设置Application Servers

Run/Debug Configurations
Tomcat Server
Tomcat 10.0.27
Name: Tomcat 10.0.27
Store as project file
Server Deployment Logs Code Coverage Grep Console Startup/Connection
Application server: Tomcat 10.0.27
Configure...
Open browser
After launch Default ... with JavaScript debugger
URL: http://localhost:8080/
VM options:
On 'Update' action: Restart server Show dialog
JRE:
Tomcat Server Settings
HTTP port: 8080
Deploy applications configured in Tomcat instance
HTTPs port:
Preserve sessions across restarts and redeploys
JMX port: 1099
AJP port:
Before launch
Build
Edit configuration templates...
Warning: No artifacts marked for deployment
Fix
Run OK Cancel Apply

图2-9 配置Tomcat Server

4. Visual Studio Code 的安装与配置

（1）安装 Visual Studio Code

读者可以进入 VS Code 官网下载相应版本。例如，Windows 用户可以下载 Windows x64 版本，如图 2-10 所示，也可以从本书软件资源中得到已经下载的文件“VSCodeUserSetup-x64-1.83.1.exe”。

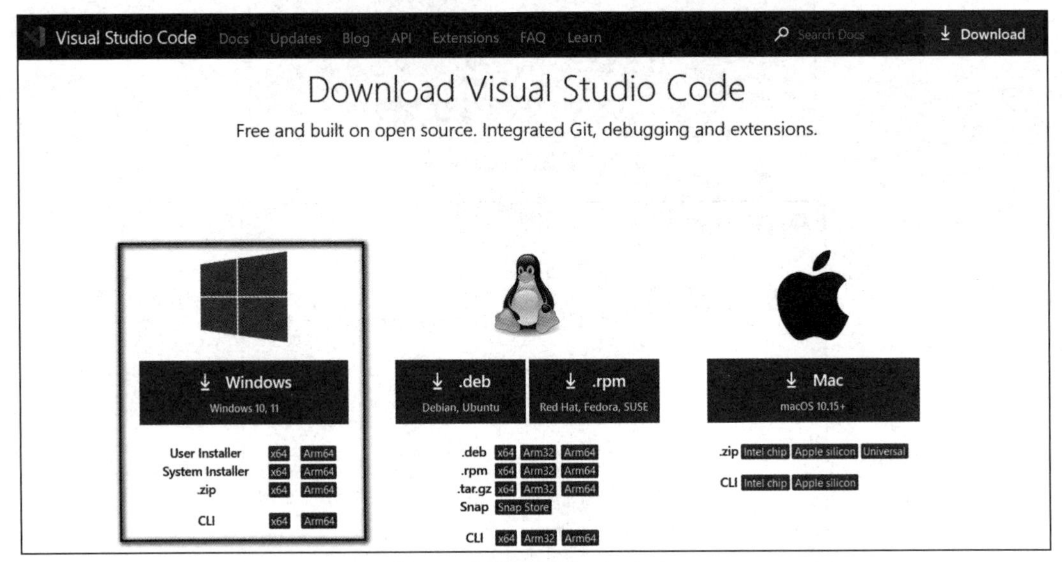

图 2-10　下载 Visual Studio Code

下载好 Visual Studio Code 后，双击安装包进行安装。

（2）安装 Visual Studio Code 插件

打开 Visual Studio Code 工具，选择左边的图标，在搜索文本框中输入插件名称。例如，编写样式表时自动补全功能的插件“HTML CSS Support”，单击“Install”按钮进行安装，如图 2-11 所示。

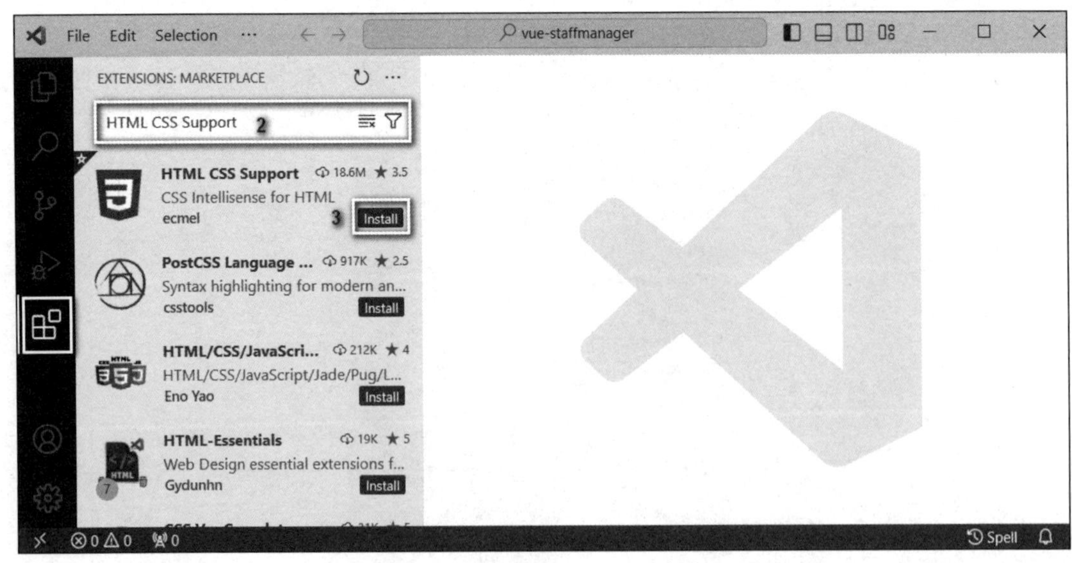

图 2-11　安装 Visual Studio Code 插件

（3）配置 Visual Studio Code

单击图标，选中 Settings 并单击，如图 2-12 所示，打开配置面板，修改字体、背景样式等设置。

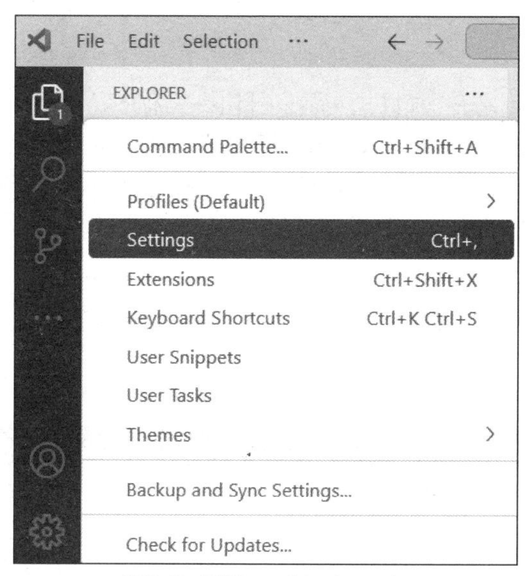

图 2-12　配置 Visual Studio Code

（4）创建项目

在 Visual Studio Code 中创建项目的步骤如下。

① 在磁盘创建文件夹。例如，在 D 盘创建 “firstVSCodeProject”。

② 打开 Visual Studio Code 工具，单击 File→Open Folder→选中 D 盘 “firstVSCodeProject” 文件夹。

③ 单击项目后面的图标，可以创建文件和文件夹，如图 2-13 所示，创建网页 index.html，单击左边图标运行和调试程序。

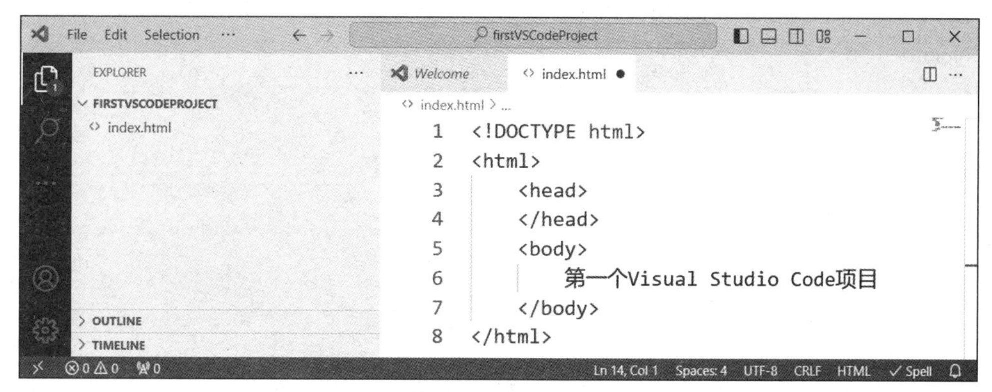

图 2-13　第一个 Visual Studio Code 项目

④ 从 Visual Studio Code 工具进入磁盘。右击项目对应文件夹或者文件，单击 “Reveal In File Explorer” 即可进入磁盘对应目录。

2.2 使用 IDEA 开发第一个 Web 程序

IDEA 是业界被公认为最好的 Java 编程语言集成开发环境，尤其在智能代码助手、代码自动提示、重构、Java EE 支持、JUnit、各类版本工具、创新的 GUI 设计等方面的功能可以说是非常好用。本节使用 IDEA 开发一个 Web 程序，全面地向读者展示其强大的开发和管理能力。

2.2.1 创建项目

开发应用程序时首先要创建一个项目，然后在项目中编写程序。

创建一个 Web 项目时，首先找到 IDEA 工具并打开，然后依次单击“File→New→Project”，选中 New Project，输入项目名称 Name，选择项目保存位置，设置 Language 为 Java，Build system 为 IntelliJ，设置 JDK 为 corretto-17，如图 2-14 所示。设置完成后如图 2-15 所示，单击“Create”按钮即可创建项目。

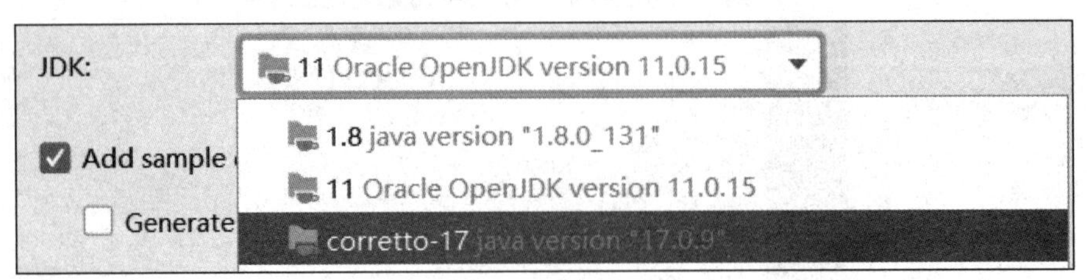

图 2-14　设置 JDK

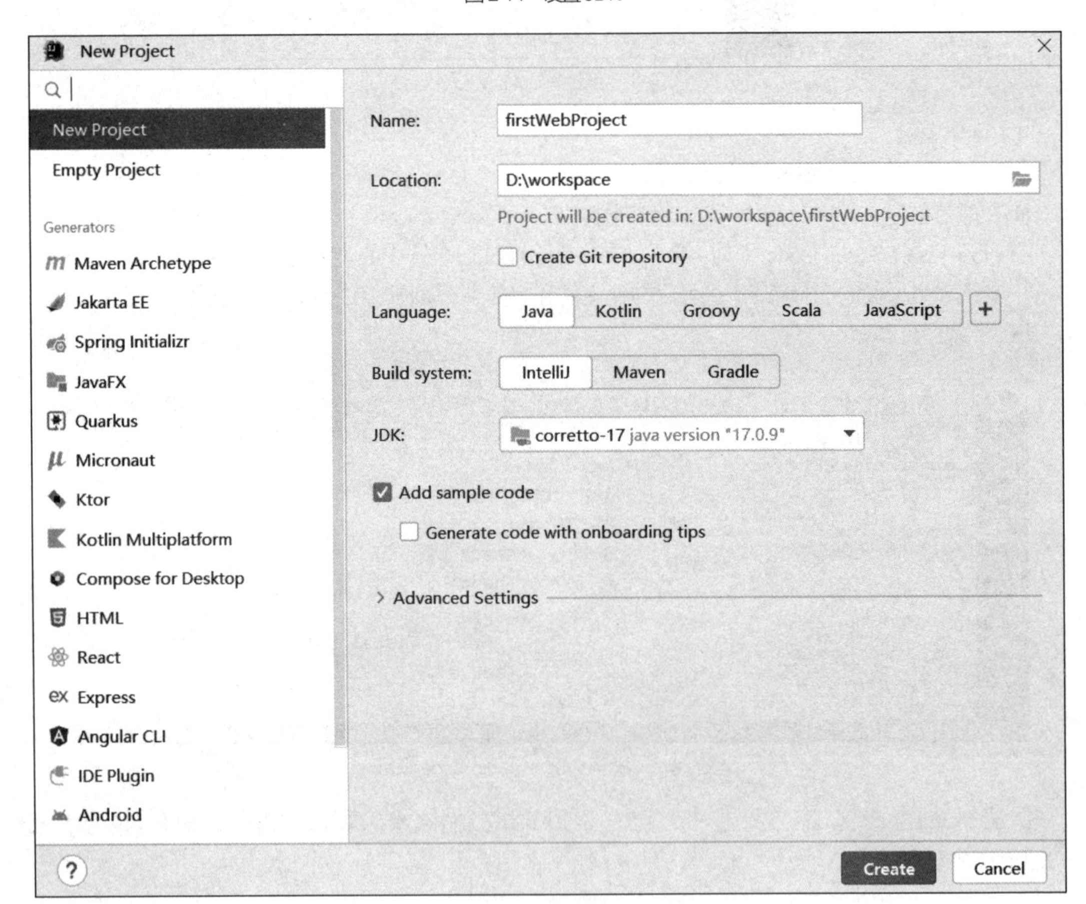

图 2-15　创建项目

2.2.2 增加 Web 页面

创建 JSP 页面前，在项目中需要增加 Web 页面。具体步骤如下。

（1）依次单击“File→Project Structure”，在弹出窗口中单击“Modules→+→Web”，如图 2-16 所示，单击界面下方的“OK”按钮后，Web 项目结构如图 2-17 所示。

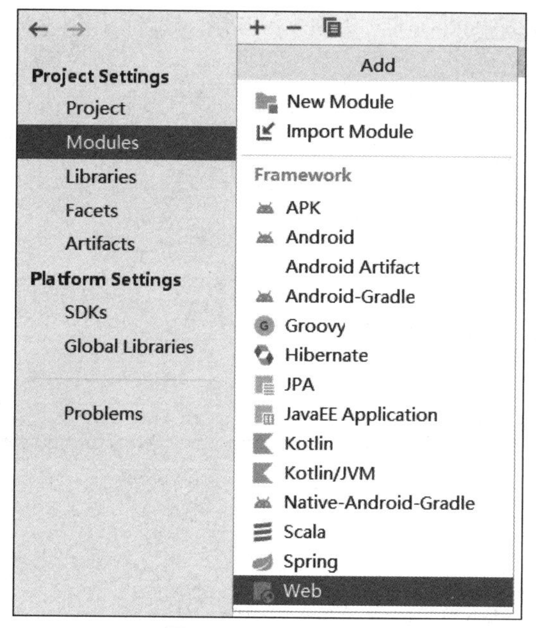

图2-16 配置Web页面

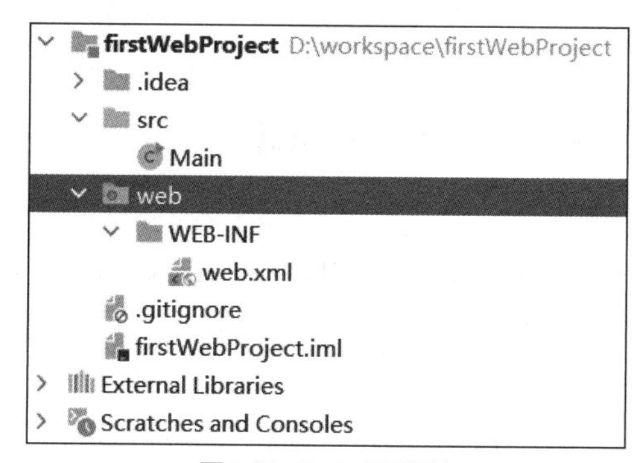

图2-17 Web项目结构

（2）右击项目，单击 Open Module Settings，选中 Artifacts，单击“+→Web Application:Exploded→From Modules...”，如图 2-18 所示，接下来连续两次单击“OK”按钮完成配置。

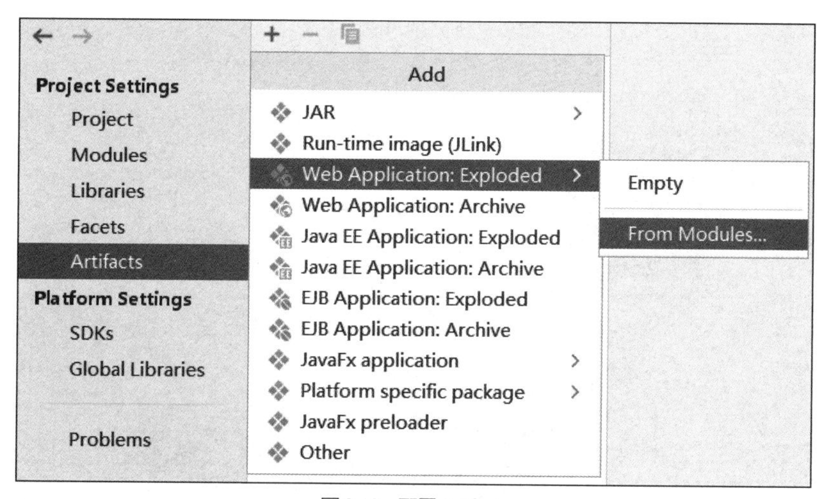

图2-18 配置Artifacts

（3）右击项目 web 即可创建 JSP 页面，如图 2-19 所示。读者自行创建 index.jsp 页面，页面中输入姓名和性别，页面代码如例 2-2 所示。

【例 2-2】index.jsp

```
<%@ page contentType="text/html;charset=UTF-8" language="java" %>
<html>
    <head>
        <title>第一个 JSP 页面</title>
    </head>
    <body>
        <p align="center">蒋亚平 男</p>
    </body>
</html>
```

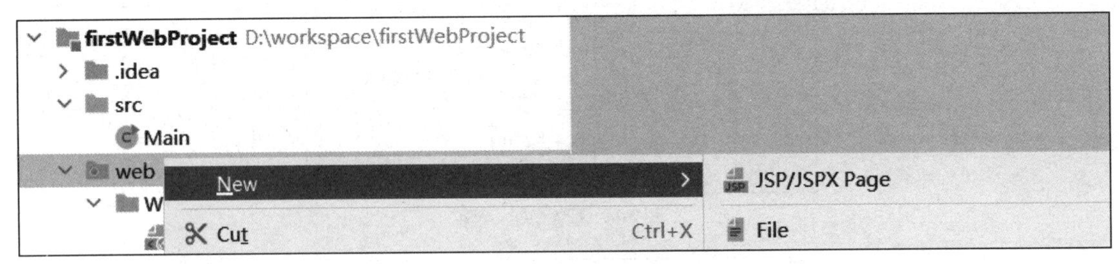

图 2-19　创建 JSP 页面

2.2.3　发布 Web 应用到 Tomcat 服务器

读者可以参照 2.1.2 小节配置 Tomcat。单击图 2-9 中的 Deployment 选项卡，接着单击“+ → Artifact...”，如图 2-20 所示。可以通过修改 Application context 来修改项目访问名称，如图 2-21 所示。

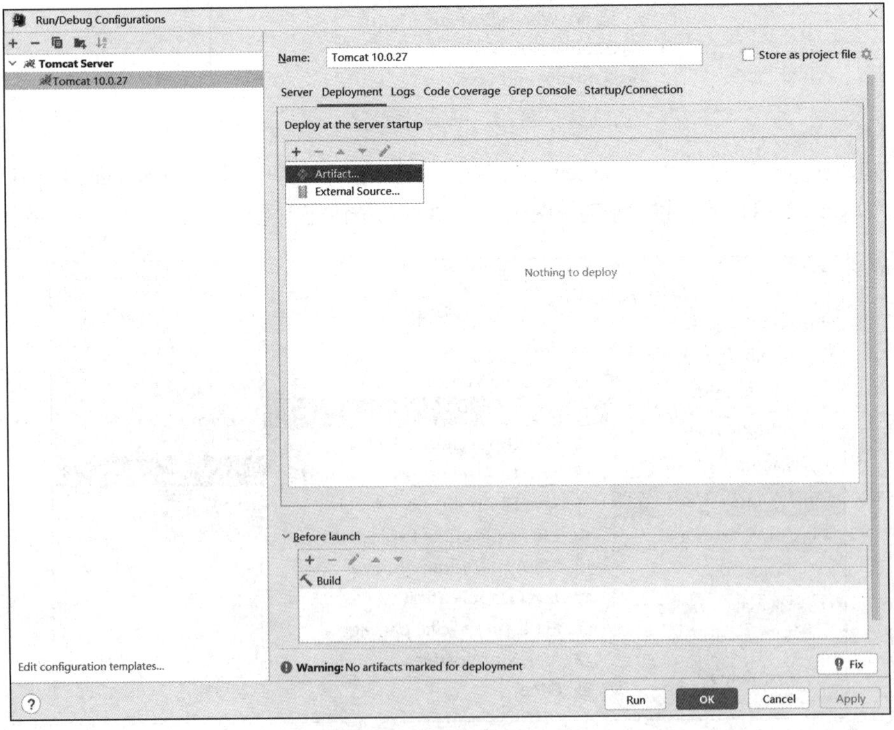

图 2-20　设置 Deployment

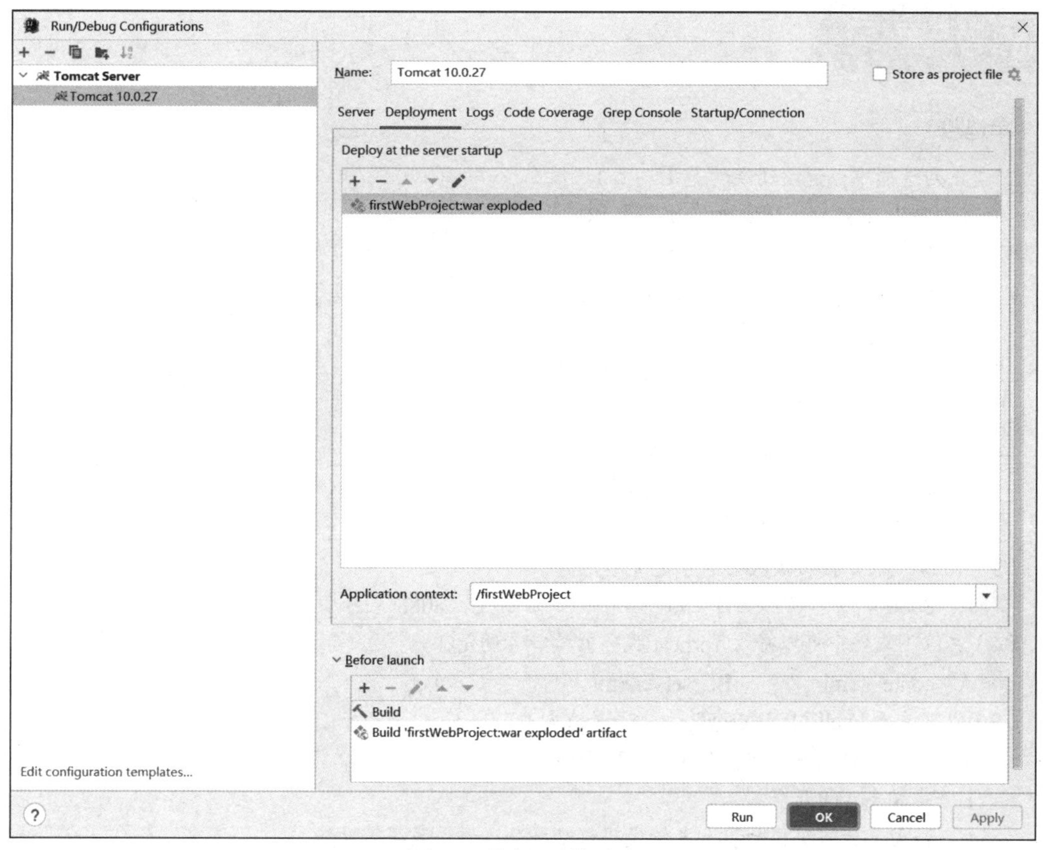

图 2-21 修改项目访问名称

单击右上角的 ▶ 按钮启动 Tomcat 服务器，在浏览器地址栏中输入“http://localhost:8080/firstWebProject/index.jsp”即可访问 index 页面中的姓名、性别信息，如图 2-22 所示。

图 2-22 项目运行效果

如果启动 Tomcat 时，日志信息有中文乱码，只需修改 Tomcat 中 conf 目录下的 logging.properties 文件，编码设置为 GBK，代码如例 2-3 所示。

【例 2-3】修改 logging.properties 文件，处理中文乱码。

```
java.util.logging.ConsoleHandler.encoding = GBK
```

2.3 本章小结

本章重点介绍了 Java Web 集成开发环境的构建，包括 JDK、Tomcat 服务器的安装、VS Code 的安装以及在 IntelliJ IDEA 中配置服务器环境，并完成第一个 Web 程序。目前流行的服务器主要有 Tomcat、WebSphere、WebLogic、Resin 等，本书使用的是 Tomcat 服务器。

思考与练习

单选题

（1）下列选项中，说法错误的是（　　）。

A. 安装 JDK 后，还需要单独安装 JRE

B. JDK 是 Java 开发工具包的简称

C. JDK 包括 Java 编译器、Java 文档生成工具、Java 打包工具等

D. JDK 是整个 Java 的核心

（2）下面关于配置 Path 环境变量的说法正确的是（　　）。

A. 在任意目录下可以使用 class 文件

B. 在任意目录下可以使用 javac 和 java 命令

C. 在任意目录下可以使用 IntelliJ IDEA

D. 在任意目录下可以使用 EditPlus

（3）Tomcat 服务器的默认端口号是（　　）。

A. 8080　　B. 80　　C. 8088　　D. 81

（4）在以下文件中可以修改 Tomcat 服务器端口号的是（　　）。

A. context.xml　　B. server.xml　　C. web　　D. tomcat-users.xml

（5）以下关于 IntelliJ IDEA 的说法，错误的是（　　）。

A. 支持多种编程语言，如 Java、Python 等

B. 集成丰富的开发工具

C. 强大的代码编辑功能，支持代码自动补全、语法高亮等功能

D. 只能编写后端程序，不能编写前端程序

第3章 HTTP 基础

HTTP 是用于从万维网服务器传输超文本到本地浏览器的传输协议，也是一种用于分布式、协作式和超媒体信息系统的应用层协议，工作于客户端/服务器架构之上。浏览器作为 HTTP 客户端通过 URL 向 HTTP 服务器端即 Web 服务器发送请求，Web 服务器根据接收到的请求，向客户端发送响应消息。

本章首先介绍 HTTP 简介、发展阶段、统一资源标识符，然后介绍 HTTP 请求消息的请求行和请求头，最后介绍 HTTP 响应消息的响应状态行和消息头。

3.1 HTTP 概述

HTTP 是一种用于在互联网上传输超文本数据的客户机/服务器协议。它是浏览器中最重要且使用最多的协议，也是浏览器和服务器之间的通信语言，先后经历了 HTTP 0.9、HTTP 1.0、HTTP 1.1、HTTP 2.0、HTTP 3.0 版本。

3.1.1 HTTP 简介

HTTP（Hyper Text Transfer Protocol，超文本传输协议）是一种请求/响应式的协议，它规定了浏览器和服务器之间数据传输的规则。浏览器作为 HTTP 客户端通过 URL 向 Web 服务器发送所有请求，这种请求被称为 HTTP 请求；Web 服务器根据接收到的请求，向客户端回送响应信息，称为 HTTP 响应。客户端与服务器在 HTTP 下的交互过程如图 3-1 所示。

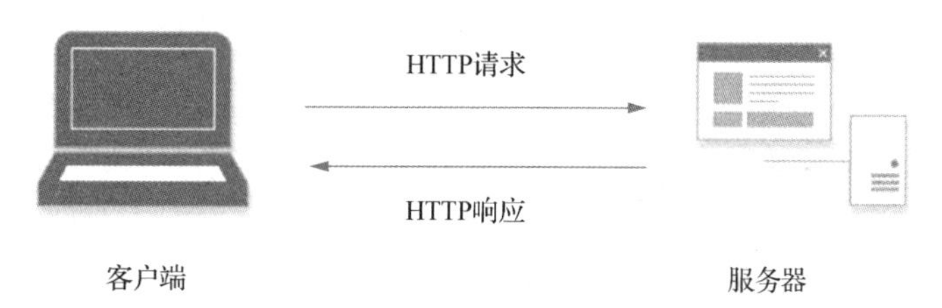

图 3-1　客户端与服务器在 HTTP 下的交互过程

HTTP 的特点如下。

（1）支持客户端/服务器模式。

（2）简单快速。客户端向服务器请求服务时，只需传送请求方法和路径。请求方法常用的有 GET、POST、PUT、DELETE 等，每种方法规定了客户端与服务器之间的交互方式不同。由于 HTTP 简单，使得 HTTP 服务器的程序规模小，因此通信速度较快。

（3）灵活。HTTP 允许传输任意类型的数据对象，正在传输的类型由 Content-Type 加以标记。

（4）无状态。HTTP 是无状态协议，对于事务处理没有记忆能力，每次请求-响应都是独立的。多次请求间不能共享数据，也就是如果后续处理需要前面的信息，则必须重传，这样可能导致每次连接传送的数据量增大。

（5）无连接。每次连接只处理一个请求。服务器端处理完客户端的请求，并收到客户端的应答后就断开连接。采用这种方式可以节省传输时间。

3.1.2 HTTP 发展阶段

HTTP 先后经历了多个版本，1990 年提出的版本是 HTTP0.9，该版本已过时，目前已经不使用。1996 年提出了版本 HTTP1.0，1997 年提出了版本 HTTP1.1。下面重点介绍目前流行的 HTTP1.0 和 HTTP1.1 版本。

1. HTTP1.0

HTTP1.0 版本可以发送任何格式的内容。例如，文字、图像、视频等文件都可以传输。基于 HTTP1.0 协议的客户端与服务器在交互过程中需要经过建立 TCP 连接、发送请求、回送 HTTP 响应和关闭 TCP 连接 4 个步骤。HTTP1.0 请求/响应的交互过程如图 3-2 所示。

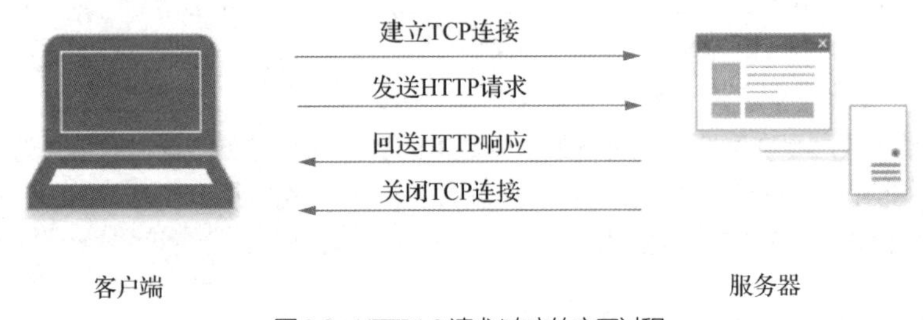

图 3-2　HTTP1.0 请求/响应的交互过程

下面分析例 3-1 所示的请求/响应交互过程。

【例 3-1】http.html

```
<html>
<body>
    <img src="/img1.jpg">
    <img src="/img2.jpg">
    <img src="/img3.jpg">
</body>
</html>
```

例 3-1 包括 3 个图片标记，图片标记的 src 属性是图片的 URL 地址。当客户端访问这些图片时，需要发送 3 次请求，每次请求都要与服务器建立连接，这样必然导致客户端与服务器交互耗时。对于网页来说，一般内容比较丰富，这样的通信方式存在明显的不足。

2. HTTP1.1

为了解决 HTTP1.0 的不足，半年后 HTTP1.1 版本应运而生。HTTP1.1 引入了持久连接，即 TCP 连接默认不关闭，可以被多个请求复用，不过服务器是按次序处理一个个响应。HTTP1.1 的交互过程如图 3-3 所示。从图 3-3 中可以看出，客户端与服务器建立连接后，客户端可以向服务器发送多个请求，后面的请求不需要等待前面请求的返回结果。为了保证客户端能够区分出每次请求的响应内容，服务器必须按照接收客户端请求的先后顺序依次返回响应结果。

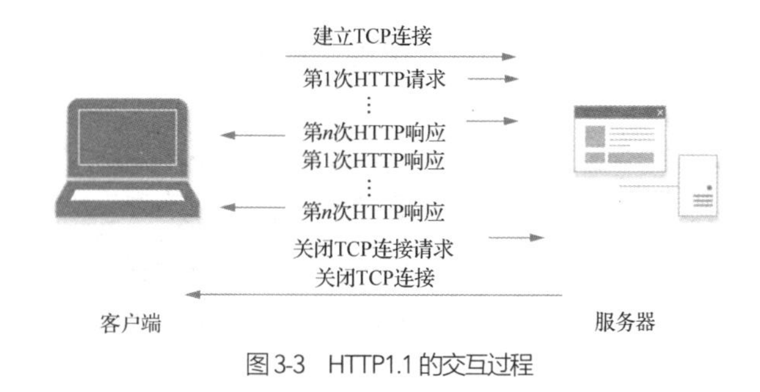

图 3-3 HTTP1.1 的交互过程

3.1.3 统一资源标识符

统一资源标识符（Uniform Resource Identifier，URI）是一个用来标识抽象或物理资源的简洁字符串，唯一地标识元素或属性的数字或名称。Web 上可用的各种资源（HTML、图片、视频等）都是用一个 URI 来定位的。

统一资源定位符（Uniform Resource Locator，URL）是一种具体的 URI。一般的网页链接可以使用 URL 地址，URL 语法格式如下：

```
schema://hostname[:port]/website/[path/][file][?query][#fragment]
```

参数说明如下。

（1）schema：通信协议方案。最流行的类型是 HTTP 和 HTTPS。

（2）hostname：指定服务器的域名系统（DNS）主机名或 IP 地址。

（3）port：端口号，http 的默认端口为 80。

（4）website：网站名称。

（5）path：路径，省略该路径则默认被定位到网站的根目录。

（6）file：指定远程文档的名称。如果省略，通常会定位到 index.html 等文件。

（7）query：查询参数。如果有多个参数，则使用“&”连接。

（8）fragment：信息片段，以“#”开始，是一种网页锚点。

3.1.4 HTTP 消息

当用户在浏览器中访问某个 URL 地址、单击网页的某个超链接或者提交网页上的表单时，浏览器都会向服务器发送请求数据，即 HTTP 请求消息。服务器接收到请求数据后，会将处理后的数据返回给客户端，即 HTTP 响应消息。HTTP 请求消息和 HTTP 响应消息，统称为 HTTP 消息。

在 HTTP 消息中，除了服务器端的响应实体（HTML、图片等）外，其他消息对用户都是不可见的，需要借助浏览器的开发者工具，观察这些隐藏的消息。本书使用版本为 121.0.1（64 位）的 Firefox 浏览器的开发者工具查看 HTTP 头信息，步骤如下。

（1）打开 Firefox 浏览器，右击浏览器选择“检查”或者按 F12 键，打开 Firefox 调试工具，会在浏览器的底部显示开发者工具窗口。Firefox 浏览器的开发者工具窗口如图 3-4 所示。

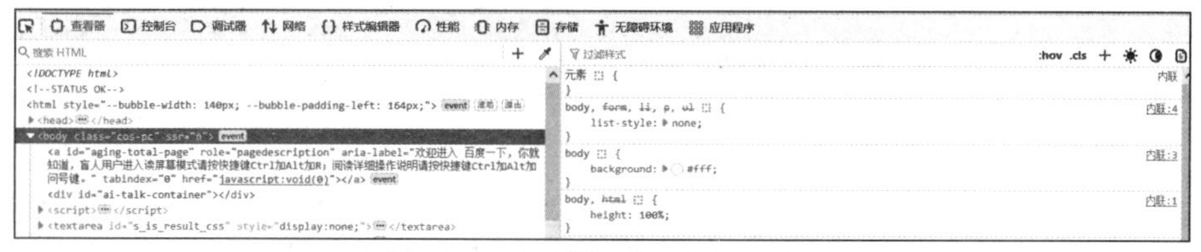

图 3-4 Firefox 浏览器的开发者工具窗口

（2）选择网络标签，刷新网页，会弹出当前访问的所有资源信息列表面板。资源信息列表面板如图 3-5 所示。

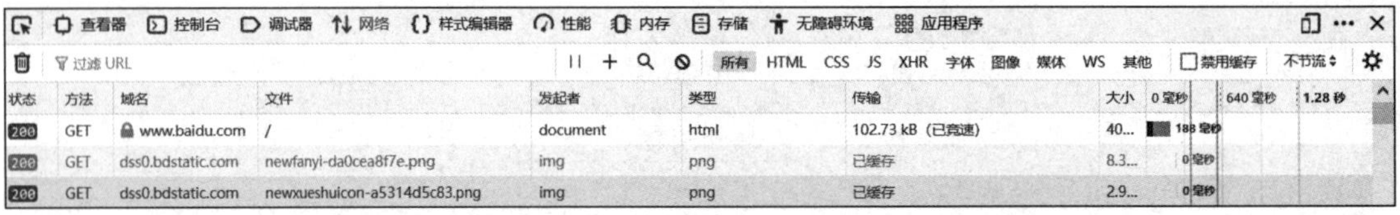

状态	方法	域名	文件	发起者	类型	传输	大小
200	GET	www.baidu.com	/	document	html	102.73 kB（已竞速）	40...
200	GET	dss0.bdstatic.com	newfanyi-da0cea8f7e.png	img	png	已缓存	8.3...
200	GET	dss0.bdstatic.com	newxueshuicon-a5314d5c83.png	img	png	已缓存	2.9...

图 3-5　资源信息列表面板

（3）在资源信息列表面板的域名列中选择资源 URI，这里选择百度 URI，在窗口右侧显示选中资源的详情面板，默认选中消息头，消息头标签中有基本信息、响应头和请求头 3 部分。Firefox 浏览器中 HTTP 消息头信息（GET 方法）如图 3-6 所示。

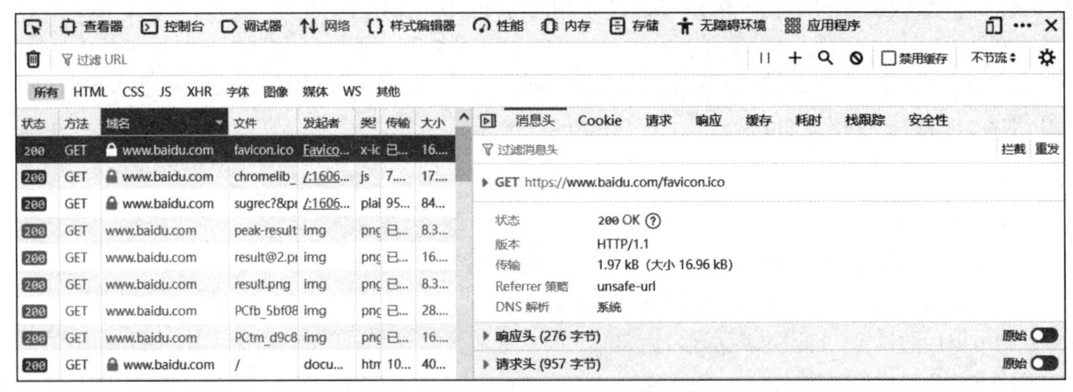

图 3-6　Firefox 浏览器中 HTTP 消息头信息（GET 方法）

当 HTTP 请求方式为 POST 时，Firefox 浏览器中 HTTP 消息头信息（POST 方法）如图 3-7 所示。请求标签中会增加表单数据部分，如图 3-8 所示。

图 3-7　Firefox 浏览器中 HTTP 消息头信息（POST 方法）

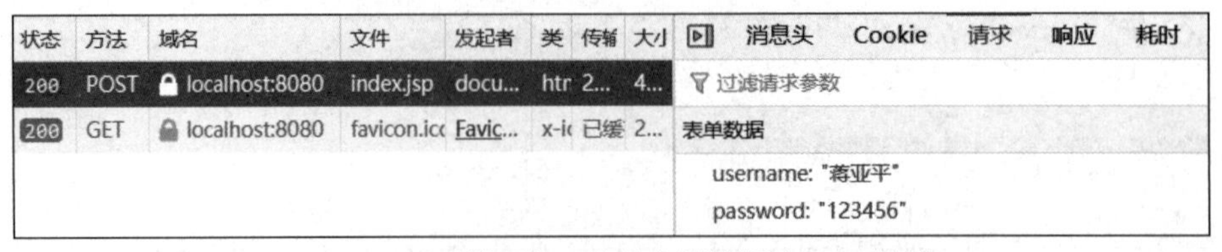

图 3-8　Firefox 浏览器中 HTTP 请求表单数据（POST 方法）

（4）左侧单击任一条请求信息，展开消息头标签中的请求头选项卡，可以看到格式化后的请求头信息。单击请求头一栏右侧“原始”，可以看到原始的请求头信息，内容如例 3-2 所示。

【例 3-2】请求头信息。

```
GET / HTTP/1.1
Host: www.baidu.com
User-Agent: Mozilla/5.0 (Windows NT 10.0; Win64; x64; rv:121.0) Gecko/20100101 Firefox/
121.0
Accept: text/html,application/xhtml+xml,application/xml;q=0.9,image/avif,image/webp,
*/*;q=0.8
Accept-Language: zh-CN,zh;q=0.8,zh-TW;q=0.7,zh-HK;q=0.5,en-US;q=0.3,en;q=0.2
Accept-Encoding: gzip, deflate, br
Connection: keep-alive
```

上述代码中，第一行为请求行，其他行为请求消息头。

展示消息头标签中的响应头选项卡，单击响应头一栏右侧“原始”，可以看到原始的响应头信息，内容如例 3-3 所示。

【例 3-3】响应头信息。

```
HTTP/1.1 200 OK
Connection: keep-alive
Content-Encoding: gzip
Content-Security-Policy: frame-ancestors 'self' https://chat.baidu.com http://mirror-
chat.baidu.com https://fj-chat.baidu.com https://hba-chat.baidu.com https://hbe-chat.
baidu.com https://njjs-chat.baidu.com https://nj-chat.baidu.com https://hna-chat.
baidu.com https://hnb-chat.baidu.com http://debug.baidu-int.com;
Content-Type: text/html; charset=utf-8
Date: Fri, 12 Jan 2024 00:59:48 GMT
Server: BWS/1.1
```

上述代码中，第一行是响应行，其他行为响应头信息。关于 HTTP 请求和响应消息的其他内容在后续章节中再进行详细介绍。

3.2 HTTP 请求消息

HTTP 请求消息由请求行、请求头和请求实体 3 部分组成。在 Firefox 浏览器的消息头标签部分，包含 HTTP 请求行、请求消息头，而请求标签表单数据部分对应请求实体，是可选的。本节将围绕 HTTP 请求消息组成部分进行详细讲解。

3.2.1 HTTP 请求行

HTTP 请求行位于请求头第一行，它包括请求方法、资源路径和协议版本 3 个部分。

【例 3-4】GET 和 POST 请求方法对应的请求行。

```
GET / HTTP/1.1
POST /firstWebProject/index.jsp HTTP/1.1
```

GET 和 POST 是请求方法，GET 方法的“/”表示网站的根目录，默认访问 index.html、index.jsp 等。POST 方法的“/firstWebProject/index.jsp”表示请求资源路径。HTTP/1.1 表示通信使用的协议版本。

在 HTTP 的请求信息中，请求方法有 GET、POST、HEAD、PUT、DELETE、TRACE、CONNECT 和 OPTIONS，共 8 种，其中的 GET 和 POST 是最常见的 HTTP 请求方法。HTTP 的 8 种请求方法如

表 3-1 所示。

表 3-1　HTTP 的 8 种请求方法

请求方法	含义
GET	请求获取请求行的 URI 所标识的资源
POST	向指定资源提交数据，请求服务器进行处理
HEAD	请求获取由 URI 所标识资源的响应消息头
PUT	将网页放置到指定 URL 位置
DELETE	请求服务器删除 URI 所标识的资源
TRACE	请求服务器回送收到的请求信息，主要用于测试或诊断
CONNECT	保留将来使用
OPTIONS	请求查询服务器的性能，或者查询与资源相关的选项和需求

1．GET 方法

用户在浏览器上输入某个 URL 或者单击某个超链接，浏览器将使用 GET 方法发送请求。用户通过表单向服务器发送请求，如果设置表单属性 method 为 GET（默认情况是 GET 方法），这样也是使用 GET 方法发送请求。以 GET 方法发送请求，参数部分会添加到资源路径后面，假设一个 URL 如例 3-5 所示，“?”后面部分就是参数，这里传递的信息是用户名和密码，多个参数之间使用“&”分隔，参数名和参数值使用“=”连接。GET 方法传递的数据量有限制，最多不能超过 1KB，传递示例如例 3-5 所示。

【例 3-5】用 GET 方法传递用户名和密码。

```
http://localhost:8080/firstWebProject?username=蒋亚平&password=123456
```

2．POST 方法

在表单中设置属性 method 为 POST，浏览器将使用 POST 方法发送请求，请求参数在请求实体中发送，浏览器地址栏中不会出现请求参数，这样传递数据更安全。POST 传递的数据量理论上没有限制。

使用 POST 方法向服务器传递数据时，表单的 enctype 属性默认为"application/x-www-form-urlencoded"，如果表单中需要上传文件，需要设置 enctype 为“multipart/form-data”。在实际开发中，提交表单的方式主要是 POST。POST 方法的优点如下。

（1）POST 传递数据大小无限制。

POST 请求方法会将参数存放在 Request Body 中，它没有大小限制。

（2）POST 传递数据更安全。

POST 方法传递数据时，表单的元素和数据作为 HTTP 消息的实体内容发送给服务器，对用户是不可见的，而 GET 方法传递数据时，参数信息会出现在浏览器地址栏中，因此 POST 比 GET 更安全。

3.2.2　HTTP 请求头

在 HTTP 请求头消息中，请求行之后就是请求头。请求头主要用于向服务器传递附加信息。例如，客户端可以接收的响应内容类型、压缩方法等。HTTP 请求头代码如例 3-6 所示。

【例 3-6】HTTP 请求头代码。

```
Host: www.baidu.com
User-Agent: Mozilla/5.0 (Windows NT 10.0; Win64; x64; rv:121.0) Gecko/20100101 Firefox/121.0
Accept: text/html,application/xhtml+xml,application/xml;q=0.9,image/avif,image/webp,*/*;q=0.8
```

```
Accept-Language: zh-CN,zh;q=0.8,zh-TW;q=0.7,zh-HK;q=0.5,en-US;q=0.3,en;q=0.2
Accept-Encoding: gzip, deflate, br
Connection: keep-alive
```

从上面的请求头可以看出，每个请求头单独占一行，名称和值之间使用“:”隔开。请求头字段不区分大小写，一般首字母大写。常用的请求头字段如表 3-2 所示。

表 3-2 常用的请求头字段

协议头	描述
Host	请求的主机名
User-Agent	浏览器版本。在例 3-6 的代码中，Mozilla/5.0 表示 Mozilla 版本，Windows NT 10.0 表示操作系统的版本，Gecko/20100101 表示浏览器的引擎名称，Firefox/121.0 表示浏览器版本
Accept	客户端程序能够处理的资源类型，如 text/html（HTML 文本）、image/gif（GIF 图像格式）、*/*（所有格式的内容）
Accept-Language	浏览器期望服务器返回的语言，可以指定多个国家的语言，使用逗号分隔
Accept-Encoding	浏览器能够进行解码的数据编码方式，如 gzip、deflate、compress 等
Connection	浏览器想要优先使用的连接类型
Content-Type	请求主体的数据类型
Content-Length	请求主体的大小（单位：字节）

3.3 HTTP 响应消息

服务器收到客户端（浏览器）的请求后，会响应消息给客户端。一个完整的响应消息包括响应状态行、响应消息头和响应消息体。

3.3.1 HTTP 响应状态行

HTTP 响应状态行由协议版本、响应状态码和状态描述 3 部分组成。响应状态码表示服务器对请求的处理结果。响应状态码及其含义如表 3-3 所示。HTTP 响应状态行代码如例 3-7 所示。

表 3-3 响应状态码及其含义

状态码	含义	常用状态码
1xx	响应中：临时状态码，表示请求已经接收	100：服务器同意处理客户的请求
2xx	成功：请求已经被成功接收	200：请求成功
3xx	重定向：让客户端再发起一次请求，重定向到其他路径	304：缓存的页面仍然有效
4xx	客户端错误：客户端发生错误	404：访问路径不正确
5xx	服务器错误：服务器发生错误	500：服务器内部错误

【例 3-7】HTTP 响应状态行代码。

```
HTTP/1.1 200 OK
HTTP/1.1 404 Not Found
HTTP/1.1 500 Internal Error
```

上述代码中，第一行表示响应成功，第二行表示客户端访问路径不正确，第三行表示服务器内部错误。

3.3.2 HTTP 响应消息头

服务器通过响应消息头向客户端（浏览器）传递附加信息，包括响应内容的类型、响应内容的长度、服务器的名称等。HTTP 响应消息头信息如例 3-8 所示。

【例 3-8】 HTTP 响应消息头信息。

```
    Connection: keep-alive
    Content-Encoding: gzip
    Content-Security-Policy: frame-ancestors 'self' https://chat.baidu.com http://
mirror-chat.baidu.com https://fj-chat.baidu.com https://hba-chat.baidu.com https://
hbe-chat.baidu.com https://njjs-chat.baidu.com https://nj-chat.baidu.com https://
hna-chat.baidu.com https://hnb-chat.baidu.com http://debug.baidu-int.com;
    Content-Type: text/html; charset=utf-8
    Date: Fri, 12 Jan 2024 00:59:48 GMT
    Server: BWS/1.1
```

从上面的响应消息头信息可以看出，它们的格式和 HTTP 请求消息头的格式相同。当服务器向客户端回送响应消息时，根据情况不同，发送的响应消息头也不相同。常用的响应消息头字段及其含义如表 3-4 所示。

表 3-4　常用的响应消息头字段及其含义

响应头	含义
Content-Encoding	响应压缩算法，如 gzip
Content-Security-Policy	内容安全策略
Content-Type	响应内容的类型，如 text/html、application/json
Content-Length	响应内容的长度（字节数）
Date	响应日期时间
Server	指定服务器软件产品的名称
Cache-Control	客户端如何缓存，如 max-age=300 表示最多缓存 300 秒

3.4 本章小结

本章重点介绍了 HTTP 请求消息和 HTTP 响应消息。通过浏览器开发者工具查看 HTTP 请求消息的请求行和请求头、HTTP 响应消息的响应状态行和消息头，读者可以更直观地理解 HTTP。

思考与练习

1．单选题

（1）下列选项中，不属于 HTTP 请求方法的是（　　）。

A．SET　　B．POST　　C．GET　　D．PUT

（2）HTTP 采用的默认 TCP 端口是（　　）。

A．8080　　B．80　　C．3306　　D．1033

（3）下列选项中，表示服务器发生错误的状态码是（　　）。

A. 500　　B. 404　　C. 303　　D. 600

（4）下列选项中，可以打开开发者工具窗口的快捷键是（　　）。

A. F2　　B. F5　　C. F7　　D. F12

（5）URL的全称是（　　）。

A. 标准资源标识符　　B. 通用资源定位器　　C. 统一资源定位器　　D. 统一资源标识符

2. 判断题

（1）HTTP是一种用于分布式、协同式信息系统的应用层协议。（　　）

（2）HTTP请求头是客户端和服务器之间交流附加信息的一种方式。（　　）

（3）HTTP只能传输文本数据，不能传输图片、视频。（　　）

（4）HTTP状态码404表示找不到系统资源。（　　）

（5）HTTP请求头部字段Host是指定请求的主机名和端口号。（　　）

第二篇

Java Web 技术篇

第4章 Servlet 技术

Servlet 的核心思想是在 Web 服务器端接收客户端请求，并生成响应信息返回到客户端。Servlet 是运行在 Web 服务器端的应用程序，它使用 Java 语言编写。Servlet 对象主要封装了对 HTTP 请求的处理，Servlet 在 Web 请求的处理方面非常强大。

本章首先介绍 Servlet 的常用接口、类和 Servlet 的生命周期和工作原理，然后介绍 HttpServlet 类、Servlet 虚拟路径的映射、ServletConfig 接口与 ServletContext 接口，最后介绍请求和响应对象的使用。

4.1 Servlet 开发入门

在 Web 应用中，Servlet 是一个重要的技术。Servlet 是运行在服务器端的 Java 小程序，它可以被看作是位于客户端和服务器端的一个中间层，负责接收和响应客户端用户的请求，与平台架构、协议无关。本节主要介绍 Servlet 的常用接口和类、Servlet 的配置和 Servlet 的生命周期。

4.1.1 Servlet 简介

Servlet 是 Server 与 Applet 的缩写，即服务器端小程序，是 Sun 公司提供的一门用于开发动态 Web 资源的技术。Servlet 是基于 Java 语言的 Web 编程技术，部署在服务器的 Web 容器里，获取客户端的访问请求，并根据请求生成响应信息返回到客户端。JSP 技术以 Java Servlet 为基础，当客户端请求一个 JSP 页面时，Web 服务器会自动生成一个对应的 Java 文件，编译该 Java 文件得到字节码文件，字节码文件在服务器创建一个 Servlet 对象。Servlet 应用程序的体系结构如图 4-1 所示。

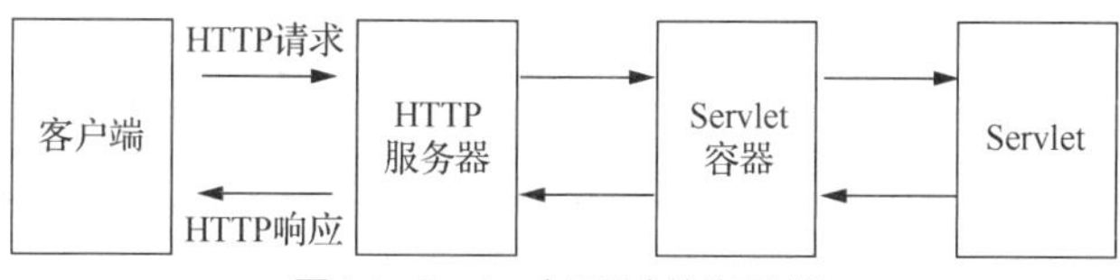

图 4-1　Servlet 应用程序的体系结构

4.1.2 Servlet 的常用接口和类

在 Servlet 编程中，Servlet API 提供了标准的接口和类。这些对象对 Servlet 的操作非常重要，它们为 HTTP 请求和程序响应提供了丰富的方法。

Servlet 结构体系的 UML 示意如图 4-2 所示。从图 4-2 中可以看出，Servlet、ServletConfig、Serializable 是接口对象，GenericServlet 类是一个抽象类，实现了上述 3 个接口。HttpServlet 对 HTTP 请求处理进行了实现，它是 Servlet 技术开发中最常用的类。Servlet 接口如例 4-1 所示。

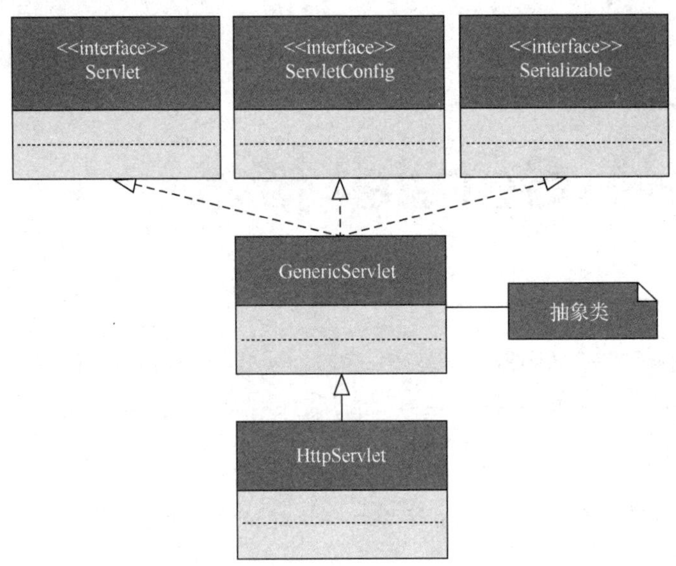

图 4-2 Servlet 结构体系的 UML 示意

【例 4-1】Servlet.java

```
public interface Servlet {
      void init(ServletConfig var1) throws ServletException;
      ServletConfig getServletConfig();
      void service(ServletRequest var1, ServletResponse var2) throws ServletException,
IOException;
      String getServletInfo();
      void destroy();
}
```

Servlet 接口中定义了 5 个抽象方法，具体如表 4-1 所示。

表 4-1 Servlet 接口的抽象方法

方法声明	功能描述
void init(ServletConfig var1)	负责 Servlet 的初始化工作
ServletConfig getServletConfig()	调用 init(ServletConfig var1)方法时传递给 Servlet 的 ServletConfig
void service(ServletRequest var1, ServletResponse var2)	负责响应用户的请求，当容器接收到客户端访问 Servlet 对象的请求时，就会调用此方法
String getServletInfo()	返回 Servlet 的信息，如作者、版本等信息
void destroy()	负责释放 Servlet 对象占用的资源

表 4-1 中列举了 Servlet 接口的 5 个方法，其中 init()方法、service()方法和 destroy()方法可以表示 Servlet 的生命周期，它们会在某个特定的时刻被调用。

4.1.3 Servlet 的配置

Servlet 作为 Web 组件可以处理 HTTP 请求和响应，因而对外要求一个唯一的 URL 地址。Servlet 可以在 Web 的配置文件 web.xml 中进行配置，也可以在注解中进行配置。

1. Servlet 的配置

如果让 Servlet 运行在服务器中并处理请求信息，必须进行配置。Servlet 的配置主要有两种方式，一是配置 web.xml 文件，二是使用@WebServlet 注解。

（1）配置 web.xml 文件

配置 Servlet 的语法如下：

```
<servlet>
     <servlet-name>Servlet 的名称</servlet-name>
     <servlet-class>Servlet 的全限定类名（包括包名与类名）</servlet-class>
      <init-param>
            <param-name>初始化参数名称</param-name>
            <param-value>初始化参数值</param-value>
     </init-param>
</servlet>
<servlet-mapping>
     <servlet-name>Servlet 的名称（与上述<servlet>的<servlet-name>一致）</servlet-name>
     <url-pattern>匹配规则（映射 URL 地址）</url-pattern>
</servlet-mapping>
```

（2）使用@WebServlet 注解

@WebServlet 注解使用简单，可以标注在任意一个继承了 GenericServlet 类或 HttpServlet 类的类之上，属于类级别的注解。使用@WebServlet 注解后，就不需要在 web.xml 文件中配置<servlet><servlet-mapping>等标签，极大地降低了开发人员的开发难度，具体用法如例 4-2 所示。

【例 4-2】@WebServlet 注解的使用示例，其代码如下：

```
@WebServlet(name = "HelloServlet",urlPatterns = "/HelloServlet")
public class HelloServlet extends GenericServlet {
    ...
}
```

上述代码中，name 属性相当于 web.xml 文件中的<servlet-name>标签，urlPatterns 属性相当于<url-pattern>标签。在@WebServlet 注解中可以使用逗号隔开来设置多个属性。@WebServlet 注释的常用属性如表 4-2 所示。

表 4-2 @WebServlet 注解的常用属性

属性声明	功能描述
String name	Servlet 的 name 属性，相当于<servlet-name>
String[] value	相当于 urlPatterns 属性。value 和 urlPatterns 不能同时使用
String[] urlPatterns	指定一组 Servlet 的 URL 匹配模式，相当于<url-pattern>标签
int loadOnStartup	Servlet 加载顺序，相当于<load-on-startup>标签
String[] WebInitParam	指定一组 Servlet 初始化参数，相当于<init-param>标签
String description	Servlet 的描述信息

2．第一个 Servlet 程序

这里通过配置 web.xml 文件来配置 Servlet。

（1）引入 servlet-api.jar 包。打开 IDEA 工具，创建一个 JSP 项目 servletDemo01（具体步骤参照第 2 章），接着选择“File→Project Structure→Modules”，选中右侧 Dependencies 标签，单击“+→JARs or Directories...”，如图 4-3 所示。在弹出的窗口中选中 tomcat-10.0.27 目录 lib 下的 servlet-api.jar 包，如图 4-4 所示。最后连续单击“OK”按钮即可。

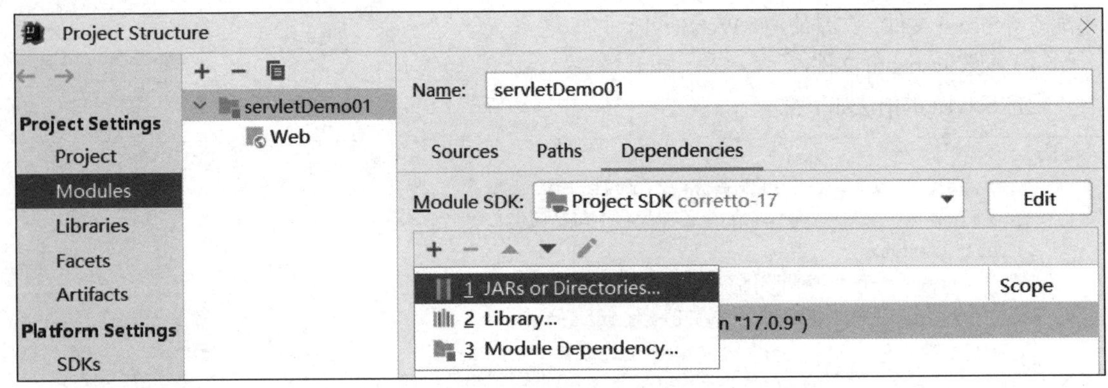

图4-3 引入servlet-api.jar包

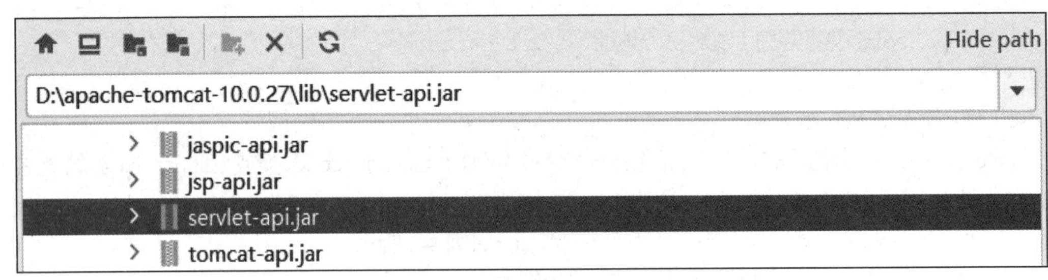

图4-4 选择servlet-api.jar包

（2）通过继承Servlet接口的实现类jakarta.servlet.GenericServlet来实现Servlet程序。创建HelloServlet类继承GenericServlet，如例4-3所示。

【例4-3】HelloServlet.java

```
package com.swxy.servlet;
import jakarta.servlet.*;

import java.io.*;

public class HelloServlet extends GenericServlet {
      @Override
       public void service(ServletRequest servletRequest, ServletResponse servletResponse)
throws ServletException, IOException {
        //返回一个PrintWriter对象，Servlet使用它来输出字符串形式的正文数据
        PrintWriter out = servletResponse.getWriter();
        out.println("Hello World");//输出流对象向客户端发送字符数据
     }
}
```

在上述代码中，使用PrintWriter输出流向客户端发送字符数据。

（3）Servlet的配置。在项目“web→WEB-INF”目录下的web.xml中的配置如例4-4所示。

【例4-4】在web.xml中配置Servlet。

```
<servlet>
     <servlet-name>HelloServlet</servlet-name>
     <servlet-class>com.swxy.servlet.HelloServlet</servlet-class>
</servlet>
<servlet-mapping>
      <servlet-name>HelloServlet</servlet-name>
     <url-pattern>/HelloServlet</url-pattern>
</servlet-mapping>
```

（4）在浏览器地址栏中输入“http://localhost:8080/servletDemo01/HelloServlet”访问 Servlet。页面上会显示 Hello World，如图 4-5 所示。

图 4-5 第一个 Servlet 程序运行效果

4.1.4 Servlet 的生命周期

Servlet 的生命周期是由 Servlet 的容器来控制的，它的生命周期始于将它装入 Web 服务器的内存时，并在终止或重新装入 Servlet 时结束。

1．Servlet 的生命周期

一个 Servlet 的生命周期由部署该 Servlet 的 Web 容器负责。Servlet 的生命周期示意图如图 4-6 所示。

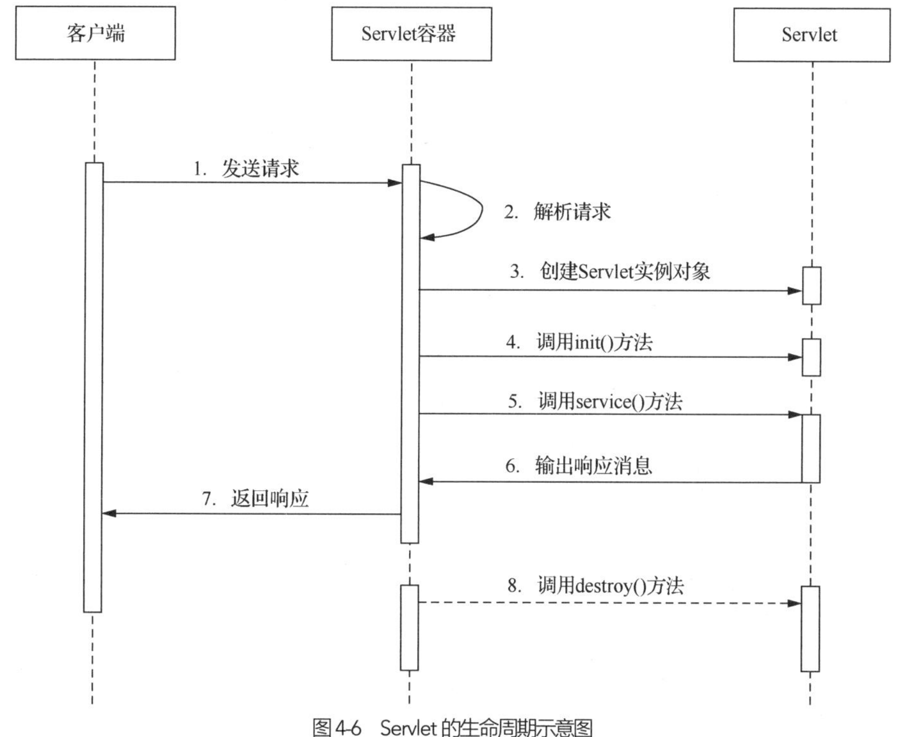

图 4-6 Servlet 的生命周期示意图

Servlet 的生命周期主要分为初始化阶段（init 方法）、运行阶段（service 方法）和销毁阶段（destroy 方法）。

（1）初始化阶段

客户端向 Servlet 容器发出 HTTP 请求访问 Servlet 时，服务器会创建一个 Servlet 对象，并调用 init()方法完成必要的初始化工作。init()方法只会在 Servlet 第一次被请求加载时调用一次。

（2）运行阶段

运行阶段是 Servlet 生命周期中最重要的阶段。service(ServletRequest servletRequest, ServletResponse servletResponse)方法有两个参数，参数 1 用来获取客户端请求信息，参数 2 用来生成响应结果。在整个生命周期内，每一次访问 Servlet，Servlet 容器都会调用一次 Servlet 的 service()方法。

（3）销毁阶段

服务器关闭时，调用 destroy()方法销毁 Servlet 对象。在整个生命周期内只执行一次。

综合案例：创建 LifeCycleServlet 类测试 Servlet 的生命周期。

使用@WebServlet 注解的方式进行配置，如例 4-5 所示。

【例 4-5】LifeCycleServlet.java

```
package com.swxy.servlet;
import jakarta.servlet.GenericServlet;
import jakarta.servlet.ServletException;
import jakarta.servlet.ServletRequest;
import jakarta.servlet.ServletResponse;
import jakarta.servlet.annotation.WebServlet;

import java.io.IOException;

@WebServlet(name = "LifeCycleServlet",urlPatterns = "/LifeCycleServlet")
public class LifeCycleServlet extends GenericServlet {
    @Override
    public void init() throws ServletException {
        System.out.println("初始化方法");
    }
    @Override
    public void service(ServletRequest servletRequest, ServletResponse servletResponse)
throws ServletException, IOException {
        System.out.println("service 方法");
    }
    @Override
    public void destroy() {
        System.out.println("销毁方法");
    }
}
```

在上述代码中，定义了 init()、service()、destroy()3 个方法用于测试 Servlet 的生命周期。

在浏览器地址栏中输入“http://localhost:8080/servletDemo01/LifeCycleServlet”，输出内容如下：

```
初始化方法
service 方法
```

刷新页面，也就是第二次访问，输出内容如下：

```
service 方法
```

关闭 Web 服务器时，输出内容如下：

```
销毁方法
```

通过测试发现，第一次访问 Servlet 时调用一次 init()方法，关闭 Web 服务器时调用一次 destroy()方法，每次访问 Servlet 都会调用一次 service()方法。

2．Servlet 的工作原理

Web 服务器接收到一个 HTTP 请求后，判断请求内容，若是静态页面，服务器自行处理，若是动态数据，则交给 Servlet 容器，Servlet 容器找到对应的 Servlet 对象进行处理，处理结果交给 Web 服务器，再转交给客户端。同一个 Servlet 多次被访问，只有第一次访问时创建一个 Servlet 对象，后面请求只需开启一个新的线程来处理请求。

4.2 Servlet 高级应用

jakarta.servlet.http 包中定义了采用 HTTP 通信协议的 HttpServlet 类，该类是 Servlet 接口的一个实现类，访问 Servlet 需要在 web.xml 文件中配置虚拟路径，即 Servlet 对外访问路径。使用 Servlet 时，可以通过 ServletConfig 接口获取初始化参数及 ServletContext 对象，ServletContext 对象可以在整个 Web 应用范围内共享数据，可以通过 ServletContext 对象获取 Web 应用的初始化参数。

4.2.1 HttpServlet 类

HttpServlet 是 GenericServlet 的子类，为 HTTP 请求中的 GET 和 POST 等请求提供了具体的操作方法。在 Java Web 开发中编写的 Servlet 一般是继承 HttpServlet 类。

1．HttpServlet 类的常用方法

【例 4-6】 HttpServlet 类的源码部分代码。

```
public abstract class HttpServlet extends GenericServlet {
   ...
   private static final String METHOD_GET = "GET";
   private static final String METHOD_OPTIONS = "OPTIONS";
   private static final String METHOD_POST = "POST";
   ...
   protected void doGet(HttpServletRequest req, HttpServletResponse resp) throws
ServletException, IOException {
            ...
   }
   protected void doPost(HttpServletRequest req, HttpServletResponse resp) throws
ServletException, IOException {
         ...
   }
   ...
   protected void service(HttpServletRequest req, HttpServletResponse resp) throws
ServletException, IOException {
      String method = req.getMethod();
      long lastModified;
      if (method.equals("GET")) {
         ...
      }
      ...
      else if (method.equals("HEAD")) {
         this.doHead(req, resp);
      } else if (method.equals("POST")) {
         this.doPost(req, resp);
      } else if (method.equals("PUT")) {
         this.doPut(req, resp);
      } else if (method.equals("DELETE")) {
      ...
      }
   }
   public void service (ServletRequest req, ServletResponse res) throws Servlet
Exception, IOException {
         HttpServletRequest request;
         HttpServletResponse response;
         ...
```

```
            request = (HttpServletRequest) req;
            response = (HttpServletResponse) res;
            ...
            this.service(request, response);
        }
    }
}
```

上述代码中，与 GET 请求方法对应的是 doGet()方法，与 POST 请求方法对应的是 doPost()方法，doPut()、doDelete()等方法在这里省略，service(ServletRequest req, ServletResponse res)方法中将 HTTP 请求和响应分别强转为 HttpServletRequest 和 HttpServletResponse 类型的对象。通过调用 HttpServletRequest 对象的 getMethod()方法可以获取请求方式，根据请求方式再进行相关的处理。

在实际开发中，最常用的是处理 GET 请求和 POST 请求的方法。

2．HttpServlet 类的应用

在 4.1.3 小节创建了一个继承 GenericServlet 的 Servlet，该方式需要在 service()方法中根据请求方法（如 GET、POST 等）进行处理，比较烦琐，在实际开发中一般编写一个 Servlet 继承 HttpServlet 类。下面使用 IDEA 工具创建一个继承 HttpServlet 的 Servlet 程序。

（1）在项目 web 目录下创建 index.html 页面，在页面中添加一个表单，如例 4-7 所示。

【例 4-7】创建表单示例，其代码如下：

```
<!DOCTYPE html>
<html lang="en">
    <head>
        <meta charset="UTF-8">
        <title>表单页面</title>
    </head>
    <body>
        <form action="HttpServletTest" method="post">
            用户名：<input type="text" name="username"/>
            <input type="submit" value="提交"/>
        </form>
    </body>
</html>
```

（2）创建 HttpServletTest 类继承 HttpServlet。

实现 doGet()和 doPost()方法，方法中获取客户端发送过来的信息，并将接收的数据响应到客户端，如例 4-8 所示。

（3）使用@WebServlet 注解配置 Servlet，如例 4-8 所示。

【例 4-8】HttpServletTest.java

```
package com.swxy.servlet;
import jakarta.servlet.ServletException;
import jakarta.servlet.annotation.WebServlet;
import jakarta.servlet.http.HttpServlet;
import jakarta.servlet.http.HttpServletRequest;
import jakarta.servlet.http.HttpServletResponse;

import java.io.IOException;
import java.io.PrintWriter;

@WebServlet(urlPatterns = "/HttpServletTest")
public class HttpServletTest extends HttpServlet {
    @Override
```

```
    protected void doGet(HttpServletRequest req, HttpServletResponse resp) throws
ServletException, IOException {}
    @Override
    protected void doPost(HttpServletRequest req, HttpServletResponse resp) throws
ServletException, IOException {
        //设置响应正文的MIME类型和响应的字符集格式
        resp.setContentType("text/html;charset=utf-8");
        String username = req.getParameter("username");
        PrintWriter out = resp.getWriter();
        out.println(username);
    }
}
```

在上述代码中，服务器接收客户端发送过来的用户名（username），并将用户名使用 PrintWriter 输出流响应给客户端。

（4）启动 Web 服务器，在浏览器地址栏中输入“http://localhost:8080/servletDemo01/index.html”进行测试。在页面文本框中输入姓名，单击“提交”按钮后，会将姓名显示在网页上。这里只测试 doPost()方法，读者可自行测试 doGet()方法。

4.2.2 Servlet 虚拟路径的映射

在 web.xml 文件中，一个<servlet-mapping>标签用于映射一个 Servlet 的对外访问路径，该路径称为虚拟路径。在<url-pattern>/HelloServlet</url-pattern>中，/HelloServlet 就是虚拟路径。接下来介绍 Servlet 的多重映射和虚拟路径通配符的使用。

1．Servlet 的多重映射

Servlet 的多重映射是指同一个 Servlet 可以被映射成多个虚拟路径，客户端可以通过多个路径访问同一个 Servlet。Servlet 多重映射有以下两种配置方式。

（1）配置 web.xml 的方式，如例 4-9 所示。

【例 4-9】配置 web.xml。

```
<servlet>
    <servlet-name>HelloServlet</servlet-name>
    <servlet-class>com.swxy.servlet.HelloServlet</servlet-class>
</servlet>
<servlet-mapping>
    <servlet-name>HelloServlet</servlet-name>
    <url-pattern>/HelloServlet01</url-pattern>
    <url-pattern>/HelloServlet02</url-pattern>
</servlet-mapping>
```

在浏览器地址栏中输入“localhost:8080/servletDemo01/HelloServlet01”和“localhost:8080/servletDemo01/HelloServlet02”是访问同一个 Servlet。

（2）使用@WebServlet 注解。使用“{}”符号设置多重映射，浏览器访问同上，代码如例 4-10 所示。

【例 4-10】使用@WebServlet 注解设置多重映射。

```
@WebServlet(urlPatterns = {"/HelloServlet01","/HelloServlet02"})
```

2．虚拟路径通配符的使用

前面章节介绍的 Servlet 映射都是映射到固定的虚拟路径，如果想要访问某个目录下的所有资源，可以在 Servlet 映射的路径中使用通配符“*”。下面代码表示可以访问/admin 下面的所有资源，如/admin/servlet01、/admin/servlet02 都与/admin/*匹配。

【例 4-11】虚拟路径通配符示例，其代码如下：

```
<url-pattern>/admin/*</url-pattern>
```

匹配规则分为精确匹配、目录匹配、拓展名匹配和任意匹配 4 种。通配符示例如表 4-3 所示。

表 4-3　通配符示例

格式	举例	描述
精确匹配	/admin/servlet01	只能匹配 admin/servlet01 路径
目录匹配	/admin/*	匹配 admin 目录下的所有路径
拓展名匹配	*.do	匹配以.do 结束的路径
任意匹配	/*	匹配任意访问路径

以上 4 种匹配规则的优先级为：精确匹配>目录匹配>拓展名匹配>任意匹配。

注意

通配符只能在开始位置或者结束位置，不能位于中间。例如，@WebServlet("/*.do")是错误的。如果不使用通配符，urlPatterns 必须以"/"开头。

urlPatterns 设置为"/"，表示当前应用的是默认 Servlet。如果服务器接收到的访问请求，找不到匹配的虚拟路径，就会将访问请求交给默认的 Servlet 处理。在 Tomcat 中将 DefaultServlet 设置为默认 Servlet，客户端访问服务器某个静态页面时，DefaultServlet 会判断该页面是否存在，如果不存在，则会报 404 错误；如果存在，则将页面响应给客户端。

4.2.3　ServletConfig 接口与 ServletContext 接口

在 Servlet 中有两个重要的接口：Servlet 配置接口（ServletConfig）和 Servlet 上下文接口（ServletContext）。本小节主要介绍 ServletConfig 接口与 ServletContext 接口。

1．ServletConfig 接口

在运行 Servlet 程序时，可能需要一些辅助信息，如文件的编码、使用 Servlet 程序的共享信息等，这些信息可以在 web.xml 中使用一个或多个<init-param>元素进行配置。Tomcat 初始化 Servlet 时会将该 Servlet 的配置信息封装到 ServletConfig 对象中，可以通过调用 init(ServletConfig servletConfig)方法将 ServletConfig 对象传递给 Servlet。

ServletConfig 接口中定义了一系列获取配置信息的方法，如例 4-12 所示。

【例 4-12】ServletConfig 接口，其代码如下：

```
public interface ServletConfig {
    String getServletName();                  //返回 Servlet 的名字，即<servlet-name>元素的值
    ServletContext getServletContext();       //返回一个代表当前 Web 应用的 ServletContext 对象
    String getInitParameter(String var1);  //根据初始化参数名返回初始化参数值
    Enumeration<String> getInitParameterNames();    //返回所有的初始化参数名
}
```

综合案例：使用 ServletConfig 接口的 getInitParameter()方法获取 Servlet 的初始化参数。具体步骤如下。

（1）创建 Servlet 类

在 com.swxy.servlet 包中创建一个名称为 Servlet01 的 Servlet 类。

（2）在 web.xml 文件中配置 Servlet，包含初始化参数，配置如例 4-13 所示。

【例 4-13】在 web.xml 文件中配置 Servlet。

```
<servlet>
    <servlet-name>Servlet01</servlet-name>
    <servlet-class>com.swxy.servlet.Servlet01</servlet-class>
    <init-param>
        <param-name>encoding</param-name>
        <param-value>UTF-8</param-value>
    </init-param>
</servlet>
<servlet-mapping>
    <servlet-name>Servlet01</servlet-name>
    <url-pattern>/Servlet01</url-pattern>
</servlet-mapping>
```

（3）在 Servlet01 类中实现 init(ServletConfig servletConfig)方法，如例 4-14 所示。

【例 4-14】Servlet01.java

```
package com.swxy.servlet;
import jakarta.servlet.ServletConfig;
import jakarta.servlet.ServletException;
import jakarta.servlet.http.HttpServlet;
import jakarta.servlet.http.HttpServletRequest;
import jakarta.servlet.http.HttpServletResponse;

import java.io.IOException;

public class Servlet01 extends HttpServlet {
    @Override
    public void init(ServletConfig servletConfig) throws ServletException {
        String encoding = servletConfig.getInitParameter("encoding");
        System.out.println(encoding); //输出 UTF-8
    }
}
```

从上述代码中可以看出，可以通过 init(ServletConfig servletConfig)方法的参数获得初始化参数的值。也可以通过 this.getServletConfig()返回 ServletConfig 对象，再获得初始化参数的值。

2．ServletContext 接口

Tomcat 启动时会为每个 Web 应用创建一个唯一的 ServletContext 对象，该对象代表当前的 Web 应用，封装了当前 Web 应用的所有信息。利用该对象可以获取 Web 应用程序的初始化信息、读取资源文件等。ServletContext 接口常用方法及其描述如表 4-4 所示。接下来进行详细介绍。

表 4-4　ServletContext 接口常用方法及其描述

方法	描述
String getInitParameter(String name)	根据参数名称获取参数值
Enumeration getInitParameterNames()	获取当前应用中所有的参数名，返回 Enumeration
InputStream getResourceAsStream(String path)	返回某个资源文件的 InputStream 输入流对象，路径一般为“/WEB-INF/classes/资源”
Object getAttribute(String name)	获取域对象中指定域属性的值
void setAttribute(String name,Object object)	设置域属性
void removeAttribute(String name)	移除域对象中指定的域属性
String getRealPath(String path)	获取 Web 应用中资源的绝对路径，参数 path 是该 Web 应用的相对地址

（1）获取 Web 应用程序的初始化信息

① 在 web.xml 文件中，前面介绍了通过 ServletConfig 对象获取 Servlet 的初始化参数。这里介绍获取整个 Web 应用程序的初始化信息。Web 应用程序初始化参数的配置如例 4-15 所示。

【例 4-15】在 web.xml 文件中配置 Web 应用程序初始化参数。

```
<context-param>
    <param-name>username</param-name>
    <param-value>蒋亚平</param-value>
</context-param>
<context-param>
    <param-name>password</param-name>
    <param-value>123456</param-value>
</context-param>
```

接下来使用 ServletContext 接口定义的 getInitParameterNames()方法获取所有初始化参数名称，getInitParameter(String name)根据初始化参数名称获取对应的值。

② 在项目的 com.swxy.servlet 包中创建一个名为 Servlet02 的类，该类的 doGet()方法通过 ServletContext 获取 Web 应用程序的初始化信息（用户名和密码），如例 4-16 所示。

【例 4-16】Servlet02 .java

```
package com.swxy.servlet;
import jakarta.servlet.ServletContext;
import jakarta.servlet.ServletException;
import jakarta.servlet.annotation.WebServlet;
import jakarta.servlet.http.HttpServlet;
import jakarta.servlet.http.HttpServletRequest;
import jakarta.servlet.http.HttpServletResponse;

import java.io.IOException;
import java.io.PrintWriter;
import java.util.Enumeration;

@WebServlet("/Servlet02")
public class Servlet02 extends HttpServlet {
    @Override
    protected void doGet(HttpServletRequest req, HttpServletResponse resp) throws
ServletException, IOException {
        //设置响应MIME类型和字符集格式
        resp.setContentType("text/html;charset=UTF-8");
        PrintWriter out = resp.getWriter();
        //获取ServletContext对象
        ServletContext context = this.getServletContext();
        //获取初始化参数名，返回Enumeration对象
        Enumeration<String> parameterNames = context.getInitParameterNames();
        //遍历参数名
        while(parameterNames.hasMoreElements()){
            String name = parameterNames.nextElement();
            //根据初始化参数名（<param-name>元素的值），获取参数值（<param-value>元素的值）
            String value = context.getInitParameter(name);
            out.println(name + ": "+ value + "<br/>");
        }
    }
}
```

③ 启动 Tomcat 服务器，在浏览器地址栏中输入 http://localhost:8080/servletDemo01/Servlet02，页面显示如图 4-7 所示。

图 4-7 初始化信息运行效果

（2）读取资源文件

在 Web 开发中会读取一些资源文件，如配置文件和日志文件等。Servlet 容器根据资源文件相对于 Web 应用的路径，返回关联资源文件的 I/O 流或资源文件在系统的绝对路径等。具体步骤如下。

① 在 servletDemo01 项目的 src 目录中创建一个名为 resource.properties 的文件，文件如例 4-17 所示。

【例 4-17】resource.properties

```
username=蒋亚平
password=123456
```

② 在 com.swxy.servlet 包中创建一个名为 Servlet03 的 Servlet 类，在该类的 doGet()方法中读了资源文件 resource.properties 的内容，如例 4-18 所示。

【例 4-18】Servlet03.java

```
package com.swxy.servlet;

import jakarta.servlet.ServletContext;
import jakarta.servlet.ServletException;
import jakarta.servlet.annotation.WebServlet;
import jakarta.servlet.http.HttpServlet;
import jakarta.servlet.http.HttpServletRequest;
import jakarta.servlet.http.HttpServletResponse;

import java.io.IOException;
import java.io.InputStream;
import java.io.PrintWriter;
import java.util.Properties;

@WebServlet("/Servlet03")
public class Servlet03 extends HttpServlet {
    @Override
    protected void doGet(HttpServletRequest req, HttpServletResponse resp) throws
ServletException, IOException {
        resp.setContentType("text/html;charset=UTF-8");
        PrintWriter out = resp.getWriter();
        ServletContext context = this.getServletContext();
        //获得 resource.properties 资源文件的输入流对象
        InputStream in = context.getResourceAsStream("/WEB-INF/classes/resource.
properties");
        Properties props = new Properties();
        //加载"输入流"到 Properties 集合对象中
        props.load(in);
        out.println("username = " + props.getProperty("username") + "<br/>");
        out.println("password = " + props.getProperty("password") + "<br/>");
    }
}
```

③ 启动 Tomcat 服务器，在浏览器地址栏中输入“http://localhost:8080/servletDemo01/Servlet03”，页面显示如图 4-8 所示。

图 4-8　读取资源文件运行效果

从图 4-7 和图 4-8 中可以看出，web.xml 中的初始化信息和 resource.properties 资源文件的内容已经读取出来。由此可见，使用 ServletContext 对象可以读取 Web 应用中的初始化信息和资源文件。

4.3 请求和响应

浏览器向服务器发送请求后，服务器执行一系列操作，Web 服务器在调用 service()方法之前，都会创建 HttpServletRequest 对象和 HttpServletResponse 对象。

HttpServletRequest 对象用于封装 HTTP 请求消息，即 request 对象，HttpServletResponse 对象用于封装 HTTP 响应消息，即 response 对象。浏览器访问 Servlet 的交互过程如图 4-9 所示。

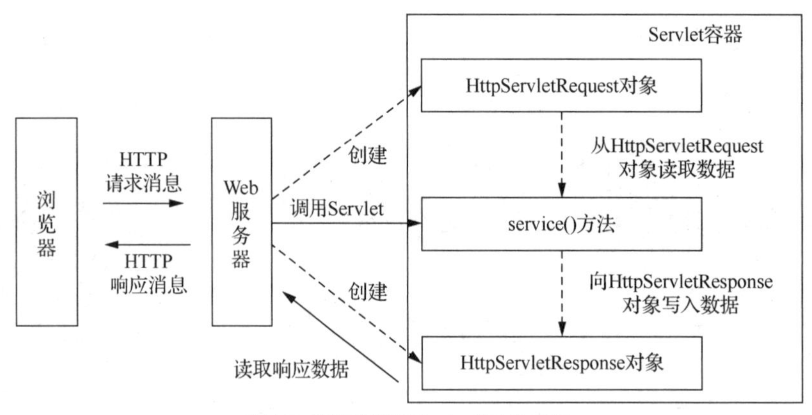

图 4-9　浏览器访问 Servlet 的交互过程

从图 4-9 中可以看出，在 Servlet 程序运行时，首先会从 request 对象中读取信息，再通过 service()方法处理请求信息，并将处理后的数据写入 response 对象中，最后 Web 服务器从 response 对象中读取响应数据，并响应给浏览器。

【例 4-19】在 Servlet API 中，定义了以下 3 个接口：

```
HttpServletResponse
HttpServletRequest
RequestDispatcher
```

4.3.1 HttpServletResponse 接口及其应用

HttpServletResponse 接口继承了 ServletResponse，专门用来封装 HTTP 响应消息。因为 HTTP 响应消息包括响应状态行、响应消息头和响应消息体 3 部分，所以 HttpServletResponse 接口中定义了上述 3 部分对应的方法。本小节将对这些方法进行介绍。

1. 发送与状态码相关的方法

当 Servlet 向客户端回送响应消息时，需要在响应消息中设置响应状态行。HttpServletResponse 定义了以下两种发送状态码的方法。

（1）setStatus(int status)方法

该方法用于设置 HTTP 响应消息的状态码，并生成响应状态行。正常情况下，Web 服务器返回一个状态码为 200 的状态行。

综合案例：服务器发送正常响应的状态码。

创建项目 jspDemo，在 com.swxy.servlet 包中创建类 Servlet01，如例 4-20 所示。

【例 4-20】Servlet01.java

```
package com.swxy.servlet;
import jakarta.servlet.ServletException;
import jakarta.servlet.annotation.WebServlet;
import jakarta.servlet.http.HttpServlet;
import jakarta.servlet.http.HttpServletRequest;
import jakarta.servlet.http.HttpServletResponse;

import java.io.IOException;

@WebServlet("/Servlet01")
public class Servlet01 extends HttpServlet {
    @Override
    protected void doGet(HttpServletRequest req, HttpServletResponse resp) throws
ServletException, IOException {
        resp.setStatus(404);//发送状态码 404
    }
}
```

在上述代码中，服务器向客户端发送正常状态码 404。

在浏览器地址栏中输入“http://localhost:8080/jspDemo/Servlet01”，按 F12 键，响应头信息如图 4-10 所示。从图 4-10 可以看出，响应状态码是 404。

```
▼ 响应头 (121 字节)
HTTP/1.1 404
Content-Length: 0
Date: Sun, 14 Jan 2024 11:10:17 GMT
Keep-Alive: timeout=20
Connection: keep-alive
```

图 4-10 查看响应头的状态码

（2）sendError(int se)方法

该方法用于发送表示错误信息的状态码。HttpServletResponse 对象提供了两个重载的发送错误信息的 sendError()方法，如例 4-21 所示。

【例 4-21】HttpServletResponse 对象提供的两个重载方法，其代码如下：

```
void sendError(int var1, String var2) throws IOException;
void sendError(int var1) throws IOException;
```

例 4-21 中，第一个方法带两个参数，参数 1 是状态码，参数 2 是状态信息；第二个方法只带一个参数，这个参数表示状态码。

案例：服务器发送存在异常的响应状态码。

创建 Servlet02 类，如例 4-22 所示。

【例 4-22】Servlet02.java

```
package com.swxy.servlet;
import jakarta.servlet.ServletException;
```

```
import jakarta.servlet.annotation.WebServlet;
import jakarta.servlet.http.HttpServlet;
import jakarta.servlet.http.HttpServletRequest;
import jakarta.servlet.http.HttpServletResponse;

import java.io.IOException;

@WebServlet("/Servlet02")
public class Servlet02 extends HttpServlet {
    @Override
    protected void doGet(HttpServletRequest req, HttpServletResponse resp) throws
ServletException, IOException {
        resp.sendError(404,"自定义错误信息：页面不存在");
    }
}
```

在上述代码中，服务器向客户端发送存在异常的响应状态码 404。

在浏览器地址栏中输入“http://localhost:8080/jspDemo/Servlet02”，页面效果如图 4-11 所示。

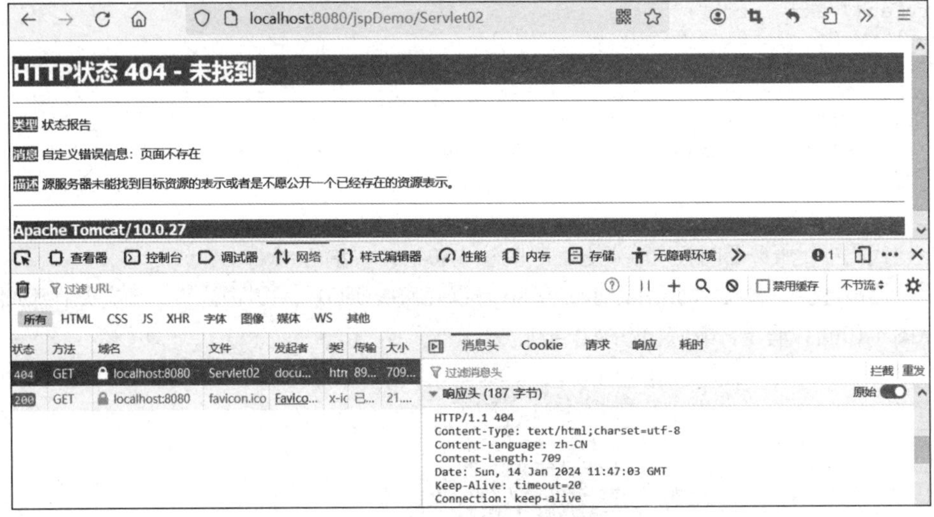

图 4-11 sendError()方法运行结果

sendStatus()方法适用于正常响应的情况，只改变响应状态码。而 sendError()方法适合报错且存在对应的报错页面的情况，如 404、500 等错误。

2. 发送与响应消息头相关的方法

Servlet 向客户端发送的响应消息中包含响应头字段，HttpServletResponse 接口定义了一系列设置 HTTP 响应头字段的方法，如表 4-5 所示。

表 4-5 设置 HTTP 响应头字段的方法

<table>
<tr><th>方法</th><th>描述</th></tr>
<tr><td>void setHeader(String name,String value)</td><td rowspan="2">设定 HTTP 的响应头字段，参数 name 用于指定响应头字段的名称，参数 value 用于指定响应头字段的值</td></tr>
<tr><td>void addHeader(String name,String value)</td></tr>
<tr><td>void setIntHeader(String name,int value)</td><td rowspan="2">设定 HTTP 的响应头字段，只适用于响应字段的值为 int 类型时的响应消息头的设置</td></tr>
<tr><td>void addIntHeader(String name,int value)</td></tr>
<tr><td>void setContentType(String type)</td><td>设置发送到客户端的响应的内容类型，如 text/html;charset=UTF-8</td></tr>
<tr><td>void setCharacterEncoding(String charset)</td><td>设置输出内容使用的字符编码，如 UTF-8、GB2312 等</td></tr>
</table>

创建名称为 Servlet03 的 Servlet 类，如例 4-23 所示。

【例 4-23】Servlet03.java

```
package com.swxy.servlet;
import jakarta.servlet.ServletException;
import jakarta.servlet.annotation.WebServlet;
import jakarta.servlet.http.HttpServlet;
import jakarta.servlet.http.HttpServletRequest;
import jakarta.servlet.http.HttpServletResponse;

import java.io.IOException;

@WebServlet("/Servlet03")
public class Servlet03 extends HttpServlet {
    @Override
    protected void doGet(HttpServletRequest req, HttpServletResponse resp) throws
ServletException, IOException {
        //等价于 resp.setContentType("text/html;charset=UTF-8")
        resp.setHeader("Content-Type", "text/html;charset=UTF-8");
    }
}
```

在上述代码中，setHeader()方法用于设置 HTTP 响应头，text/html 表示 HTML 文档，即包含 HTML 标签的文本。

3. 发送与响应消息体相关的方法

因为在 HTTP 响应消息中，大量的数据都是通过响应消息体传递的，所以 HttpServletResponse 接口定义了以下两种与输出流相关的方法，如例 4-24 所示。

【例 4-24】与输出流相关的方法，其代码如下：

```
ServletOutputStream getOutputStream() throws IOException;//输出字节数组中的二进制数据
PrintWriter getWriter() throws IOException;//输出字符文本内容
```

综合案例：同时使用 OutputStream 字节流和 PrintWriter 字符流发送响应消息体。

在 com.swxy.servlet 包中创建名称为 Servlet04 的 Servlet 类，如例 4-25 所示。

【例 4-25】Servlet04.java

```
package com.swxy.servlet;
import jakarta.servlet.ServletException;
import jakarta.servlet.annotation.WebServlet;
import jakarta.servlet.http.HttpServlet;
import jakarta.servlet.http.HttpServletRequest;
import jakarta.servlet.http.HttpServletResponse;

import java.io.IOException;
import java.io.OutputStream;
import java.io.PrintWriter;

@WebServlet("/Servlet04")
public class Servlet04 extends HttpServlet {
    @Override
    protected void doGet(HttpServletRequest req, HttpServletResponse resp) throws
ServletException, IOException {
        String msg = "Whatever is worth doing is worth doing well.";
        //获取 OutputStream 对象，OutputStream 是 ServletOutputStream 的父类
        OutputStream out =resp.getOutputStream();
        out.write(msg.getBytes());
```

```
        PrintWriter out1 = resp.getWriter();//获取PrintWriter对象
        out1.print("Whatever is worth doing is worth doing well.");
    }
}
```

在浏览器地址栏中输入“http://localhost:8080/jspDemo/Servlet04”，响应头的状态码是 500，如图 4-12 所示。因为 Servlet 调用 getWriter()方法前已经调用了 getOutputStream()方法，这两种方法都可以发送响应消息体，但不能同时使用两种方法。

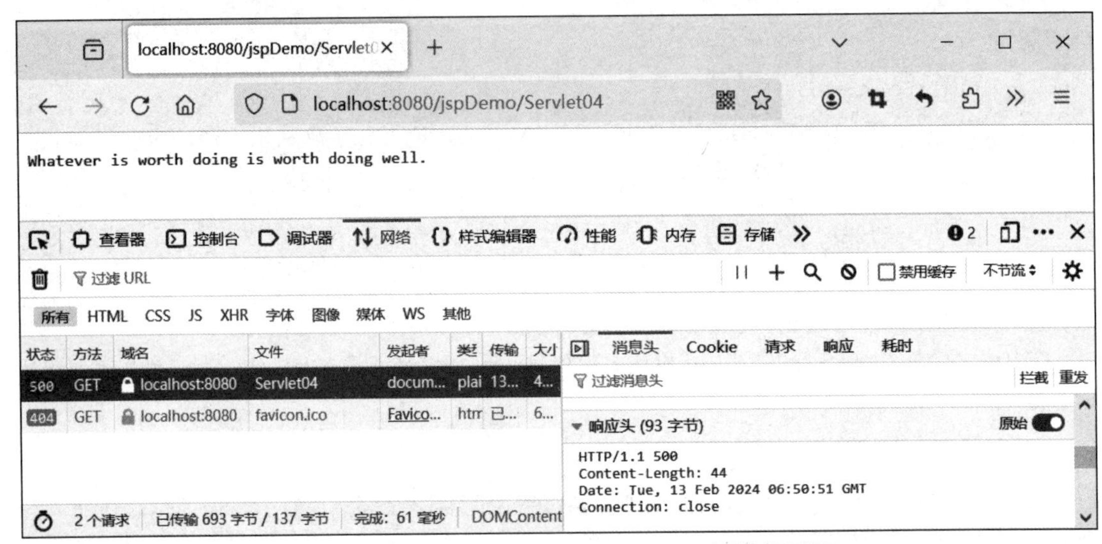

图 4-12　同时调用 getOutputStream()和 getWriter()方法的运行结果

4．请求重定向

请求重定向是指 Web 服务器在接收到客户端的请求后，可能由于某些条件的限制，不能访问当前请求 URL 所指向的 Web 资源，而是指定了一个新的资源路径，须由客户端重新发送请求。HttpServletResponse 接口定义了一个 sendRedirect()方法来实现请求重定向。请求重定向的工作原理如图 4-13 所示。

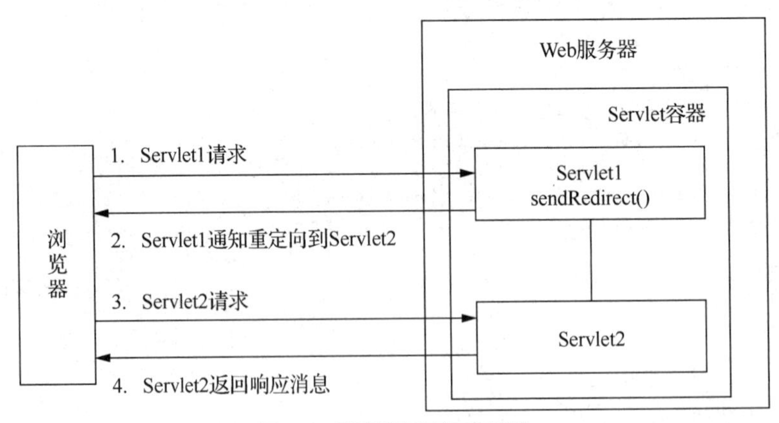

图 4-13　请求重定向的工作原理

从图 4-13 中可以看出，当浏览器访问 Servlet1 时，由于在 Servlet1 中调用了 sendRedirect()方法，Servlet1 通知重定向到 Servlet2，因此，浏览器接收到 Servlet1 的响应后，继续向 Servlet2 发送请求，Servlet2 对请求处理完毕后，再将响应消息回送给浏览器。请求重定向的过程中，客户端与服务器之间发生了两次请求和两次响应。

综合案例：实现用户登录功能。

（1）创建登录页面 login.html，如例 4-26 所示。

【例 4-26】login.html

```
<!DOCTYPE html>
<html lang="en">
    <head>
        <meta charset="UTF-8">
        <title>登录页面</title>
    </head>
    <body>
        <h2>用户登录</h2>
        <form method="post" action="/jspDemo/Servlet05">
            用户名：<input type="text" name="username"/><br/>
            密码：<input type="password" name="password"/><br/>
            <input type="submit" value="登录"/>
            <input type="reset" value="重置"/>
        </form>
    </body>
</html>
```

（2）创建一个名称为 Servlet05 的 Servlet 类，用来验证用户登录，成功重定向到 welcome.html 页面，失败重定向到 login.html 页面，如例 4-27 所示。

【例 4-27】Servlet05.java

```
package com.swxy.servlet;
import jakarta.servlet.ServletException;
import jakarta.servlet.annotation.WebServlet;
import jakarta.servlet.http.HttpServlet;
import jakarta.servlet.http.HttpServletRequest;
import jakarta.servlet.http.HttpServletResponse;

import java.io.IOException;

@WebServlet("/Servlet05")
public class Servlet05 extends HttpServlet {
    @Override
    protected void doPost(HttpServletRequest req, HttpServletResponse resp) throws
ServletException, IOException {
        //使用 HttpServletRequest 对象的 getParameter()方法获取表单数据
        String username = req.getParameter("username");
        String password = req.getParameter("password");
        if(username.equals("admin") && password.equals("123456")){
            //用户名和密码正确，重定向到 welcome.html 页面
            resp.sendRedirect("welcome.html");
        }else{
            //用户名或密码错误，重定向到 login.html
            resp.sendRedirect("login.html");
        }
    }
}
```

上述代码表示登录成功进入 welcome.html 页面，登录失败进入 login.html 页面。

（3）在浏览器地址栏中输入“http://localhost:8080/jspDemo/login.html”，输入正确的用户名和密码，如图 4-14 所示，将重定向到 welcome.html 页面，如图 4-15 所示。

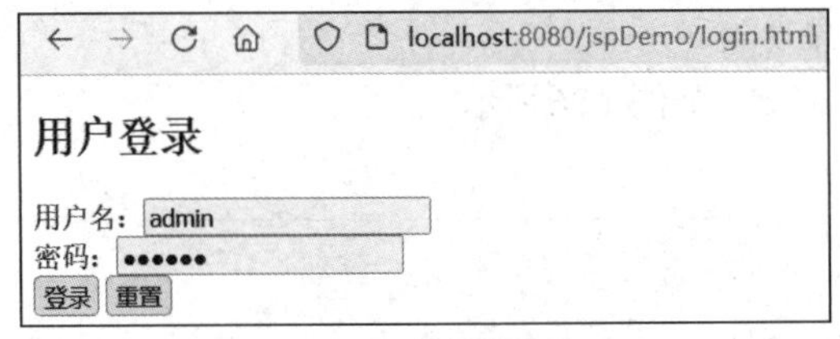

图4-14　登录页面

图4-15　登录成功后的 welcome.html 页面

注意

如果有中文，浏览器会存在中文输出乱码问题，需要设置字符编码使用的码表为 UTF-8，代码如下：

```
resp.setCharacterEncoding("UTF-8");
```

或者设置响应正文的 MIME 类型为 text/html（这个类型根据实际情况进行设置），字符编码使用的码表为 UTF-8，代码如下：

```
resp.setContentType("text/html;charset=UTF-8");
```

4.3.2　HttpServletRequest 接口及其应用

HttpServletRequest 接口专门用来封装 HTTP 请求消息。该接口定义了获取请求行、请求头和请求消息体的方法，本小节将对这些方法进行介绍。

1．获取请求行信息的相关方法

访问 Servlet 时，会在请求消息的请求行中，包含请求方法、请求路径、协议名和版本等信息。在 HttpServletRequest 接口中，定义了一系列的方法用于获取这些请求行信息，如表 4-6 所示。

表 4-6　获取请求行信息的常用方法

方法声明	功能描述
String getMethod()	获取 HTTP 请求消息中的请求方法，如 GET、POST、DELETE 等
StringBuffer getRequestURL()	获取 HTTP 请求的完整的 URL（不包含参数部分）。例如，http://localhost:8080/jspDemo/Servlet06
String getRequestURI()	获取客户端发出请求时的 URI，端口号和“？”之间的内容，如/jspDemo/Servlet06
String getQueryString()	获取请求行中的参数部分，“？”后面的所有内容
String getProtocol()	获取请求行中的协议名和版本，如 HTTP/1.1

2．获取请求消息头的相关方法

浏览器向 Servlet 发送请求时，通过请求消息头向服务器传递附加信息，如客户端可以接收的数据类型、压缩方式等。在 HttpServletRequest 接口中，定义了一系列方法用于获取 HTTP 请求头字段，如表 4-7 所示。

表 4-7 获取请求消息头的常用方法

方法	描述
String getHeader(String name)	获取一个指定头字段的值
Enumeration<String> getHeaders(String name)	根据请求头字段的名称获取对应的请求字段的所有值，返回一个 Enumeration 集合对象
Enumeration<String> getHeaderNames()	获取一个包含所有请求头字段的 Enumeration 对象
int getIntHeader(String name)	获取一个指定头字段的值，并将其转换为 int 类型
String getContentType()	获取 Content-Type 头字段的值
String getCharacterEncoding()	获取请求消息的实体部分的字符集编码，通常从 Content-Type 头字段中进行提取

3．获取请求消息体的相关方法

用户提交的表单数据都通过消息体发送给服务器，在 HttpServletRequest 接口中，定义了以下两个与输入流相关的方法，如例 4-28 所示。

【例 4-28】与输入流相关的方法。

```
ServletInputStream getInputStream() throws IOException;
BufferedReader getReader() throws IOException;
```

getInputStream()方法用于获取 ServletInputStream 对象，如果实体内容为非文本，那么只能通过 getInputStream()方法获取请求消息体。getReader()方法用于获取 BufferedReader 对象，调用该方法时可以使用 setCharacterEncoding()方法指定 BufferedReader 对象所使用的字符编码。如果不指定字符编码，默认采用 ISO-8859-1 作为字符集编码。

综合案例：实现注册功能，使用 getInputStream()方法获取请求消息体，getReader()方法的使用与 getInputStream()方法类似，读者可自行编写代码。

（1）编写一个注册页面 register.html，如例 4-29 所示。

【例 4-29】register.html

```
<!DOCTYPE html>
<html lang="en">
    <head>
        <meta charset="UTF-8">
        <title>注册页面</title>
    </head>
    <body>
        <form method="post" action="/jspDemo/Servlet06">
            用户名：<input type="text" name="username"/><br/>
            密码：<input type="text" name="password"/><br/>
            <input type="submit" value="注册"/>
        </form>
    </body>
</html>
```

（2）编写一个用于接收请求消息体的 Servlet，文件名为 Servlet06.java，如例 4-30 所示。

【例 4-30】Servlet06.java

```
package com.swxy.servlet;
import jakarta.servlet.ServletException;
import jakarta.servlet.ServletInputStream;
import jakarta.servlet.annotation.WebServlet;
import jakarta.servlet.http.HttpServlet;
import jakarta.servlet.http.HttpServletRequest;
```

```
import jakarta.servlet.http.HttpServletResponse;

import java.io.IOException;

@WebServlet("/Servlet06")
public class Servlet06 extends HttpServlet {
    @Override
    protected void doPost(HttpServletRequest req, HttpServletResponse resp) throws
ServletException, IOException {
        resp.setContentType("text/html;charset=UTF-8");
        //定义一个长度为 1024 的字节数组
        byte[] buffer = new byte[1024];
        //获取输入流
        ServletInputStream inputStream = req.getInputStream();
        StringBuilder sb = new StringBuilder();
        int len;
        //循环读取
        while((len=inputStream.read(buffer))!=-1){
            sb.append(new String(buffer,0,len));
        }
        System.out.println(sb);
    }
}
```

（3）在浏览器地址栏中输入 "http://localhost:8080/jspDemo/register.html"，在打开的页面中输入用户名 "Charles" 和密码 "123456"，单击 "注册" 按钮，控制台显示如下：

```
username=Charles&password=123456
```

注意

填写表单时，输入用户名等中文时，会有中文乱码的问题，例 4-31 可以处理请求方法 GET 和 POST 的乱码。

【例 4-31】Servlet07.java

```
package com.swxy.servlet;
import jakarta.servlet.ServletException;
import jakarta.servlet.annotation.WebServlet;
import jakarta.servlet.http.HttpServlet;
import jakarta.servlet.http.HttpServletRequest;
import jakarta.servlet.http.HttpServletResponse;

import java.io.IOException;
import java.io.PrintWriter;

@WebServlet("/Servlet07")
public class Servlet07 extends HttpServlet {
    @Override
    protected void doPost(HttpServletRequest req, HttpServletResponse resp) throws
ServletException, IOException {
        String username = req.getParameter("username");
        String password = req.getParameter("password");
        //请求方法为 POST 时，中文乱码的处理
        if(req.getMethod().equals("POST")){
            req.setCharacterEncoding("UTF-8");
        }else{//请求方法为 GET 时，中文乱码的处理
            username=new String(username.getBytes("iso-8859-1"),"UTF-8");
```

```
        }
        resp.setContentType("text/html;charset=UTF-8");
        PrintWriter out = resp.getWriter();
        out.println("姓名: " + username + "<br/>" + "密码: " + password);
    }
}
```

测试时，只需将上述注册页面 register.html 中的 action 改成“/Servlet07”即可。

4.3.3 RequestDispatcher 接口及其应用

在 Servlet 中，客户端发出请求后，一个 Web 资源通知另外一个资源去处理请求，前面章节使用 sendRedirect()方法实现了请求重定向。本小节使用 RequestDispatcher 接口来实现请求转发。请求转发是指通过 forward()方法将当前请求传递给其他的 Web 资源进行处理。forward()方法的工作原理如图 4-16 所示。

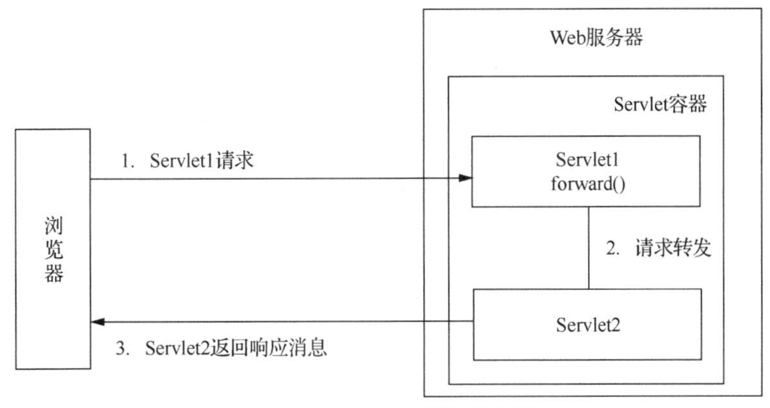

图 4-16　forward()方法的工作原理

从图 4-16 中可以看出，当客户端浏览器访问 Servlet1 时，通过调用 forward()方法将请求转发给其他 Web 资源，如 Servlet2，其他资源处理完毕后将响应消息返回给客户端。

综合案例：forward()方法的使用。访问 RequestForwardServlet01 时，请求转发给 RequestForwardServlet02，如例 4-32 和例 4-33 所示。

【例 4-32】RequestForwardServlet01.java

```
package com.swxy.servlet;
import jakarta.servlet.ServletException;
import jakarta.servlet.annotation.WebServlet;
import jakarta.servlet.http.HttpServlet;
import jakarta.servlet.http.HttpServletRequest;
import jakarta.servlet.http.HttpServletResponse;

import java.io.IOException;

@WebServlet("/RequestForwardServlet01")
public class RequestForwardServlet01 extends HttpServlet {
    @Override
    protected void doGet(HttpServletRequest req, HttpServletResponse resp) throws
ServletException, IOException {
        //数据存储到 request 对象中
        req.setAttribute("msg", "If you can dream it, you can do it.");
        req.getRequestDispatcher("/RequestForwardServlet02").forward(req, resp);
    }
}
```

【例 4-33】RequestForwardServlet02.java

```
package com.swxy.servlet;
import jakarta.servlet.ServletException;
import jakarta.servlet.annotation.WebServlet;
import jakarta.servlet.http.HttpServlet;
import jakarta.servlet.http.HttpServletRequest;
import jakarta.servlet.http.HttpServletResponse;

import java.io.IOException;
import java.io.PrintWriter;

@WebServlet("/RequestForwardServlet02")
public class RequestForwardServlet02 extends HttpServlet {
    @Override
    protected void doGet(HttpServletRequest req, HttpServletResponse resp) throws
ServletException, IOException {
        //从 request 对象中获取数据
        String msg = (String) req.getAttribute("msg");
        PrintWriter out = resp.getWriter();
        out.println("msg: " + msg);
    }
}
```

在浏览器地址栏中输入"http://localhost:8080/jspDemo/RequestForwardServlet01"，显示的结果如图 4-17 所示。

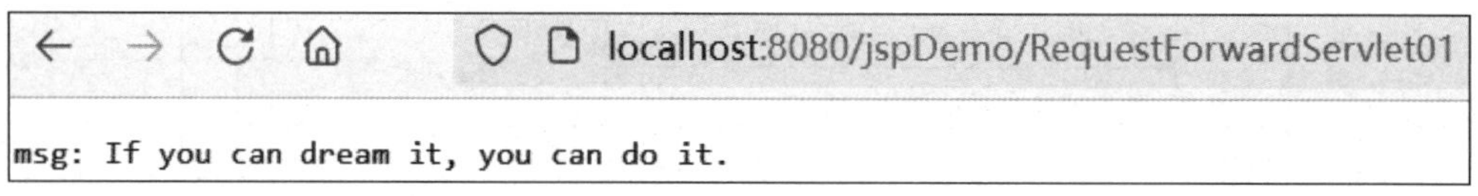

图 4-17 运行结果

从图 4-17 中可以看出，地址栏没有变化，还是 RequestForwardServlet01，这表示客户端只请求一次。而前面章节介绍的重定向 sendRedirect()方法，需要客户端向服务器发送两次请求。

4.4 本章小结

本章重点介绍了 Servlet 的常用接口、类和 Servlet 虚拟路径的映射。通过本章的学习，读者能够熟练使用 IDEA 开发工具开发 Servlet 应用；掌握 Servlet 的配置、生命周期和工作原理；掌握 ServletConfig 接口与 ServletContext 接口的使用；掌握 HttpServletRequest 对象和 HttpServletResponse 对象的使用。

思考与练习

1．单选题

（1）利用 request 对象的（ ）方法可以获取客户端的表单信息。

A．request.getAttribute() B．request.getParameter()

C．request.setParameter() D．request.setAttribute()

（2）表单提交方式是 POST，Servlet 接收中文数据时，以下选项中可以处理中文乱码的是（　　）。

A. response.setContentType("text/html;charset=UTF-8")

B. response.setCharacterEncoding("UTF-8")

C. request.setContentType("text/html;charset=UTF-8")

D. request.setCharacterEncoding("UTF-8")

（3）request.getParameter(String param)返回的数据类型是（　　）。

A. String　　B. Integer　　C. Boolean　　D. Double

（4）在下列选项中，Servlet 获得初始化参数的对象是（　　）。

A. ServletConfig　　B. ServletContext　　C. Response　　D. Request

（5）在 web.xml 文件中配置 Servlet 时，不包含以下选项中的（　　）标签。

A. <servlet-name>　　B. <servlet-class>　　C. <servlet-mapping>　　D. <servlet-url>

2. 简答题

（1）试述 Servlet 的生命周期。

（2）试述什么情况下调用 doGet()和 doPost()方法。

（3）试述 Servlet 的执行原理。

第5章 JSP 技术

JSP 是一种动态网页技术标准。JSP 项目部署在 Tomcat 等服务器上，可以接收客户端请求，并根据请求动态地生成 HTML、XML 或其他格式文档的 Web 网页返回给客户端。

本章首先介绍 JSP 的基本语法，包括 JSP 脚本标记、JSP 指令标记和 JSP 动作标记，然后介绍 JSP 内置对象，如 out 对象、pageContext 对象和 exception 对象，最后介绍文件的上传与下载。

5.1 JSP 概述

JSP 的实质是 Servlet，因为所有的 JSP 页面传回服务器端时都要转为 Servlet 进行编译、运行。由于用 JSP 编写的 HTML 页面直观且易调试，因此 JSP 逐步取代 Servlet 在开发页面中的作用。

5.1.1 什么是 JSP

JSP 是以 Java 为基础开发的，是在传统的网页 HTML 文件中插入 Java 程序段和 JSP 标记，后缀名为“.jsp”。其中，HTML 代码用于实现网页中静态内容的显示，Java 程序段和 JSP 标记用于实现网页中动态内容的显示。

JSP 的主要特点如下。

（1）跨平台。JSP 项目是跨平台的，可以应用于 Windows、Linux、Mac 等系统中。当从一个平台移植到另一个平台时，不需要修改代码。

（2）业务代码分离。开发人员使用 HTML 设计页面，将业务处理代码放到 JavaBean 中，JSP 页面只负责显示数据，业务变更时只需要修改业务代码。

（3）组件重用。开发人员可以使用 JavaBean 编写业务组件，在 JSP 整个项目中都可以重用业务组件。

（4）预编译。只有第一次访问 JSP 页面时，服务器对 JSP 页面进行转译、编译，从第二次开始直接执行编译好的代码，这样大大提升了客户端的访问速度。

（5）多样化和功能强大的开发工具的支持。常用的开发工具都支持使用 JSP 技术开发的 Web 应用程序，如 Eclipse、IntelliJ IDEA 等。

5.1.2 JSP 运行原理

用户访问 Servlet 时，Web 服务器根据请求的 URL 地址在 web.xml 文件中找到对应的 <servlet-mapping>，然后将请求交给<servlet-mapping>对应的 Servlet 程序去处理。JSP 文件不需要在 web.xml 文件中进行配置，因为 Tomcat 服务器的 conf 目录的 web.xml 文件中实现了 JSP 的相关配置，部分代码如例 5-1 所示。

【例 5-1】Tomcat 服务器的 conf 目录下 web.xml 文件的部分代码。

```
<servlet>
    <servlet-name>jsp</servlet-name>
    <servlet-class>org.apache.jasper.servlet.JspServlet</servlet-class>
    <init-param>
        <param-name>fork</param-name>
        <param-value>false</param-value>
    </init-param>
    <init-param>
        <param-name>xpoweredBy</param-name>
        <param-value>false</param-value>
    </init-param>
    <load-on-startup>3</load-on-startup>
</servlet>
<servlet-mapping>
    <servlet-name>jsp</servlet-name>
    <url-pattern>*.jsp</url-pattern>
    <url-pattern>*.jspx</url-pattern>
</servlet-mapping>
```

从上面的配置文件可以看出，以.jsp 或.jspx 为扩展名的请求路径都由 org.apache.jasper.servlet.JspServlet 处理。

JSP 的运行原理如图 5-1 所示。从图 5-1 中可以看出，具体执行过程如下。

（1）客户端浏览器发出请求，请求访问 JSP 文件。

（2）Web 容器将 JSP 转译成 Servlet 源码文件。

（3）Web 容器将产生的源码文件编译成字节码文件。

（4）Web 容器加载编译后的代码并执行。

（5）Web 容器将执行结果响应至客户端浏览器。

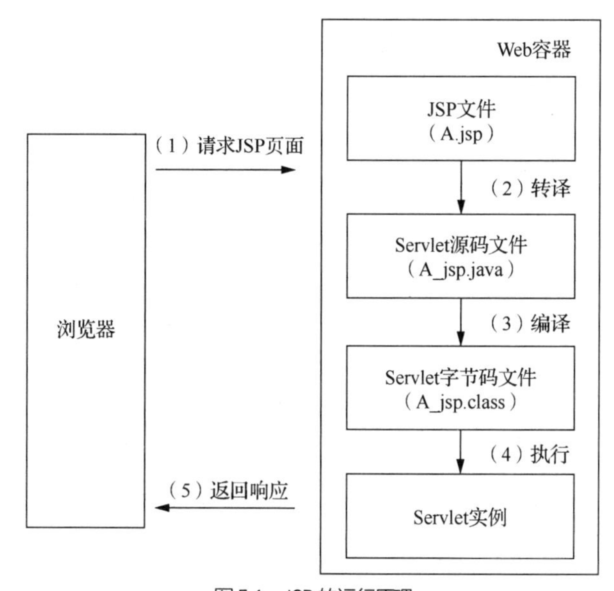

图 5-1 JSP 的运行原理

注意

在以上过程中，第一次请求 JSP 文件时执行，从第二次开始，只要 JSP 文件没有被修改，步骤（2）和步骤（3）不执行。

接下来，简单分析一下 JSP 转译生成的 Servlet 源码文件。以 JSP 文件 A.jsp 为例，转换生成的 Servlet 源码文件可以通过 Tomcat 服务器启动日志文件查看，如图 5-2 所示。从图 5-2 中可以看出，Servlet 源码文件存放在“C:\Users\Lenovo\AppData\Local\JetBrains\IntelliJIdea2023.2\tomcat\d28ec0ba-8a30-42c1-b29a-9c336227f4f1”目录中。进入该目录的“work→Catalina→localhost→jspDemo”中，可以看到 A_jsp.java 和 A_jsp.class 文件。

```
Tomcat Server          jspDemo   Using CATALINA_BASE:   "C:\Users\Lenovo\AppData\Local\JetBrains\IntelliJIdea2023.2\tomcat\d28ec0ba-8a30-42c1-b29a-9c336227f4f1"
  Running                        Using CATALINA_HOME:   "D:\apache-tomcat-10.0.27"
    Tomcat 10.0.27 [local]       Using CATALINA_TMPDIR: "D:\apache-tomcat-10.0.27\temp"
      jspDemo [Synchr            Using JRE_HOME:        "C:\Users\Lenovo\.jdks\corretto-17.0.9"
```

图 5-2　启动 Tomcat 服务器的日志文件

A_jsp.java 文件部分代码如例 5-2 所示。

【例 5-2】A_jsp.java

```
public final class A_jsp extends org.apache.jasper.runtime.HttpJspBase
   implements org.apache.jasper.runtime.JspSourceDependent,
              org.apache.jasper.runtime.JspSourceImports {

 private static final jakarta.servlet.jsp.JspFactory _jspxFactory =
       jakarta.servlet.jsp.JspFactory.getDefaultFactory();
 private static java.util.Map<java.lang.String,java.lang.Long> _jspx_dependants;
 private static final java.util.Set<java.lang.String> _jspx_imports_packages;
 private static final java.util.Set<java.lang.String> _jspx_imports_classes;
...
}
```

从上述代码中可以看出，A.jsp 文件转译后的 Servlet 类名为 A_jsp，它继承了 org.apache.jasper.runtime.HttpJspBase 类。在 Tomcat 源文件中查看 HttpJspBase 类的源代码，关键代码如例 5-3 所示。

【例 5-3】HttpJspBase.java

```
public abstract class HttpJspBase extends HttpServlet implements HttpJspPage {
 private static final long serialVersionUID=1L;
 protected HttpJspBase(){}
...
}
```

从例 5-3 中可以看出，HttpJspBase 继承了 HttpServlet 类，所以 JSP 文件其实就是一个 Servlet。

5.2 基本语法

上一节介绍了 JSP 及其主要特点、JSP 运行原理，让读者对 JSP 有了一个整体的印象和概念。本节将介绍 JSP 脚本标记、JSP 指令标记和 JSP 动作标记。

5.2.1 JSP 脚本标记

1. JSP 脚本小程序

JSP 脚本小程序是指在标记符“<%”和“%>”之间插入的 Java 代码，可以声明变量和方法等 Java 代码。JSP 脚本小程序的基本语法如下：

```
<% Java 程序段 %>
```

综合案例：创建一个JSP页面scriptlet.jsp，使用“*”号输出一个五行的直角三角形，如例5-4所示。

【例5-4】 scriptlet.jsp

```
<%@ page contentType="text/html;charset=UTF-8" language="java" %>
<html>
    <head>
      <title>输出直角三角形</title>
    </head>
    <body>
      <%
          for(int i=0;i<5;i++){//遍历行
                for(int j=0;j<=i;j++) {//遍历每行中的*号
                      out.print("*");
                }
                out.print("<br/>");//每行输出后回车
          }
      %>
    </body>
</html>
```

2. JSP声明

在JSP页面中，可以声明变量和方法，变量类型可以是Java语言允许的任何数据类型，这种声明是全局变量。JSP声明的基本语法如下：

```
<%! 变量或方法的定义 %>
```

综合案例：成员变量和局部变量的使用，如例5-5所示。

【例5-5】 declaration.jsp

```
<%@ page contentType="text/html;charset=UTF-8" language="java" %>
<html>
<head>
     <title>成员变量和局部变量的使用</title>
</head>
<%!
      int m=0;//声明一个成员变量
      int add(int x,int y){//声明一个方法
           return x+y;
       }
%>
<body>
<%
     int n=0;//声明一个局部变量
     m++;
     n++;
     int result=add(1,2);
     out.print("成员变量 m=" + m +"<br/>");
     out.print("局部变量 n=" + n +"<br/>");
     out.print("二数的和 sum=" + result);
%>
</body>
</html>
```

第一个客户访问页面时的效果如图5-3所示，第二个客户访问页面时的效果如图5-4所示。从图5-3和图5-4中可以看出，成员变量m被所有客户共享，每次在上一次的基础上增加1，而局部变量被每个客户独享，每次从0开始增加1。

localhost:8080/jspDemo/declaration.jsp

成员变量 m=1
局部变量 n=1
二数的和 sum=3

图 5-3　第一个客户访问页面时的效果

图 5-4　第二个客户访问页面时的效果

3．JSP 表达式

在 JSP 页面中，可以用表达式显示程序数据，等价于 out.print 方法，表达式的值由 Web 服务器负责计算，计算结果会自动转换为字符串发送到客户端作为 HTML 页面的内容显示。JSP 表达式的基础语法如下：

```
<%=  变量或表达式  %>
```

综合案例：创建一个 JSP 页面，使用 JSP 表达式输出数据，如例 5-6 所示。

【例 5-6】expression.jsp

```
<body>
    <% int i=10; %>
    <%= i+"+1 = " + (i+1) %>
</body>
```

在浏览器地址栏中输入“http://localhost:8080/jspDemo/expression.jsp”，运行结果如图 5-5 所示。

图 5-5　JSP 表达式的运行结果

4．JSP 注释

在 JSP 页面中，注释分为静态注释和动态注释。静态注释是直接使用 HTML 风格的注释，在浏览器中查看页面源代码时可以看到注释的内容；动态注释包括 Java 注释和 JSP 注释，在浏览器中查看页面源代码时不会看到注释的内容。

静态注释的语法如下：

```
<!--HTML 风格的注释-->
```

Java 注释语法如下：

```
//单行注释
/*
多行注释
*/
```

JSP 注释语法如下：

```
<%--JSP 注释--%>
```

5.2.2 JSP 指令标记

常用的 JSP 指令标记包括 page 指令、include 指令和 taglib 指令。

1. page 指令

page 指令用来定义整个 JSP 页面的一些属性和属性的值，其基本语法如下：

```
<%@ page 属性 1="属性 1 的值" 属性 2="属性 2 的值" %>
```

page 常用指令的属性及其描述如表 5-1 所示。

表 5-1 page 常用指令的属性及其描述

属性	描述
contentType	确定响应的 MIME 类型和字符编码，常见的 MIME 类型有 text/html(HTML 解析器)、application/msword（Word 应用程序）、images/jpeg（JPEG 图形）等。例如，contentType="text/html;charset=UTF-8"
language	指定 JSP 页面使用的脚本语言，一般设置为 “java”
import	导入一个或多个包和类。例如，导入 Java 的 sql 包，import="java.sql.*"
isErrorPage	指定当前页面是否可以作为另一页面的错误处理页面。例如，isErrorPage="true"
errorPage	指定当前网页的出错处理网页的 URL。例如，errorPage="err.jsp"

2. include 指令

一个网站的 Logo 或导航条会在多个网页中出现，为了方便网站的维护，通常将多页面共享的部分单独编写一个 jsp 文件。需要用到的页面通过 include 指令引入即可，其基本语法如下：

```
<%@include file="URL"%>
```

综合案例：include 指令的使用。在 include.jsp 页面中引入 head.jsp 页面，head.jsp 代码如例 5-7 所示，include.jsp 代码如例 5-8 所示。

【例 5-7】head.jsp

```
<body>
    <h2><center>名言名句大全</center></h2>
</body>
```

【例 5-8】include.jsp

```
<body>
    <%@include file="head.jsp"%>
    <p>
        1. 惟沉默是最高的轻蔑。<br/>
        2. 勇者愤怒，抽刃向更强者；怯者愤怒，却抽刃向更弱者。<br/>
        3. 我之所谓生存，并不是苟活，所谓温饱，不是奢侈，所谓发展，也不是放纵。<br/>
     </p>
</body>
```

在浏览器地址栏中输入“http://localhost:8080/jspDemo/include.jsp”，运行结果如图 5-6 所示。

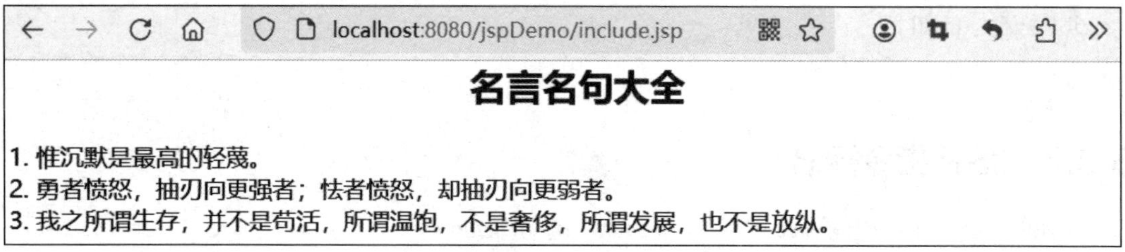

localhost:8080/jspDemo/include.jsp

名言名句大全

1. 惟沉默是最高的轻蔑。
2. 勇者愤怒，抽刃向更强者；怯者愤怒，却抽刃向更弱者。
3. 我之所谓生存，并不是苟活，所谓温饱，不是奢侈，所谓发展，也不是放纵。

图 5-6　include 指令的使用效果

3．taglib 指令

taglib 指令用于引入标签库的定义，其基本语法如下：

```
<%@ taglib prefix="前缀" uri="标签库URI" %>
```

【例 5-9】引入 JSTL 标签库，其代码如下：

```
<%@ taglib prefix="c" uri="http://java.sun.com/jsp/jstl/core" %>
```

注意

定义标签时，不能使用 jsp、java、servlet 等作为前缀，这些是 JSP 的保留字。

5.2.3　JSP 动作标记

JSP 动作标记是在客户端请求时动态执行的，为了与 HTML 标签有所区分，JSP 动作标记都是以 jsp 为前缀。常用的 JSP 动作标记有 include、forward、param 等。

1．<jsp:include>、<jsp:param>动作标记

动作标记<jsp:include>的作用是将 JSP 文件、HTML 网页文件或其他文本文件动态嵌入到当前 JSP 网页中。动态嵌入就是在将 JSP 页面转译成 Java 文件时并不合并两个页面，而是在 Java 文件的字节码文件被加载并执行时才去处理 include 动作标记中引入的文件。<jsp:param>动作标记以“名称-值”对的形式为对应页面传递参数，<jsp:param>动作标记不能单独使用，但可以作为<jsp:include>、<jsp:forward>动作标记的子标记使用，其基本语法如下：

```
<jsp:include page="URL">
     <jsp:param name="属性名" value="属性值"/>
</jsp:include>
```

如果动作标记 include 不带参数，则去掉<jsp:param>动作标记即可。

综合案例：使用递归求第 *n* 个斐波那契数。

编写两个页面 parameter.jsp 和 fibonacci.jsp，在页面 parameter.jsp 中使用动作标记<jsp:include>动态包含文件 fibonacci.jsp，并向其传递第 *n* 个数；fibonacci.jsp 接收到参数后求出第 *n* 个斐波那契数，运行 parameter.jsp 页面，显示结果如图 5-7 所示。parameter.jsp 代码如例 5-10 所示，fibonacci.jsp 代码如例 5-11 所示。

【例 5-10】parameter.jsp

```
<body>
    <h2>加载 fibonacci.jsp 页面，输出第 n 个斐波那契数</h2>
    <jsp:include page="fibonacci.jsp">
        <jsp:param name="n" value="6"/>
```

```
    </jsp:include>
</body>
```

【例 5-11】fibonacci.jsp

```
<%!
int fun(int n){
   if(n==1||n==2){
      return 1;
   }else{
      return fun(n-1)+fun(n-2);
   }
}
%>
<body>
    <%
         String n = request.getParameter("n");
         out.print("第" + n + "个斐波那契数: " + fun(Integer.parseInt(n)));
    %>
</body>
```

图 5-7 斐波那契数的运行结果

2．<jsp:forward>动作标记

动作标记<jsp:forward>用于从该标记出现处停止当前 JSP 页面执行，重定向到其他指定页面。重定向的目标可以是静态的 HTML 页面、JSP 页面，其基本语法如下：

```
<jsp:forward page="页面 URL">
    <jsp:param name="属性名" value="属性值"/>
</jsp:forward>
```

综合案例：<jsp:forward>动作标记的使用。

编写两个页面 forword.jsp 和 target.jsp，在页面 forword.jsp 中使用动作标记<jsp:forward>重定向到文件 target.jsp，并向其传递参数；target.jsp 接收到参数后，与其他字符进行拼接，如例 5-12、例 5-13 所示。启动服务器访问 forword.jsp 页面，显示结果如图 5-8 所示。

【例 5-12】forword.jsp

```
<%@ page contentType="text/html;charset=UTF-8" language="java" %>
<html>
    <head>
        <title>动作标记的使用</title>
    </head>
    <body>
        <jsp:forward page="target.jsp">
            <jsp:param name="country" value="中国"/>
        </jsp:forward>
    </body>
</html>
```

【例 5-13】target.jsp

```
<%@ page contentType="text/html;charset=UTF-8" language="java" %>
<html>
    <head>
        <title>动作标记的目标页面</title>
    </head>
    <body>
        <%
            String country = request.getParameter("country");
            out.print(country + "加油!<br/>");
        %>
        红星高悬,照亮了中国的前进道路,指引着我们奋勇向前。
    </body>
</html>
```

图 5-8　<jsp:forward>动作标记的使用

5.3 JSP 内置对象

JSP 内置对象是开发者可以直接使用 JSP 容器提供的 Java 对象，而不用显式声明。JSP 支持 9 个内置对象，如表 5-2 所示。

表 5-2　JSP 内置对象、描述及其作用域

对象	描述	作用域
request	HttpServletRequest 类的实例，用于获取用户请求信息	request
response	HttpServletResponse 类的实例，用于向客户端发送响应信息	page
pageContext	PageContext 类的实例，用于获取上下文信息	page
session	HttpSession 类的实例，用于保存用户信息	session
application	ServletContext 类的实例，用于保存整个应用的共享信息	application
out	JspWriter 类的实例，用于页面输出	page
config	ServletConfig 类的实例，用于获取 Web 应用配置信息	page
page	代表当前被访问 JSP 页面的实例化	page
exception	Exception 类的对象，代表发生错误的 JSP 页面中对应的异常对象	page

前面章节已介绍了 request 对象、response 对象，session 对象将在第 6 章介绍，本节主要介绍 out 对象、pageContext 对象和 exception 对象。

5.3.1　out 对象

out 对象是向客户端输出内容常用的对象，其常用方法如表 5-3 所示。

表 5-3 out 对象的常用方法

方法	描述
void print()	输出数据
void newLine()	输出换行
void clear()	清除缓冲区中的数据，若缓冲区是空的，则会产生 IOException 异常
void clearBuffer()	清除缓冲区中的数据，若缓冲区是空的，并不会产生 IOException 异常
void flush()	清空缓冲区数据，并输出到网页
int getBufferSize()	返回缓冲区大小
getRemaining()	返回缓冲区剩余空间的大小
boolean isAutoFlush()	是否自动输出缓冲区中的数据
void close()	关闭输出流

综合案例：out 对象的使用。

编写一个页面 out.jsp，在该页中使用 out 输出信息，如例 5-14 所示。

【例 5-14】out.jsp

```
<body>
    <%
        int size = out.getBufferSize();
        boolean flag = out.isAutoFlush();
        out.print("缓冲区大小:" + size +"<br/>");
        out.print("是否自动输出缓冲区中的数据:"+flag);
    %>
</body>
```

5.3.2 pageContext 对象

pageContext 对象（页面上下文对象）用于获取当前 JSP 页面的相关信息，其常用方法如表 5-4 所示。

表 5-4 pageContext 对象的常用方法

方法	描述
ServletRequest getRequest()	获取 request 内置对象
ServletResponse getResponse()	获取 response 内置对象
HttpSession getSession()	获取 session 内置对象
ServletConfig getServletConfig()	获取 config 内置对象
ServletContext getServletContext()	获取 application 内置对象
Object getPage()	获取 page 内置对象
Exception getException()	获取 exception 内置对象
JspWriter getOut()	获取 out 内置对象
Object getAttribute(String key,int scope)	获取 scope 范围、关键字为 key 的属性对象
void setAttribute(String key,Object value,int scope)	设置 scope 范围的属性对象
void removeAttribute(String key,int scope)	从 scope 范围中移除关键字为 key 的属性对象

综合案例：pageContext 对象的使用。

编写一个页面 pageContext.jsp，使用 pageContext 对象设置和获取请求域属性值，如例 5-15 所示。

【例 5-15】pageContext.jsp

```
<body>
<%
    pageContext.getRequest().setAttribute("encoding","UTF-8");//设置属性
    //获取属性，默认返回 Object 类型
    String encoding = (String)pageContext.getAttribute("encoding",2);
    out.print("请求域中 encoding 的值 = " +encoding);
%>
</body>
```

5.3.3 exception 对象

exception 对象是一个与 Error 有关的内置对象，使用该对象的页面必须设置 page 指令的 isErrorPage 属性为 true。

综合案例：exception 对象的使用。

编写两个页面 error.jsp 和 arithmeticException.jsp，在 error.jsp 页面（在 page 指令中设置 isErrorPage 属性）中输出异常信息，在 arithmeticException.jsp 页面（在 page 指令中设置 errorPage 属性）产生算术异常。error.jsp 代码如例 5-16 所示，arithmeticException.jsp 代码如例 5-17 所示。

【例 5-16】error.jsp

```
<%@ page contentType="text/html;charset=UTF-8" language="java" isErrorPage="true" %>
<html>
    <head>
        <title>错误页面</title>
    </head>
    <body>
        <%
            exception.printStackTrace(response.getWriter());
        %>
    </body>
</html>
```

【例 5-17】arithmeticException.jsp

```
<%@ page contentType="text/html;charset=UTF-8" language="java" errorPage="error.jsp" %>
<html>
    <head>
        <title>数学运算异常</title>
    </head>
    <body>
        <%
            int i=10;
            int j=i/0;
        %>
    </body>
</html>
```

访问 arithmeticException.jsp 页面，运行结果如图 5-9 所示。

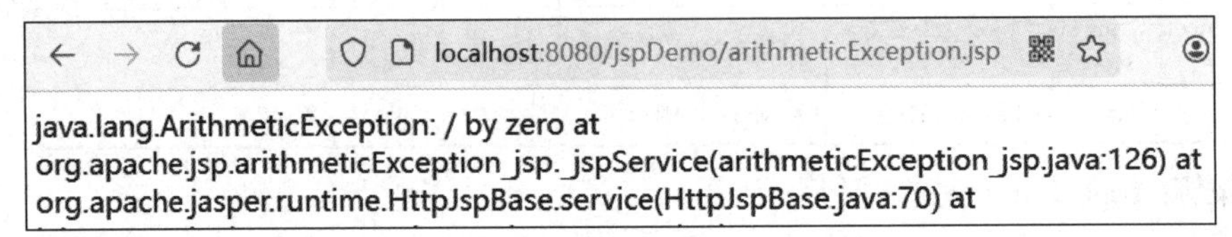

图 5-9 运行结果

5.4 文件的上传与下载

文件的上传与下载在 Web 应用中很常见，本节重点介绍使用 Part 接口实现上传文件，通过设置两个报头（Content-Type 和 Content-Disposition）实现文件的下载。

5.4.1 文件的上传

表单元素<input type="file">由一个文本框和上传按钮组成，用户可以选择一个或多个文件以提交表单的方式上传到服务器上。

上传单文件的具体步骤如下。

（1）文件上传的表单设置。

表单的 method 属性必须设置为 post，enctype 设置为 multipart/form-data。使用表单元素<input type="file">上传文件，该元素包含一个按钮，单击该按钮可以选择待上传的文件，页面如图 5-10 所示，代码如例 5-18 所示。

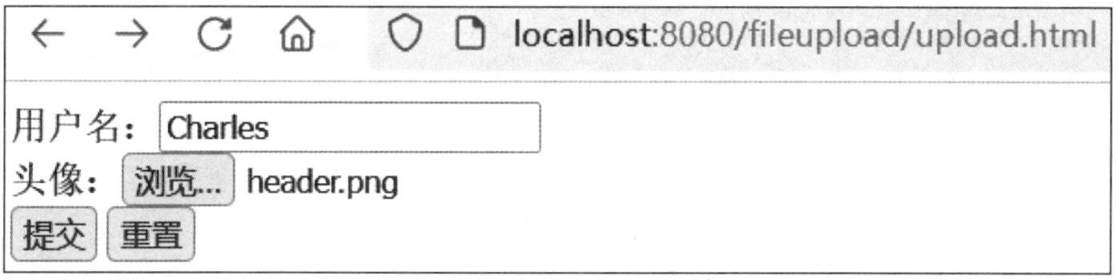

图 5-10 上传页面

【例 5-18】upload.html

```
<form method="post" action="/UploadServlet" enctype="multipart/form-data">
     用户名：<input type="text" name="username"/><br/>
     头像：<input type="file" name="photo"/><br/>
    <input type="submit" value="提交"><input type="reset" value="重置">
</form>
```

（2）创建名为 UploadServlet 的 Servlet，用于上传文件，Servlet 响应结果如图 5-11 所示，代码如例 5-19 所示。

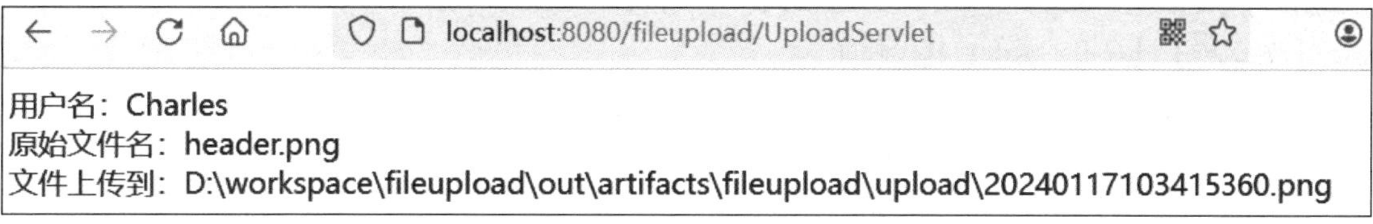

图 5-11 响应结果

【例 5-19】UploadServlet.java

```
@WebServlet("/UploadServlet")
@MultipartConfig(maxFileSize = 10*1024*1024) //设置最大文件大小为 10MB
public class UploadServlet extends HttpServlet {
     @Override
```

```
    protected void doPost(HttpServletRequest req, HttpServletResponse resp) throws 
ServletException, IOException {
        resp.setContentType("text/html;charset=utf-8");
        PrintWriter out = resp.getWriter();
        String username = req.getParameter("username");//获取用户名
        Part part = req.getPart("photo");//获取头像
        File uploadDir = new File(getServletContext().getRealPath("/upload"));//文件
上传目录
        if(!uploadDir.exists()){//判断上传目录是否存在，不存在则创建
           uploadDir.mkdir();
         }
         String filename = part.getSubmittedFileName();//原始文件名
         //以当前日期作为文件名，避免与服务器已有文件重名
         SimpleDateFormat sdf=new SimpleDateFormat("yyyyMMddHHmmssSSS");
         String newFilename=sdf.format(new Date());//将当前日期格式化为字符串
         String ext = filename.substring(filename.lastIndexOf("."));//截取文件扩展名
         String path = uploadDir + File.separator + newFilename + ext;//拼接上传路径
         part.write(path);//上传文件到服务器 upload 目录中
         out.println("用户名: " + username + "<br/>");
         out.println("原始文件名: " + filename + "<br/>");
         out.println("文件上传到: " + path);
    }
}
```

注意

上传多个文件需要修改以下内容。

（1）表单中多添加几个表单元素<input type="file">，这些元素的 name 属性设置成不一样。

（2）Part part = req.getPart("photo")改成 Collection<Part> parts = req.getParts()，然后使用 for 循环遍历 parts 集合，循环体内代码与单文件上传类似。

5.4.2 文件的下载

实现文件下载有两种方式，一是通过超链接实现下载，二是通过编写程序实现下载。超链接实现简单，但暴露了文件的真实位置。通过编写程序实现下载更安全，本小节将通过一个案例介绍编写程序实现下载。利用程序实现下载需要设置两个报头，一是设置 Content-Type 报头为 application/x-msdownload，二是设置 Content-Disposition 报头为 attachment。报头设置代码如例 5-20 所示。

【例 5-20】设置报头示例，其代码如下：

```
resp.setHeader("Content-Type", "application/x-msdownload");
resp.setHeader("Content-Disposition", "attachment;filename="+filename);
```

综合案例：通过编写程序实现下载。

具体步骤如下。

（1）编写网页 download.html，如例 5-21 所示。

【例 5-21】download.html

```
<h2>利用程序实现下载</h2>
<a href="/fileupload/DownLoadServlet?filename=20240117103415360.png">下载</a>
```

（2）编写名为DownLoadServlet的Servlet，如例5-22所示。

【例5-22】DownLoadServlet.java

```
@WebServlet("/DownLoadServlet")
public class DownLoadServlet extends HttpServlet {
    @Override
    protected void doGet(HttpServletRequest req, HttpServletResponse resp) throws
ServletException, IOException {
        String filename = req.getParameter("filename");
        FileInputStream in = null;
        ServletOutputStream out = null;
        try {
            //设置报头
            resp.setHeader("Content-Type", "application/x-msdownload");
            resp.setHeader("Content-Disposition", "attachment;filename="+filename);
            //要下载文件的路径
            File dir = new File(getServletContext().getRealPath("/upload"));
            in = new FileInputStream(dir + File.separator + filename);//获取输入流
            out = resp.getOutputStream();//获取响应输入流
            out.flush();
            int len = 0;
            byte[] buffer = new byte[1024];
            while((len = in.read(buffer)) != -1 & in !=null){
               out.write(buffer,0,len);
            }
            out.flush();
            in.close();//关闭输入流
            out.close();//关闭输出流
        } catch (IOException e) {
           e.printStackTrace();
        }
    }
}
```

5.5 本章小结

本章重点介绍了JSP基本语法、内置对象和文件的上传与下载。JSP是一种用于创建动态Web页面的服务器端技术。它将Java代码嵌入到HTML中，以实现动态内容的生成和展示。JSP本质就是Servlet，一个JSP页面会被编译成Servlet类。学习完本章内容就可以开发一个简单的Web应用，读者应该熟练掌握本章内容，为后面章节完成复杂应用打下基础。

思考与练习

1. 单选题

（1）JSP指令标记不包含（　　）。

A. import指令　　B. page指令　　C. include指令　　D. taglib指令

（2）在JSP中，（　　）指令用来声明JSP欲使用的标签库。

A. taglib　　B. page　　C. import　　D. include

（3）关于 JSP，下列说法不正确的是（　　）。

A. JSP 全称是 Java Server Pages

B. 只要安装 JDK 就可以运行 JSP

C. JSP 是一种由 Sun Microsystems 公司主导创建的动态网页技术标准

D. JSP 的核心技术是基于 Java 的，它能够接收用户的访问请求并处理数据

（4）下列选项中，不是 JSP 内置对象的是（　　）。

A. out 对象　　B. pageContext 对象　　C. exception 对象　　D. student 对象

（5）JSP 页面经过编译之后，将创建一个（　　）。

A. servlet　　B. application　　C. exe 文件　　D. html 文件

2. 简答题

（1）试述 JSP 运行原理。

（2）试述 JSP 的特点与优势。

第6章 会话及会话技术

会话管理是指保持用户的整个会话活动的交互与计算机系统跟踪的过程。会话管理分为桌面会话管理、浏览器会话管理和Web会话管理。本章介绍Web会话管理，通常指的是Cookie和Session，也称为会话跟踪。

本章首先介绍会话概述，然后介绍Cookie对象、Cookie API，最后介绍Session对象、Session API、Session中禁用Cookie、Session的生命周期和有效期，以及Session与Cookie的区别。通过开发者工具查看网络请求和响应信息，方便理解Cookie和Session。

6.1 会话概述

Web应用中的会话是指一个客户端与服务器之间连续发生的一系列请求和响应的过程。从打开一个客户端浏览器访问Web服务器，到关闭这个浏览器的整个过程，就是一次会话。会话技术就是记录这次会话中客户端的状态与数据，帮助服务器区分客户端。

一次会话过程类似于打电话的过程，从拨号到挂断电话，双方会有一些通话内容，同理，在客户端与服务器交互的过程中，也会有一些数据。例如，用户A登录后，将一台华为手机放入购物车，用户B登录后，将一台联想笔记本加入购物车，用户A和用户B的这些数据如何分开存储呢？前面章节学习的HttpServletRequest对象和ServletContext对象都可以保存数据，但都不适合保存两位用户的购物车数据，因为HttpServletRequest对象只能保存本次请求的数据，而ServletContext对象是整个Web应用的共享对象，不能区分用户A和用户B的数据。为了分别保存不同用户的数据，在Web开发中，提供了会话技术（Cookie和Session）来保存会话中产生的数据。Cookie技术将数据保存在客户端，因此安全性较弱，只能保存字符串数据，默认关闭浏览器后会过期；Session技术将数据保存在服务器，虽然服务器的压力会较大，但安全性较高，而且可以保存任意类型的对象，默认过期时间为30分钟。

6.2 Cookie对象

上一节简单介绍了会话，读者对会话有了一定的了解，本节将介绍Web会话管理中的Cookie对象及其API。

6.2.1 什么是Cookie

Cookie是一种将会话过程中的数据保存在客户端浏览器，方便客户端和服务器更好地进行交互的会话技术。

客户端浏览器和服务器之间传递 Cookie 的过程如图 6-1 所示。

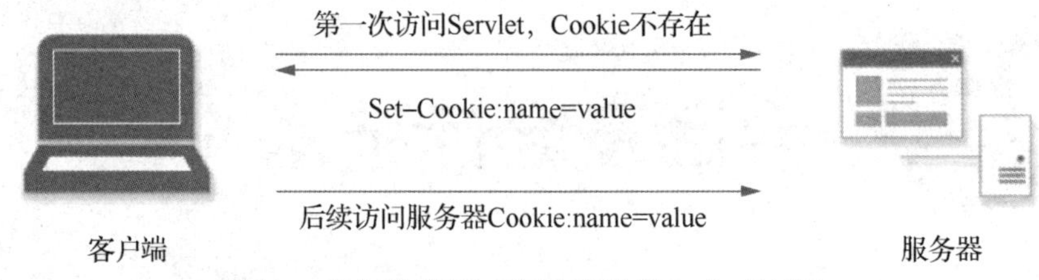

图 6-1　客户端浏览器和服务器之间传递 Cookie 的过程

当用户第一次访问服务器时，服务器会在响应消息头中增加 Set-Cookie 头字段，并将用户信息以 Cookie 的形式发送给浏览器。头字段格式如下：

```
Set-Cookie:JSESSIONID=15816FE518E1586EDC5253512F7C272E;Path=/cookieSessionPro;
```

JSESSIONID 表示 Cookie 的属性名，15816FE518E1586EDC5253512F7C272E 表示 Cookie 的属性值；Path 表示 Cookie 的路径属性。

浏览器接收到 Cookie 消息后，会将它保存在浏览器的缓冲区中，当浏览器再次访问服务器时，就会把用户信息以 Cookie 形式发送给 Web 服务器，这样服务器就能够很好地识别当前请求的客户端。请求头的字段格式如下：

```
Cookie: JSESSIONID=15816FE518E1586EDC5253512F7C272E
```

6.2.2　Cookie API

通过 Java 提供的 Cookie API，开发人员可以很方便地创建、发送、读取和使用 Cookie。Cookie API 可以在 Web 应用程序中轻松地存储和传递一些数据，并实现一些用户偏好设置、用户行为跟踪等功能。

1．构造方法

Cookie 可以通过 jakarta.servlet.http.Cookie 的构造方法 Cookie(String name, String value)创建，参数 name 表示 Cookie 的属性名，value 表示 Cookie 的属性值。

示例代码如例 6-1、例 6-2 和例 6-3 所示。

【例 6-1】用户名“Charles”保存在 Cookie 中，其代码如下：

```
Cookie cookie = new Cookie("username","Charles" );
```

Cookie 创建后，Cookie 的值可以修改，但 Cookie 的名称不能修改。

【例 6-2】通过 HttpServletResponse 对象的 addCookie()方法将 Cookie 对象添加到响应对象中，并发送给客户端，其代码如下：

```
resp.addCookie(cookie);
```

【例 6-3】客户端通过 HttpServletRequest 对象的 getCookies()方法获取 Cookie 数据，其代码如下：

```
Cookie[] cookies = request.getCookies();
```

2．Cookie 类的常用方法

Cookie 对象创建后，就可以调用该类的各种方法。Cookie 类的常用方法及其描述如表 6-1 所示。

表 6-1 Cookie 类的常用方法及其描述

方法	描述
Cookie(String name,String value)	Cookie 的构造方法。例如，Cookie cookie = new Cookie("subject","Java Web");
void setMaxAge(int expiry)	设置 Cookie 过期时间，以秒为单位
int getMaxAge()	获取 Cookie 过期时间，以秒为单位
String getName()	获取 Cookie 的名称
void setValue(String value)	设置 Cookie 的值
String getValue()	获取 Cookie 的值
void setComment(String comment)	设置 Cookie 注释
String getComment()	获取 Cookie 注释
void setDomain(String pattern)	设置 Cookie 的域名。例如，如果设置为“.baidu.com”，则所有以“.baidu.com”结尾的域名都可以访问该 Cookie。参数第一个字符必须是“.”
void setPath(String uri)	设置 Cookie 的使用路径。例如，“/admin/”表示只有 uri 为“/admin”的程序可以访问该 Cooike。参数最后一个字符必须是“/”
void setHttpOnly(boolean flag)	参数设置为“true”，表示只能通过 http 访问
void setSecure(boolean flag)	是否加密后传输协议。参数设置为 true 时，只有 https 请求连接时，才会把 Cookie 发送给服务器，而 http 不行，但是服务器可以发送给浏览器

综合案例：创建一个 Cookie 对象添加到响应对象中，并获取 Cookie 数组，如例 6-4 所示。

【例 6-4】CookieServlet.java

```
@WebServlet("/cookieServlet")
public class CookieServlet extends HttpServlet {
    @Override
    protected void doGet(HttpServletRequest req, HttpServletResponse resp) throws
ServletException, IOException {
        PrintWriter out = resp.getWriter();
        Cookie cookie = new Cookie("username","Charles" );//创建 Cookie
        resp.addCookie(cookie);//cookie 对象添加到响应对象中

        Cookie[] cookies = req.getCookies();//获取 Cookie
        for(Cookie c : cookies){//遍历 Cookie
            out.println(c.getName() + ":" + c.getValue() + "<br/>");
        }
    }
}
```

打开 Firefox 浏览器，按 F12 键打开开发者模式，在浏览器地址栏中输入“http://localhost:8080/cookieSessionPro/cookieServlet”，运行结果如图 6-2 所示。单击“存储”选项卡以及 Cookie 下的 URL，可以看到 Cookie 的名称为 username，值为 Charles。从图 6-2 中可以看出，服务器已成功发送 Cookie 对象到客户端。

图 6-2 浏览器端的 Cookie 数据

单击“网络”选项卡以及该选项卡中左边的 URL，如图 6-3 所示。从图 6-3 中可以看出，客户端通过 HTTP 请求头将多个 Cookie 以分号分隔发送给服务器。

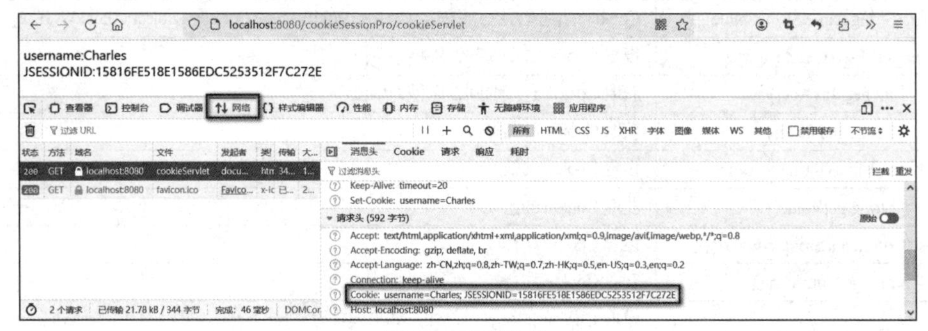

图 6-3　查看请求头

3．删除 Cookie

Cookie 对象在客户端的存活时间可以通过 setMaxAge()方法设置，默认情况下，Cookie 对象的 MaxAge 的值为-1，关闭浏览器时，删除这个 Cookie 对象。也可以通过编写代码来删除 Cookie，Cookie 没有提供删除方法，可以创建一个值为空的同名 Cookie 并添加到响应对象，同时调用 setMaxAge()方法，参数为 0，代码如例 6-5 所示。

【例 6-5】 CookieDelServlet.java

```
@WebServlet("/cookieDelServlet")
public class CookieDelServlet extends HttpServlet {
    @Override
     protected void doGet(HttpServletRequest req, HttpServletResponse resp) throws
ServletException, IOException {
        PrintWriter out = resp.getWriter();
        Cookie cookie = new Cookie("username", "");//创建一个值为空字符串的 Cookie 对象
        cookie.setMaxAge(0);//设置 Cookie 的有效期为 0
        resp.addCookie(cookie);//将 Cookie 对象添加到响应对象中
     }
}
```

打开 Firefox 浏览器，按 F12 键打开开发者模式，在浏览器地址栏中输入“http://localhost:8080/cookieSessionPro/cookieDelServlet”，运行结果如图 6-4 所示。从图 6-4 中可以看出，属性名为“username”的 Cookie 已经不存在了。

图 6-4　在浏览器中查看 Cookie 数据

6.3 Session 对象

上一节介绍了 Cookie 对象，使用 Cookie 对象可以在客户端存储少量的数据，大小被限制在 4KB，由

于 Cookie 会频繁地在网络中传送，而且数据在网络中是可见的，因此有安全风险。本节将介绍用于会话管理的 Session 对象，该对象存储在服务器，无法伪造，因此安全性更高，而且 Session 没有数据大小限制。

6.3.1 Session 的概念

Session（会话）是指使用 HttpSession 对象实现会话跟踪的服务器端技术。Session 对象存储特定用户会话所需的属性及配置信息。

客户端第一次访问服务器时，服务器会创建 Session 对象，并为其分配一个唯一的 SessionID，该 SessionID 对应的属性名为“JSESSIONID”。服务器将该 SessionID 响应给客户端，保存在 Cookie 对象中。后续客户端每次访问服务器时都会传送该 SessionID 到服务器，服务器会检查客户端的请求是否包含了一个 SessionID，如果包含了一个 SessionID，服务器就把该 Session 检索出来使用；如果没有包含一个 SessionID，则为客户端创建唯一的 SessionID。服务器可以通过 SessionID 区分不同用户。这样，可以将用户等信息保存在 Session 中，操作相关业务时，可以通过判断 Session 中的用户角色，决定是否能够操作相关业务。HttpSession 会话管理示意图如图 6-5 所示。

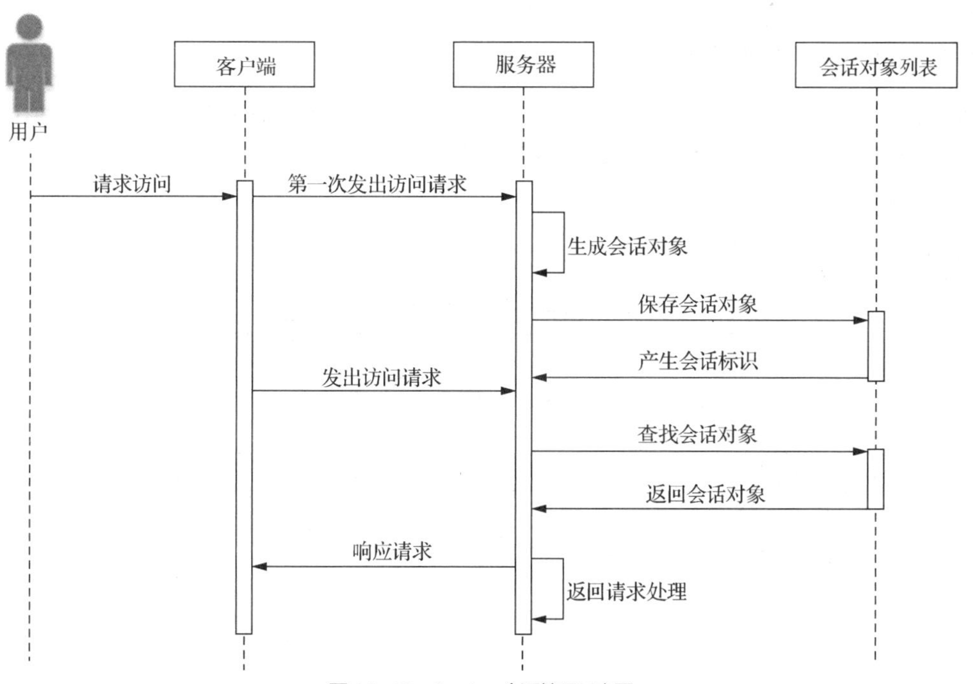

图 6-5 HttpSession 会话管理示意图

综合案例：创建一个页面 session.jsp，用来获取 SessionID。一个名为 SessionServlet 的 Servlet 转发到 session.jsp 页面，SessionServlet 代码如例 6-6 所示，session.jsp 页面代码如例 6-7 所示。

【例 6-6】 SessionServlet.java

```
@WebServlet("/sessionServlet")
public class SessionServlet extends HttpServlet {
    @Override
    protected void doGet(HttpServletRequest req, HttpServletResponse resp) throws
ServletException, IOException {
        req.getRequestDispatcher("session.jsp").forward(req, resp);//转发到 session.jsp
页面
    }
}
```

【例 6-7】session.jsp

```
<body>
    会话测试：<br/>
    SessionId = <%=session.getId()%>
</body>
```

在浏览器地址栏中输入“http://localhost:8080/cookieSessionPro/sessionServlet”，运行结果如图 6-6 所示。从图 6-6 中可以看出，Cookie 对象中名称为“JSESSIONID”的值和服务器响应浏览器客户端的 SessionID 是一致的。

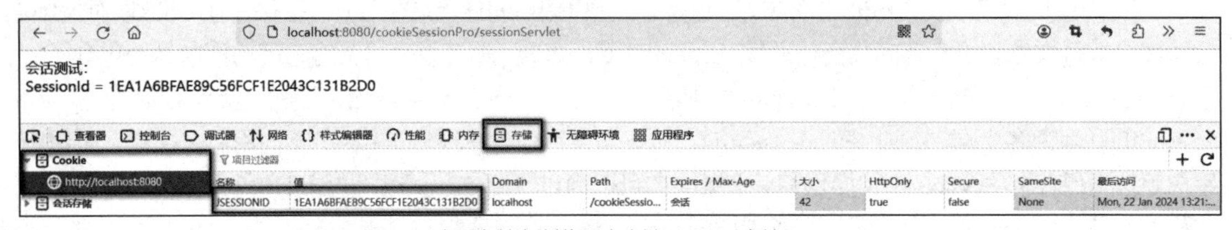

图 6-6　查看存储在浏览器客户端 Cookie 中的 SessionID

6.3.2　Session API

在 Java Web 应用程序中，Java Session 对象的创建和管理都是由 Servlet 容器来完成的，软件开发人员只需使用容器提供的 API 来访问和操作 Session 对象即可。

1．Session 类的常用方法

Session 类的常用方法及其描述如表 6-2 所示。

表 6-2　Session 类的常用方法及其描述

方法	描述
String getId()	获取 SessionID
void setAttribute(String name,Object value)	设置 Session 属性
Object getAttribute(String name)	获取 Session 属性的值，如果属性名不存在，则返回 null
Enumeration getAttributeNames()	获取 Session 所有的属性
void removeAttribute(String name)	移除 Session 属性
void setMaxInactiveInterval(int interval)	设置超时时间，以秒为单位
int getMaxInactiveInterval()	获取超时时间，以秒为单位
Long getCreationTime()	获取 Session 的创建时间
void invalidate()	销毁 Session 对象
boolean isNew()	Session 是否是新创建的 Session
long getLastAccessedTime()	客户端最后访问的时间

2．Session 应用实例

Session 可以通过调用 HttpServletRequest 的 getSession()方法获得，如例 6-8 所示。

【例 6-8】获取 HttpSession。

```
HttpSession session = req.getSession();
```

综合案例：在服务器端存入国产操作系统麒麟信安，然后在浏览器端读取 Session 数据。创建类名为 SessionAPIServlet 的 Servlet，如例 6-9 所示，创建 SessionExample.jsp 页面代码，如例 6-10 所示。

【例 6-9】SessionAPIServlet.java

```
@WebServlet("/sessionAPIServlet")
public class SessionAPIServlet extends HttpServlet {
    @Override
     protected void doGet(HttpServletRequest req, HttpServletResponse resp) throws
ServletException, IOException {
         HttpSession session = req.getSession();
         session.setAttribute("os", "麒麟信安");
         req.getRequestDispatcher("SessionExample.jsp").forward(req, resp);
     }
}
```

【例 6-10】SessionExample.jsp

```
<body>
    OS: <%=session.getAttribute("os")%>
</body>
```

在浏览器地址栏中输入“http://localhost:8080/cookieSessionPro/sessionAPIServlet”，运行结果如图 6-7 所示。

图 6-7　在浏览器中查看 Session 数据

6.3.3　Session 中禁用 Cookie

在 Java Web 项目中 Session 可以禁用 Cookie，禁用方法有以下两种。

（1）在 web 目录下创建 META-INF 文件夹（跟 WEB-INF 文件夹是同级目录），在该文件夹中创建 context.xml 文件，内容如下：

```
<?xml version="1.0" encoding="UTF-8" ?>
<Context cookies="false" path="/cookieSessionPro">
</Context>
```

这种方法可以禁用单个项目的 Cookie。

（2）修改 Tomcat 全局的 conf/context.xml 文件，修改内容如下：

```
<?xml version="1.0" encoding="UTF-8" ?>
<Context cookies="false" >
...
</Context>
```

这种方法是禁用部署在 Tomcat 服务器中的 Web 项目使用 Cookie。

上述两种方法都是在 Context 元素中添加属性 cookies="false"。

6.3.4　Session 的生命周期

Session 的生命周期是：创建→使用→销毁。

1．Session 对象的创建

当客户端第一次访问服务器时，服务器为每个浏览器创建不同的 SessionID。在服务器端使用 request.getSession()或者 request.getSession(true)方法来获取 Session 对象。

2．Session 对象的使用

创建 Session 对象后，使用 Session 对象进行数据的存取和传输。具体过程如下。

（1）客户端第一次访问服务器时，服务器会生成 SessionID，并将 SessionID 存入到 Cookie 中。

（2）客户端再次发送请求时，会将 SessionID 传送给服务器。

（3）服务器对比客户端发送过来的 SessionID 和保存在服务器端的 SessionID，从而判断是否是同一个 Session。

3．Session 对象的销毁

Session 对象的销毁有以下 3 种方式。

（1）关闭浏览器或服务器卸载了当前的 Web 应用。

（2）调用 HttpSession 的 invalidate()方法。

（3）超出了 Session 的最大有效时间。

Session 是保存在服务器内存中的，每个用户都有一个独立的 Session。只有访问 JSP、Servlet 时才会创建 Session，访问静态页面不会创建 Session 对象。

6.3.5 Session 的有效期

在 Java Web 中，可以设置 Session 的有效期，当用户访问的 Session 超过这个有效期时，Session 就会失效，服务器会将它从内存中清除。Session 默认有效期是 30 分钟。设置 Session 的有效期有以下 3 种方法。

（1）在 Tomcat 服务器中的 conf/web.xml 文件中配置。

```
<session-config>
    <!--会话超时时长为 30 分钟-->
    <session-timeout>30</session-timeout>
</session-config>
```

（2）在工程的 web.xml 文件中配置。

在工程的 web.xml 文件中配置 Session，会覆盖 Tomcat 服务器的 conf/web.xml 文件中的配置，单位为分钟。

（3）使用 Java 代码配置。

Java 代码中设置过期时间单位为秒，设置为-1 表示永不过期，代码如下：

```
session.setMaxInactiveInterval(30*60);
```

代码中调用 Session 的 invalidate()可以销毁 Session。

6.3.6 Session 与 Cookie 的区别

Session 和 Cookie 都是会话跟踪技术。Session 和 Cookie 的区别如表 6-3 所示。

表 6-3 Session 和 Cookie 的区别

	Cookie	Session
存储位置	浏览器客户端	服务器
存储数据类型	只能存储字符串	可以存储任意对象

续表

	Cookie	Session
安全性	不安全	安全
过期时间	默认关闭浏览器过期	默认 30 分钟过期
存储数据量	数据大小不超过 4KB	没有限制
性能	存储在浏览器不占用服务器性能	占用服务器性能

6.4 本章小结

本章重点介绍了 Cookie 对象、Session 对象以及它们的 API、Session 中禁用 Cookie、Session 的生命周期和有效期，以及 Session 与 Cookie 的区别。使用浏览器自带的开发调试工具详细分析了网络请求和响应信息，介绍了用户整个会话活动的交互，方便读者理解 Cookie 和 Session。

思考与练习

1．单选题

（1）一个 Cookie 对象调用了 setMaxAge(0)方法，说法正确的是（　　）。

A. Cookie 在 30 分钟后失效　　B. 表示删除 Cookie

C. Cookie 永久生效　　D. Cookie 在 1 个小时后失效

（2）可以获取当前会话的 Session 对象的是（　　）。

A. request.getAttribute()　　B. request.getSession()

C. request.setAttribute()　　D. request.setSession()

（3）下面选项中，说法错误的是（　　）。

A. Session 对象存储在服务器上

B. 在 Servlet 中，Session 对象不需要创建，可以直接使用

C. Cookie 保存在客户端浏览器中

D. Session 是一个接口，类名是 HttpSession

（4）下面选项中，关于 Cookie 的说法错误的是（　　）。

A. Cookie 是基于 HTTP 协议中的 Set-Cookie 响应头和 Cookie 请求头进行工作的

B. 一个浏览器可能保存多个名称为 JSESSIONID 的 Cookie

C. 会话 Cookie 会在用户关闭浏览器后被删除

D. Cookie 存储在服务器上

（5）在 JavaScript 中，可以通过（　　）来删除当前页面中给定的 Cookie。

A. cookie.remove　　B. cookie.delete　　C. cookie.get　　D. cookie.rm

2．简答题

（1）简述什么是 Session 超时，如何修改缺省的时间限制？

（2）试述 Cookie 和 Session 的区别。

（3）试述 Session 的工作原理。

第7章 过滤器和监听器

JavaWeb 三大组件：Servlet、过滤器和监听器。第 4 章学习了 Servlet，本章将学习过滤器和监听器。过滤器是一种用于对请求和响应进行处理的组件，过滤器可以用于执行多种任务，如身份验证和授权、请求数据字符编码、日志记录、数据压缩等。监听器用来监听一个事件所进行的动作，并负责处理该事件的方法。

本章首先介绍过滤器的概念、配置方法和应用，然后介绍监听对象生命周期、监听对象属性和监听 Session 对象状态变化三类监听器，并详细介绍三类监听器中的 8 个监听器接口。

7.1 过滤器

在 Web 开发中，经常会对 HTTP 请求进行预处理、后处理以及一些额外的操作，本节将学习的过滤器就可以执行这些操作。过滤器就是在请求到达目标资源之前或响应返回客户端之前，对请求和响应进行拦截和修改。过滤器可以用于执行多种任务，如字符编码过滤、脏字过滤、身份验证等。

7.1.1 过滤器的概念

过滤器（Filter）的作用就是把浏览器对资源的请求拦截下来并对其进行处理。例如，拦截下资源加入一些通用的代码，如权限控制，统一编码处理等。过滤器位于浏览器和服务器之间，可以过滤浏览器对服务器的请求，也可以过滤服务器对浏览器的响应。过滤器的工作原理如图 7-1 所示。

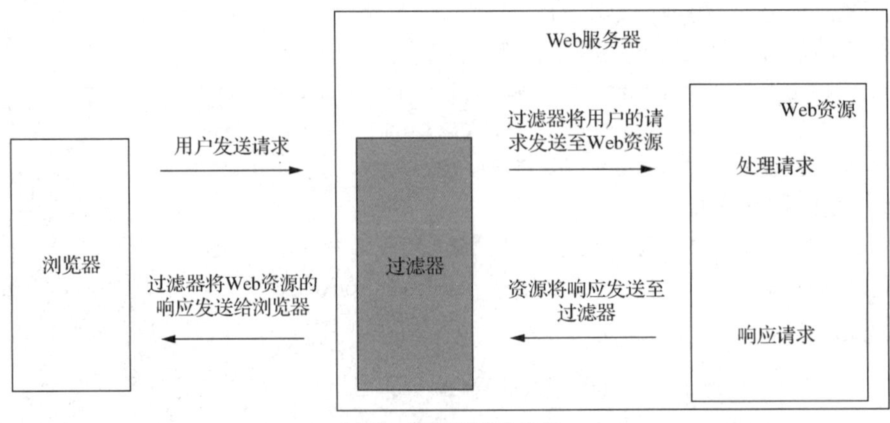

图 7-1 过滤器的工作原理

从图 7-1 中可以看出，当浏览器发送请求时，Web 服务器端的过滤器将检查请求数据中的内容，通过检查（用户是否登录）或者进行了某种处理（字符统一编码）后，过滤器放行，再转发给被请求的 Web 资源，处理完毕后再向客户端响应处理结果。如果过滤器没有放行，浏览器的请求不会转发给被请求的 Web 资源。

过滤器需要实现 jakarta.servlet.Filter 接口，如例 7-1 所示。

【例 7-1】Filter.java。

```
public void init(FilterConfig filterConfig) throws ServletException {}
public void doFilter(ServletRequest servletRequest, ServletResponse servletResponse,
FilterChain filterChain) throws IOException, ServletException {}
public void destroy() {}
```

（1）init()方法。该方法用来初始化过滤器对象，通过调用参数 FilterConfig 的 getInitParameter(String name)方法可以获得初始化参数的值，调用参数的 getInitParameterNames()方法得到过滤器配置中的所有初始化参数名称的 Enumeration 类型，通过调用参数的 getFilterName()方法得到过滤器的名字。通过调用参数的 getServletContext( )方法得到 ServletContext 对象。

（2）doFilter()方法。该方法是主要实现过滤的方法。参数 filterChain 是过滤器链对象，当调用 FilterChain 对象的 doFilter(ServletRequest request, ServletResponse response)方法后，将请求传给过滤器链中的下一个过滤器，如果没有下一个过滤器，则将请求传给被请求的 Web 资源。如果该方法中没有执行 doFilter()方法，则请求不会传给下一个过滤器或被请求的 Web 资源。

（3）destroy()方法。该方法的作用是释放过滤器中使用的资源，在关闭 Web 服务器时执行。

7.1.2 配置过滤器

使用过滤器之前，需要进行相关配置。配置过滤器有两种方法，一是在 web.xml 中配置，二是通过注解配置，如例 7-2、例 7-3 所示。

【例 7-2】web.xml。

```
<filter>
    <filter-name>myFilter</filter-name>
    <filter-class>com.swxy.filter.MyFilter</filter-class>
</filter>
<filter-mapping>
    <filter-name>myFilter</filter-name>
    <url-pattern>/*</url-pattern>
</filter-mapping>
```

【例 7-3】注解方式。

```
@WebFilter(
    filterName = "myFilter",        //指定 Filter 的 name 属性，等价于<filter-name>标签
    urlPatterns = "/*",             //指定 Filter 的 URL 匹配模式
    initParams = {                  //设置过滤器的初始参数
        @WebInitParam(name="username",value = "Charles")
    }
)
public class MyFilter implements Filter {//省略}
```

7.1.3 过滤器的生命周期

过滤器的生命周期是：实例化→初始化→过滤→销毁。

过滤器经常与 Servlet 一起使用，过滤器和 Servlet 的生命周期如图 7-2 所示。

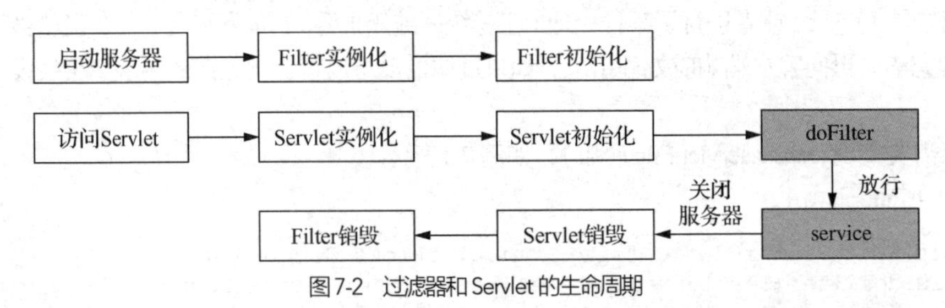

图 7-2　过滤器和 Servlet 的生命周期

从图 7-2 中可以看出，启动服务器（如 Tomcat）时，执行过滤器构造方法和 init()方法。访问 Servlet 时，执行 Servlet 构造方法、Servlet 的 init()方法，接着执行过滤器的 doFilter()方法，在该方法中调用参数 FilterChain 的 doFilter()方法后，执行 Servlet 的 service()方法。关闭服务器时，首先调用 Servlet 的 destroy()方法，然后调用过滤器的 destroy()方法。

综合案例：过滤器、Servlet 的生命周期示例。

（1）创建项目 filterListernerPro，并在项目中创建类名为 MyFilter 的过滤器，如例 7-4 所示。

【例 7-4】MyFilter.java

```
@WebFilter("/*")
public class MyFilter implements Filter {
    public MyFilter(){
        System.out.println("Filter 构造方法");
    }
    @Override
    public void init(FilterConfig filterConfig) throws ServletException {
        System.out.println("Filter 初始化");
    }
    @Override
    public void doFilter(ServletRequest servletRequest, ServletResponse servletResponse,
FilterChain filterChain) throws IOException, ServletException {
        System.out.println("过滤前");
        filterChain.doFilter(servletRequest, servletResponse);//放行
         System.out.println("过滤后");
    }
    @Override
     public void destroy() {
        System.out.println("Filter 销毁方法");
    }
}
```

（2）创建一个 Servlet，命名为 MyServlet，如例 7-5 所示。

【例 7-5】MyServlet.java

```
@WebServlet("/myServlet")
public class MyServlet extends HttpServlet {
    public MyServlet(){
         System.out.println("Servlet 构造方法");
    }
    @Override
    public void init() throws ServletException {
        System.out.println("Servlet 初始化方法");
    }
    @Override
```

```
    protected void service(HttpServletRequest req, HttpServletResponse resp) throws
ServletException, IOException {
          System.out.println("Servlet 的 service()方法");
     }
     @Override
      public void destroy() {
          System.out.println("Servlet 销毁方法");
      }
}
```

（3）查看测试结果。首先启动服务器，然后在浏览器地址栏中输入“http://localhost:8080/filterListernerPro/myServlet”进行测试，最后关闭服务器。输出结果如下：

```
Filter 构造方法
Filter 初始化
Servlet 构造方法
Servlet 初始化方法
过滤前
Servlet 的 service()方法
过滤后
Servlet 销毁方法
Filter 销毁方法
```

7.1.4 过滤器链及执行顺序

1. 过滤器链

过滤器链是指在一个 Web 应用可以配置多个过滤器，这些过滤器称为过滤器链。过滤器 doFilter()方法中的 FilterChain 参数用于调用过滤器链中的一系列过滤器。过滤器链的执行过程如图 7-3 所示。

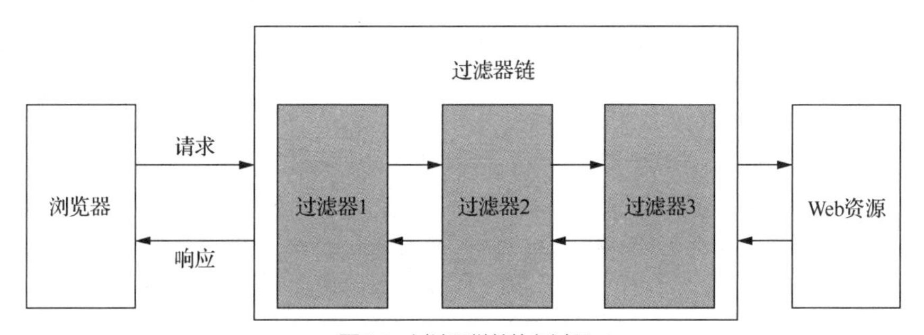

图 7-3 过滤器链的执行过程

从图 7-3 中可以看出，浏览器发出请求后，首先分别执行过滤器 1、过滤器 2、过滤器 3，然后访问 Web 资源，接着执行过滤器 3、过滤器 2、过滤器 1，最后响应信息给浏览器。过滤器链具体执行流程如下：

```
执行过滤器 1 的放行前逻辑代码
执行过滤器 1 的放行代码
执行过滤器 2 的放行前逻辑代码
执行过滤器 2 的放行代码
执行过滤器 3 的放行前逻辑代码
执行过滤器 3 的放行代码
访问 Web 资源
```

```
执行过滤器 3 的放行后逻辑代码
执行过滤器 2 的放行后逻辑代码
执行过滤器 1 的放行后逻辑代码
```

2．过滤器的执行顺序

过滤器的拦截路径相同时，首先按照<filter-mapping>标记在 web.xml 中出现的先后顺序执行过滤器，然后按照过滤器类名的字典顺序执行注解的过滤器。

7.1.5 过滤器的应用

Java Web 过滤器是一种用于拦截、处理和修改请求和响应的组件，可以实现一些通用的功能，如字符编码转换、脏字过滤器、身份验证、日志记录等。本小节将介绍字符编码转换过滤器和脏字过滤器。

1．字符编码转换过滤器

在 Web 开发中，由于程序需要在多种平台下运行，其内部的 Unicode 字符集表示字符，因此处理中文数据就会产生乱码的情况，需要对其进行编码转化才可以正常显示。Servlet 过滤器是一个小型的 Web 组件，通过拦截请求和响应，以便查看、提取或以某种方式操作客户端和服务器之间交换的数据，实现过滤的功能。在实际开发中，使用过滤器统一处理中文乱码，可以避免编写大量的重复代码。

实现字符编码转换过滤器的具体步骤如下。

（1）编写类 EncodingFilter 实现 Filter 接口，代码如例 7-6 所示。

【例 7-6】EncodingFilter.java

```
@WebFilter(
    urlPatterns = "/*",
    initParams = {
          @WebInitParam(name = "encoding",value = "UTF-8")
    }
)
public class EncodingFilter implements Filter {
     private String encoding="";
     @Override
      public void init(FilterConfig filterConfig) throws ServletException {
          this.encoding = filterConfig.getInitParameter("encoding");
     }
     @Override
     public void doFilter(ServletRequest servletRequest, ServletResponse servletResponse,
FilterChain filterChain) throws IOException, ServletException {
           //转子接口
           HttpServletRequest request = (HttpServletRequest)servletRequest;
           HttpServletResponse response = (HttpServletResponse)servletResponse;
           String method = request.getMethod();//获取请求方式（如 GET、POST 等）
           if("POST".equals(method)){//请求方式为 POST 时，中文乱码的处理
               request.setCharacterEncoding(encoding);
           }else {//请求方式为 GET 时，中文乱码的处理
                Enumeration<String> parameterNames = request.getParameterNames();
                while(parameterNames.hasMoreElements()){
                     String element = parameterNames.nextElement();
                     String value = request.getParameter(element);
                     if(value!=null && !"".equals(value)){
                         value = new String(value.trim().getBytes("ISO-8859-1"),encoding);
                   }
                 }
           }
```

```
        filterChain.doFilter(servletRequest, servletResponse);//过滤器放行
    }
    @Override
     public void destroy() {
        Filter.super.destroy();
     }
}
```

在上述代码中，针对 POST 请求和 GET 请求分别进行了处理。

（2）编写 Servlet 类 EncodingServlet 继承 HttpServlet，如例 7-7 所示。

【例 7-7】 EncodingFilter.java

```
@WebServlet("/encodingServlet")
public class EncodingServlet extends HttpServlet {
     @Override
     protected void doGet(HttpServletRequest req, HttpServletResponse resp) throws
ServletException, IOException {
         String username = req.getParameter("username");
         System.out.println(username);
    }
}
```

（3）测试。在浏览器地址栏中输入“http://localhost:8080/filterListernerPro/encodingServlet?username=张三”进行测试。输出结果为中文“张三”，表示字符编码过滤器有效。

2. 脏字过滤器

在信息化时代，评论、留言当中时常会有脏字，这样会对社会造成一定的负面影响，为构建健康、积极、有益的社交环境，需要对评论、留言内容进行脏字过滤。

实现脏字过滤器的具体步骤如下。

（1）准备属性文件 replace.properties。

在项目 src 下新建文件夹“resource”，在该文件夹下创建文件 replace.properties，如例 7-8 所示。

【例 7-8】 replace.properties

```
狗屁=***
废物=***
```

该文件经过 native2ascii 编码后才能使用，命令语法如下：

```
native2ascii -encoding utf-8 源文件 转换后文件
```

编码的具体步骤如下。

① 进入 replace.properties 目录，在浏览器地址栏中输入“cmd”，在弹出的“命令行提示符”窗口中输入命令，如图 7-4 所示。

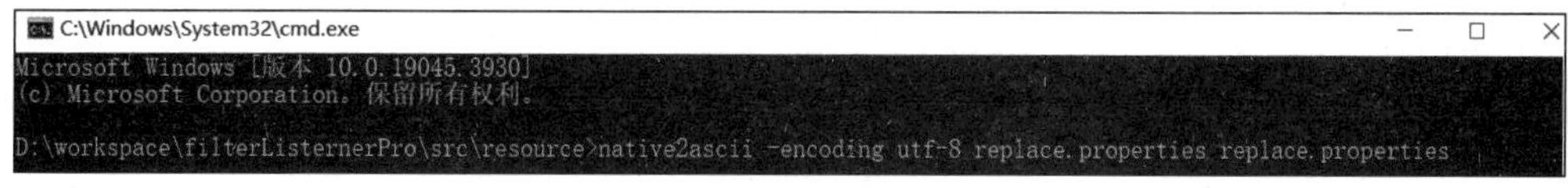

图 7-4 native2ascii 编码

② 编码后，打开文件 replace.properties，如例 7-9 所示。

【例 7-9】 replace.properties

```
\u72d7\u5c41=***
\u5e9f\u7269=***
```

（2）定义响应器包装类，如例 7-10 所示。

【例 7-10】ReplaceWrapper.java

```
public class ReplaceWrapper extends HttpServletResponseWrapper {
    private CharArrayWriter charWriter = new CharArrayWriter();
    public ReplaceWrapper(HttpServletResponse response){
        super(response);//必须调用父类构造方法
    }
    public PrintWriter getWriter() throws IOException{
        return new PrintWriter(charWriter);//字符数组缓存输出内容
    }
    public CharArrayWriter getCharWriter(){
        return charWriter;
    }
}
```

（3）定义用来替换脏字的过滤器，如例 7-11 所示。

【例 7-11】ReplaceFilter.java

```
@WebFilter(
   urlPatterns = "/*",
   initParams = {
         @WebInitParam(name = "path",value = "resource/replace.properties")
   }
)
public class ReplaceFilter implements Filter {
    private Properties properties = new Properties();
    @Override
    public void init(FilterConfig filterConfig) throws ServletException {
        String path = filterConfig.getInitParameter("path");//获取初始化参数（文件名）
        try {
            //加载资源文件
            properties.load(ReplaceFilter.class.getClassLoader().getResourceAsStream
(path));
        } catch (Exception e) {
            e.printStackTrace();
        }
    }
    @Override
    public void doFilter(ServletRequest servletRequest, ServletResponse servletResponse,
FilterChain filterChain) throws IOException, ServletException {
        HttpServletResponse response = (HttpServletResponse)servletResponse;
        ReplaceWrapper resp = new ReplaceWrapper(response);//实例化响应器包装类
        filterChain.doFilter(servletRequest, resp);
        String str = resp.getCharWriter().toString();//缓存输出字符
        for(Object o : properties.keySet()){//循环文件(如：replace.properties)中的 key
            String key = (String)o;
            str = str.replace(key, properties.getProperty(key));//替换非法字符
        }
        PrintWriter out = response.getWriter();//使用原来的 HttpServletResponse 输出字符
        out.write(str);
    }
}
```

（4）编写一个 Servlet 用来测试脏字过滤器，如例 7-12 所示。

【例 7-12】ReplaceFilterServlet.java

```
@WebServlet("/replaceFilterServlet")
public class ReplaceFilterServlet extends HttpServlet {
   @Override
   protected void doGet(HttpServletRequest req, HttpServletResponse resp) throws
ServletException, IOException {
       resp.setContentType("text/html;charset=UTF-8");
       PrintWriter out = resp.getWriter();
       out.println("<!DOCTYPE html>");
       out.println("<HTML>");
       out.println("<HEAD><TITLE>脏字过滤器的使用</TITLE></HEAD>");
       out.println("hello everyone! 大家好<br/>狗屁<br/>废物");
       out.println("</HTML>");
      out.flush();
      out.close();
   }
}
```

（5）在浏览器地址栏中输入“http://localhost:8080/filterListernerPro/replaceFilterServlet”，测试结果如图 7-5 所示。

图 7-5　测试脏字过滤器

7.2 监听器

在 Web 应用中，监听器是指应用通过监听事件来监听请求中的行为而创建的一组类。Web 监听器能够帮助开发者监听 Web 中的特定事件，可以在某些动作前后增加处理，实现监控，包括监听对象的生命周期、监听对象属性的变化和监听 Session 中对象的状态变化三类监听器，共 8 个监听器接口。监听器的类别、监听接口和方法如表 7-1 所示。

表 7-1　监听器的类别、监听接口和方法

类别	监听接口	方法
对象生命周期监听器	ServletContextListener	void contextInitialized(ServletContextEvent sce) void contextDestroyed(ServletContextEvent sce)
	HttpSessionListener	void sessionCreated(HttpSessionEvent se) void sessionDestroyed(HttpSessionEvent se)
	ServletRequestListener	void requestDestroyed(ServletRequestEvent sre) void requestInitialized(ServletRequestEvent sre)
对象属性监听器	ServletContextAttributeListener	void attributeAdded(ServletContextAttributeEvent scae) void attributeRemoved(ServletContextAttributeEvent scae) void attributeReplaced(ServletContextAttributeEvent scae)

续表

类别	监听接口	方法
对象属性监听器	HttpSessionAttributeListener	void attributeAdded(HttpSessionBindingEvent se) void attributeRemoved(HttpSessionBindingEvent se) void attributeReplaced(HttpSessionBindingEvent se)
	ServletRequestAttributeListener	void attributeAdded(ServletRequestAttributeEvent srae) void attributeRemoved(ServletRequestAttributeEvent srae) void attributeReplaced(ServletRequestAttributeEvent srae)
Session 对象状态变化监听器	HttpSessionBindingListener	void valueBound(HttpSessionBindingEvent event) void valueUnbound(HttpSessionBindingEvent event)
	HttpSessionActivationListener	void sessionWillPassivate(HttpSessionEvent se) void sessionDidActivate(HttpSessionEvent se)

7.2.1 监听对象生命周期的监听器

表 7-1 中给出了对象生命周期监听器的 3 个接口：ServletContextListener、HttpSessionListener 和 ServletRequestListener。

1．ServletContextListener

ServletContextListener 接口主要用于监听应用程序启动和停止事件，它提供了两个抽象方法，如例 7-13 所示。

【例 7-13】ServletContextListener.java

```
public void contextInitialized(ServletContextEvent sce) {}//已完成加载Web应用和初始化参数
public void contextDestroyed(ServletContextEvent sce) {}//Web应用即将关闭
```

在应用程序启动时调用 contextInitialized( )方法，该方法做一些初始化操作，如数据库连接、读取应用程序配置信息。在调用 contextDestroyed( )方法时，执行相关的收尾操作，如释放数据库资源。通过调用参数的 getServletContext()方法可以获取 ServletContext 对象，通过调用 ServletContext 对象的 getInitParameter(String name)方法可以获取初始化参数。

综合案例：ServletContextListener 的使用。

具体步骤如下。

（1）编写 MyServletContextListener 类，实现 ServletContextListener 接口，如例 7-14 所示。

【例 7-14】MyServletContextListener.java

```
public class MyServletContextListener implements ServletContextListener {
    @Override
    public void contextInitialized(ServletContextEvent sce) {
        ServletContext servletContext = sce.getServletContext();//获取ServletContext对象
        String username = servletContext.getInitParameter("username");//获取初始化值
        System.out.println("参数username :  " + username);
    }
    @Override
     public void contextDestroyed(ServletContextEvent sce) {
         System.out.println("释放资源");
     }
}
```

（2）在web.xml中配置监听器，如例7-15所示。

【例7-15】在web.xml中配置监听器。

```
<context-param>
    <param-name>username</param-name>
    <param-value>Charles</param-value>
</context-param>
<listener>
    <listener-class>com.swxy.listener.MyServletContextListener</listener-class>
</listener>
```

也可以使用注解的方式配置监听器，在类MyServletContextListener上面声明@WebServlet("/MyServletContextListener")，这种方式只需要在web.xml中配置context-param即可。

（3）启动服务器Tomcat，输出内容如图7-6所示。

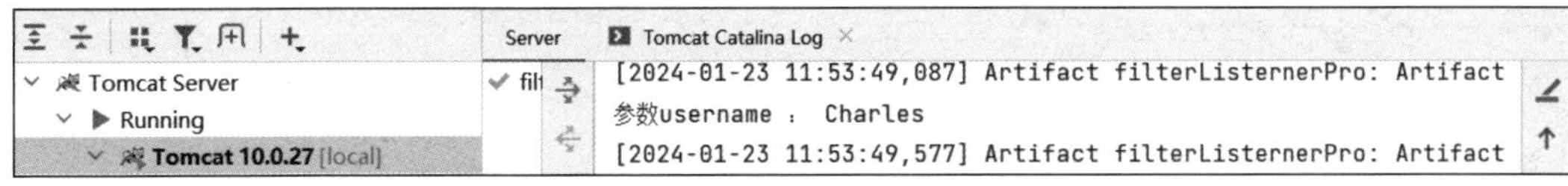

图7-6 启动服务器获取初始化参数

2．HttpSessionListener

HttpSessionListener接口提供了两个抽象方法，如例7-16所示。

【例7-16】HttpSessionListener.java

```
void sessionCreated(HttpSessionEvent se) {}//创建了新的会话
void sessionDestroyed(HttpSessionEvent se) {}//销毁了一个会话
```

第一次访问Web应用时，服务器会创建一个HttpSession对象，并调用HttpSessionListener的sessionCreated( )方法。当浏览器访问超时的时候，服务器会销毁相应的HttpSession对象，并调用HttpSessionListener的sessionDestroyed()方法。

综合案例：利用HttpSessionListener统计在线人数。

具体步骤如下。

（1）创建类MyHttpSessionListener实现HttpSessionListener接口，其代码如例7-17所示。

【例7-17】MyHttpSessionListener

```
package com.swxy.listener;
import jakarta.servlet.ServletContext;
import jakarta.servlet.annotation.WebListener;
import jakarta.servlet.http.HttpSessionEvent;
import jakarta.servlet.http.HttpSessionListener;
@WebListener
public class MyHttpSessionListener implements HttpSessionListener {
    int online=1;//记录在线人数
    @Override
    public void sessionCreated(HttpSessionEvent se) {
        ServletContext servletContext = se.getSession().getServletContext();//获取Application对象
        Object count = servletContext.getAttribute("count");
        if(count != null){
            online = Integer.parseInt(count.toString());
            online++;//创建Session时，在线人数+1
        }
        servletContext.setAttribute("count", online);//在线人数存储到Application作用域中
```

```
    }
    @Override
    public void sessionDestroyed(HttpSessionEvent se) {
        ServletContext servletContext = se.getSession().getServletContext();
        Object count = servletContext.getAttribute("count");
        if(count != null) {
            online = Integer.parseInt(count.toString());
            online--;//销毁 Session 对象时，在线人数-1
        }
        servletContext.setAttribute("count", online);
    }
}
```

（2）创建类 OnLineServlet，继承 HttpServlet，其代码如例 7-18 所示。

【例 7-18】OnLineServlet.java

```
package com.swxy.servlet;
import jakarta.servlet.ServletException;
import jakarta.servlet.annotation.WebServlet;
import jakarta.servlet.http.HttpServlet;
import jakarta.servlet.http.HttpServletRequest;
import jakarta.servlet.http.HttpServletResponse;
import jakarta.servlet.http.HttpSession;
import java.io.IOException;
import java.io.PrintWriter;

@WebServlet("/OnLineServlet")
public class OnLineServlet extends HttpServlet {
    @Override
    protected void service(HttpServletRequest req, HttpServletResponse resp) throws
ServletException, IOException {
        resp.setContentType("text/html;charset=UTF-8");//设置响应类型及编码
        HttpSession session = req.getSession();//创建 Session 对象
        String logout = req.getParameter("logout");
        if("true".equals(logout)){
            session.invalidate();
        }
        Integer count = (Integer) session.getServletContext().getAttribute("count");
//获取在线人数
        PrintWriter out = resp.getWriter();
        out.write("<h2>在线人数: " + count +"</h2>");
        out.write("<h3><a href='OnLineServlet?logout=true'>注销</a></h3>");
    }
}
```

（3）测试结果。打开 Google 浏览器，在浏览器地址栏中输入“http://localhost:8080/filterListernerPro/OnLineServlet”，接着打开 Firefox 浏览器，输入同样的 URL，运行结果如图 7-7 所示，单击“注销”链接后，页面如图 7-8 所示。从图 7-8 中可以看出，在线人数减少了 1 人。

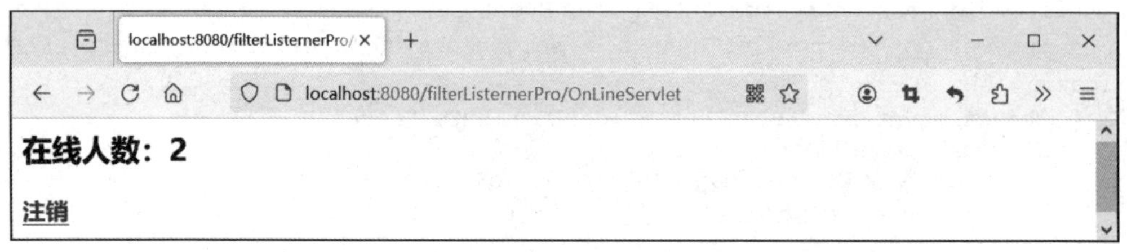

图7-7　运行结果

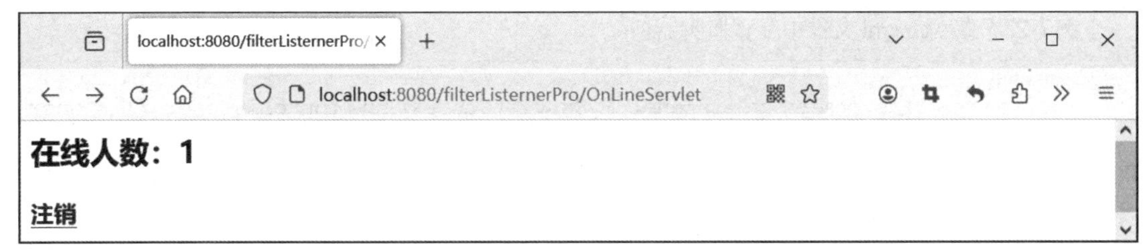

图7-8 单击“注销”链接后的运行结果

3．ServletRequestListener

ServletRequestListener 接口提供了两个抽象方法，如例 7-19 所示。

【例 7-19】ServletRequestListener.java

```
public void requestInitialized(ServletRequestEvent sre) {}//创建了新的 Request 对象
public void requestDestroyed(ServletRequestEvent sre) {}//已经销毁了 Request 对象
```

在 ServletRequst 对象被建立时，自动调用 requestInitialized( )方法，通过调用参数 ServletRequestEvent 的 getServletContext()方法可以获取 ServletContext 对象，通过调用参数的 sre.getServletRequest()方法可以获取 ServletRequest 对象。在 ServletRequest 对象被销毁时，自动调用 requestDestroyed( )方法。

在 Web 应用中，有以下两种方式配置 ServletRequestListener。

（1）在 web.xml 文件中配置，如例 7-20 所示。

【例 7-20】在 web.xml 中配置监听器。

```
<listener>
    <listener-class>com.swxy.listener.MyServletRequestListener</listener-class>
</listener>
```

（2）注解方式，如例 7-21 所示。

【例 7-21】用注解方式配置监听器。

```
@WebListener
public class MyServletRequestListener implements ServletRequestListener {}
```

7.2.2 监听对象属性的监听器

表 7-1 中给出了对象属性监听器的 3 个接口：ServletContextAttributeListener、HttpSessionAttributeListener 和 ServletRequestAttributeListener。

1．ServletContextAttributeListener

ServletContextAttributeListener 接口提供了 3 个抽象方法，如例 7-22 所示。

【例 7-22】ServletContextAttributeListener.java

```
void attributeAdded(ServletContextAttributeEvent scae) {}//属性被添加到 Application 中时调用
void attributeRemoved(ServletContextAttributeEvent scae){}//属性从 Application 中移除时调用
void attributeReplaced(ServletContextAttributeEvent scae) {}//属性被修改时调用
```

ServletContextAttributeListener 是对 ServletContext 进行添加属性、移除属性和修改属性的监听，相对应的方法会被调用。

在 Web 应用中，用以下两种方式配置 ServletContextAttributeListener。

（1）在 web.xml 文件中配置，如例 7-23 所示。

【例 7-23】在 web.xml 文件中配置监听器。

```
<listener>
     <listener-class>com.swxy.listener.MyServletContextAttributeListener</listener-
class>
</listener>
```

（2）注解方式，如例 7-24 所示。

【例 7-24】用注解方式配置监听器。

```
@WebListener
public class MyServletContextAttributeListener implements ServletContextAttribute
Listener {}
```

2．HttpSessionAttributeListener

HttpSessionAttributeListener 接口提供了 3 个抽象方法，如例 7-25 所示。

【例 7-25】HttpSessionAttributeListener.java

```
void attributeAdded(HttpSessionBindingEvent se) {}//属性被添加到 Session 中时调用
void attributeRemoved(HttpSessionBindingEvent se) {}//属性从 Session 中移除时调用
void attributeReplaced(HttpSessionBindingEvent se) {}//属性被修改时调用
```

HttpSessionAttributeListener 是对 Session 进行添加属性、移除属性和修改属性的监听，相对应的方法会被调用。在 Web 应用中，配置方式也有两种方式：在 web.xml 中配置和注解，与 ServletContextAttribute Listener 配置类似。

3．ServletRequestAttributeListener

ServletRequestAttributeListener 接口可以用来监听 Request 对象加入属性、移除属性和替换属性时响应的动作事件，该接口提供了 3 个抽象方法，如例 7-26 所示。

【例 7-26】ServletRequestAttributeListener.java

```
void attributeAdded(ServletRequestAttributeEvent srae) {}//属性被添加到 Request 中时调用
void attributeRemoved(ServletRequestAttributeEvent srae) {}//属性从 Request 中移除时调用
void attributeReplaced(ServletRequestAttributeEvent srae) {}//属性被修改时调用
```

在 Web 应用中，配置方式同样有两种方式：在 web.xml 中配置和注解，与 ServletContextAttributeListener 配置类似。

7.2.3 监听 Session 对象状态变化的监听器

表 7-1 中给出了 Session 对象状态变化监听器的两个接口：HttpSessionBindingListener 和 HttpSession ActivationListener。

1．HttpSessionBindingListener

HttpSessionBindingListener 是 HttpSession 对象绑定监听器，用来监听 HttpSession 中设置成 HttpSession 属性或从 HttpSession 中移除时得到 Session 的通知，通过参数 HttpSessionBindingEvent 的 getName( )方法获得操作对象或变量名称。该接口提供了两个方法，如例 7-27 所示。

【例 7-27】HttpSessionBindingListener.java

```
void valueBound(HttpSessionBindingEvent event) {}//已经绑定一个 Session 范围的对象或者变量
void valueUnbound(HttpSessionBindingEvent event) {}//已经解绑了 Session 范围的对象或者变量
```

在 Web 应用中，不需要配置 web.xml 文件或者添加注解。

2．HttpSessionActivationListener

HttpSessionActivationListener 是 HttpSession 对象转移监听器，HttpSessionActivationListener 的实现类也必须实现 Serializable 接口。该接口提供了两个监听方法，如例 7-28 所示。

【例 7-28】HttpSessionActivationListener.java

```
void sessionWillPassivate(HttpSessionEvent se) {}//session 中的对象持久化到存储设备时调用
void sessionDidActivate(HttpSessionEvent se) {}//对象被重新加载时执行该方法
```

在 Web 应用中，不需要配置 web.xml 文件或者添加注解。

3．综合案例

（1）创建类 MyHttpSessionBindingActivationListener，如例 7-29 所示。

【例 7-29】MyHttpSessionBindingActivationListener.java

```
public class MyHttpSessionBindingActivationListener implements HttpSessionBindingListener,
HttpSessionActivationListener, Serializable {
    @Override
     public void sessionWillPassivate(HttpSessionEvent se) {//将 session 中的对象持久化
到存储设备
          HttpSession session = se.getSession();
         System.out.println("将保存到硬盘。SessionId = " + session.getId());
    }
    @Override
    public void sessionDidActivate(HttpSessionEvent se) {//对象被重新加载
          HttpSession session = se.getSession();
         System.out.println("已经从硬盘中加载。SessionId = " + session.getId());
     }
    @Override
     public void valueBound(HttpSessionBindingEvent event) {//绑定
          HttpSession session = event.getSession();
           String name = event.getName();
          System.out.println(this + "被绑定到 Session(SessionID 为"+session.getId()+")的
" + name + "属性上");
     }
    @Override
    public void valueUnbound(HttpSessionBindingEvent event) {//解除绑定
          HttpSession session = event.getSession();
          String name = event.getName();
          System.out.println(this + "已经从 Session(SessionID 为"+session.getId()+")的" +
name +"属性上移除");
    }
    @Override
     public String toString() {
          return "【Session 对象状态变化监听器】";
     }
}
```

（2）创建类 SessionServlet，如例 7-30 所示。

【例 7-30】SessionServlet.java

```
@WebServlet("/sessionServlet")
public class SessionServlet extends HttpServlet {
    @Override
    protected void doGet(HttpServletRequest req, HttpServletResponse resp) throws
ServletException, IOException {
```

```
        MyHttpSessionBindingActivationListener listener = new MyHttpSessionBinding
ActivationListener();
        HttpSession session = req.getSession();
        session.setAttribute("listener", listener);
        session.removeAttribute("listener");
    }
}
```

（3）启动服务器，通过“http://localhost:8080/filterListernerPro/sessionServlet”进行测试，结果如图 7-9 所示。

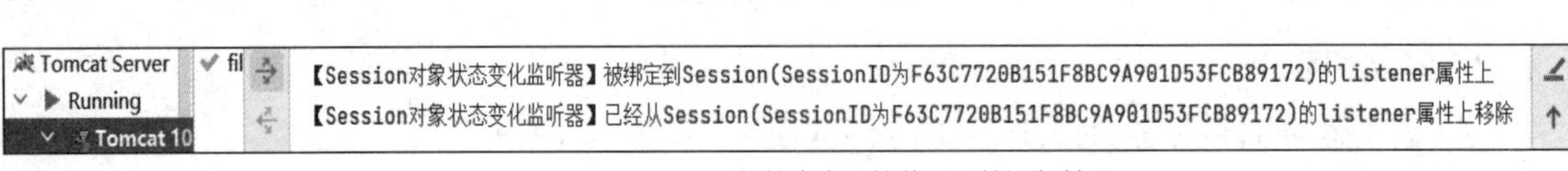

图 7-9　监听 Session 对象状态变化的监听器的运行结果

7.3 本章小结

本章重点介绍了过滤器的两种配置方式和三类监听器。通过字符编码过滤器、脏字过滤器等案例展示了过滤器在实际应用中的重要性，通过统计在线人数等案例讲解了监听器的使用，通过应用场景使读者更能体会到过滤器和监听器的作用。

思考与练习

1. 单选题

（1）在 Java Web 中，定义过滤器需要实现（　　）接口。

A. Filter　　B. FilterConfig　　C. FilterChain　　D. FilterContext

（2）下列选项中，关于过滤器说法错误的是（　　）。

A. Java Web 过滤器是一种用于拦截、处理和修改请求和响应的组件

B. 过滤器的生命周期包括初始化、请求处理和销毁 3 个阶段

C. FilterConfig 用于获取和设置过滤器的配置信息

D. 过滤器不能处理中文乱码

（3）下列选项中，不能处理中文乱码的是（　　）。

A. GBK　　B. GB2312　　C. ISO-8859-1　　D. UTF-8

（4）在 Java Web 中，web.xml 文件中用于配置监听器的元素是（　　）。

A. <listener>　　B. <listener-url>　　C. <servlet>　　D. <url-pattern>

（5）下列选项中，关于监听器说法错误的是（　　）。

A. 在 web.xml 中，一个<listener>元素中可以出现多个<listener-class>子元素

B. HttpSessionListener 监听器主要用于监听 HttpSession 对象的生命期变化

C. 使用监听器可以统计 Web 站点的在线用户数

D. ServletContextListener 用于监听 ServletContext 对象的创建和销毁

2. 简答题

（1）试述 Java Web 中过滤器的执行流程。

（2）试述监听器的应用场景。

3．编程题

使用过滤器实现权限过滤功能。已登录用户可以访问购物车页面，未登录用户直接访问购物车页面时，自动跳转到登录页面，登录成功后方可进入购物车页面。

实现思路如下。

（1）假设系统中只有一个用户，用户名为admin，密码为123456，不考虑数据库操作。

（2）创建相关资源。

login.jsp：登录页面

shopping.jsp：购物车页面

LoginServlet：处理登录请求

AuthorizationFilter：权限过滤器

（3）编写代码实现权限过滤功能。

第三篇

Java Web 提高篇

第8章 JDBC 编程

JDBC 由基于 Java 语言的通用 JDBC API 和数据库专用 JDBC 驱动程序（Driver）两部分组成，可以为多种关系型数据库（MySQL、Oracle 等）提供统一访问。它由一组 Java 语言编写的类和接口组成，如 Connection、PreparedStatement、ResultSet 等，应用 JDBC 可使开发人员能方便地编写数据库应用程序。

本章首先介绍注册数据库驱动、Java 连接 MySQL 数据库的 Connection 对象，然后介绍基于 Statement 实现 CRUD 操作，最后介绍基于 PreparedStatement 优化代码并解决 SQL 注入问题，优化批量插入，使用 CallableStatement 访问存储过程，使用连接池优化数据库访问并提高效率。

8.1 使用 JDBC 访问 MySQL 数据库

在开发 Java 应用程序时，经常需要与数据库进行交互，JDBC 是一个 Java API，它提供了一些方法和类来执行 SQL 语句，使开发人员能够方便地插入、更新、删除和查询数据。MySQL 是一种流行的关系型数据库，适用于各种 Java 应用程序的开发。本节将介绍使用 JDBC 访问 MySQL 数据库的基础知识。

8.1.1 JDBC 概述

JDBC（Java DataBase Connectivity，Java 数据库连接）是 Java 访问数据库的标准规范，由一系列连接数据库、执行 SQL 语句和操作结果集的类和接口构成。数据库驱动由数据库厂商提供，每个数据库厂商根据自家数据库的通信格式编写好数据库的驱动。应用程序使用 JDBC 访问数据库的方式如图 8-1 所示。

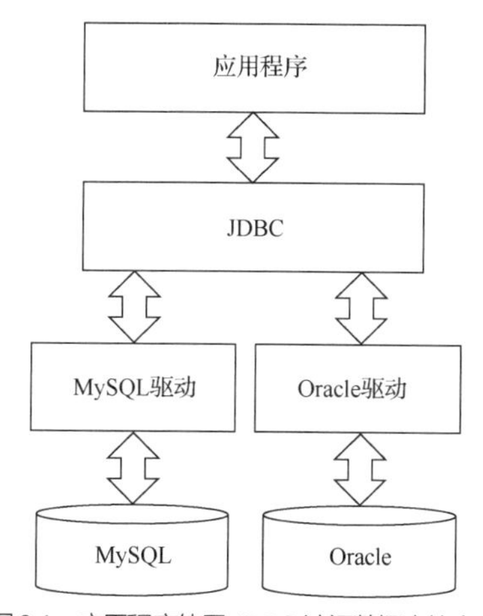

图 8-1　应用程序使用 JDBC 访问数据库的方式

JDBC 是一种使用 Java 语言操作关系型数据库的 Java API。从图 8-1 中可以看出，各数据库厂商使用相同的接口，Java 代码不需要针对不同数据库分别开发。JDBC 常用接口和类及其描述如表 8-1 所示。

表 8-1　JDBC 常用接口和类及其描述

接口和类	描述
Driver	Driver 是一种数据库驱动，充当 Java 程序与各种不同类型的数据库之间的连接器
DriverManager	用于数据库驱动程序管理的类，作用于用户和驱动程序之间
Connection	数据库连接对象，一个 Connection 对象表示通过 JDBC 驱动与数据源建立的连接
Statement	向数据库发送 SQL 语句的对象，执行对数据库的数据的检索、增加、更新、删除操作
PreparedStatement	继承了 Statement 接口，执行预编译的 SQL 语句，执行效率更高
ResultSet	用来暂时存放数据库查询操作获得的结果

JDBC 常用接口和类在后续章节将详细介绍。

8.1.2　连接 MySQL 数据库

在创建 MySQL 数据库连接对象之前，需要先使用 JVM 注册 JDBC 驱动程序。驱动版本为 5.0+，需要注册“com.mysql.jdbc.Driver”，驱动版本为 8.0+，需要注册“com.mysql.cj.jdbc.Driver”，注册数据库驱动有以下两种方式。

（1）直接调用 DriverManager 注册，如例 8-1 所示。

【例 8-1】注册 MySQL 驱动。

```
DriverManager.registerDriver(new com.mysql.cj.jdbc.Driver());
```

（2）使用 java.lang.Class 的静态方法 forName()注册 MySQL 驱动，如例 8-2 所示。

【例 8-2】注册 MySQL 驱动。

```
Class.forName("com.mysql.cj.jdbc.Driver");//注册MySQL驱动
```

用以上两种方法注册数据库驱动都是可行的，第 2 种方法比较常用。

使用 java.sql.DriverManager 类的静态方法 getConnection()创建 Connection 接口对象，一般使用带 3 个参数的 getConnection()方法，参数 1 表示数据库连接 URL，参数 1 的格式如下：

```
jdbc:数据库厂商名://ip地址:端口号/数据库名
```

使用本机的数据库软件，IP 地址为 localhost 或者 127.0.0.1，URL 代码如例 8-3 所示。

【例 8-3】数据库连接地址 URL。

```
jdbc:mysql://localhost:3306/jdbc_db
```

本机 IP 地址和端口号可以省略，其写法如例 8-4 所示。

【例 8-4】数据库连接地址 URL 的缩写形式。

```
jdbc:mysql:///jdbc_db
```

getConnection()方法中的参数 2 是数据库软件的账号，参数 3 是数据库软件的密码。获取数据库连接对象 Connection，如例 8-5 所示。

【例 8-5】获取数据库连接对象 Connection。

```
String url="jdbc:mysql://localhost:3306/jdbc_db
```

```
String username="root";//用户名
String password="123456";//密码
Connection connection = DriverManager.getConnection(url,username,password);
```

8.1.3 基于 Statement 实现 CRUD 操作

数据库的操作常被称为 CRUD，即计算机编程中常用的 4 个基本操作的首字母，它代表了 Create（创建）、Retrieve（检索）、Update（更新）和 Delete（删除）这 4 种基本操作。下面以 MySQL 8.0.32 为例，讲解基于 Statement 实现 CRUD 操作。

1．准备环境和数据库表

创建项目“jdbcPro”，读者可以访问 MySQL 官网下载 MySQL 的 Java 数据库驱动程序，也可以从本书配套的软件资源中得到已经下载好的文件“mysql-connector-java-8.0.16.jar”。将下载的驱动包和前面章节用过的 servlet-api.jar 包加入项目中。

使用 MySQL 前端工具 Navicat 或 SQLyog（本书使用 Navicat Premium 15）创建数据库 jdbc_db 和用户表 users，SQL 语句如例 8-6 所示。

【例 8-6】创建数据库 jdbc_db 和用户表 users。

```
CREATE DATABASE IF NOT EXISTS jdbc_db;
USE jdbc_db;
DROP TABLE IF EXISTS users;
CREATE TABLE users(
    userid int(11) NOT NULL AUTO_INCREMENT,
    username varchar(50) NOT NULL,
    pwd varchar(50) NOT NULL,
    email varchar(50),
    PRIMARY KEY(userid)
)
insert into users(username,pwd,email) values('charles','123456','charles@sina.com');
insert into users(username,pwd,email) values('mia','123456','mia@sina.com');
insert into users(username,pwd,email) values('jack','123456',jack@sina.com');
```

从上述代码中可以看出，users 中包含用户 ID（userid）、用户名（username）、密码（pwd）和电子邮箱（email）4 个字段，该表中添加了 3 条记录。

2．Statement 对象

调用 Connection 接口的 createStatement()方法时，将得到 Statement 接口类型的对象。对数据库表进行增加、删除、修改操作时，调用 executeUpdate(String sql)方法，该方法返回一个整数，表示当前操作所影响的记录行数。对数据库表进行查询时，调用 executeQuery(String sql)方法，该方法返回 ResultSet。

综合案例：使用 Statement 对象查询用户表 users 中的数据，并响应到客户端，如例 8-7 所示。

【例 8-7】UsersServlet.java

```
@WebServlet("/UsersServlet")
public class UsersServlet extends HttpServlet {
    @Override
    protected void doGet(HttpServletRequest req, HttpServletResponse resp) throws
ServletException, IOException {
        resp.setContentType("text/html;charset=utf-8");
        PrintWriter out = resp.getWriter();
        Connection conn =null;
        Statement stmt =null;
        ResultSet rs =null;
        try {
```

```
            Class.forName("com.mysql.cj.jdbc.Driver");//注册MySQL驱动
            String url="jdbc:mysql://localhost:3306/jdbc_db?serverTimezone=GMT&
characterEncoding=UTF-8";
            String username="root";//用户名
            String password="123456";//密码
            conn = DriverManager.getConnection(url,username,password);//获取数据库连接
            stmt = conn.createStatement();//获取Statement
            String sql="select userid,username,pwd,email from users";
            rs = stmt.executeQuery(sql);//执行查询，返回结果集
            out.println("<!DOCTYPE html>");
            out.println("<HTML>");
            out.println("<HEAD><TITLE>用户信息列表</TITLE></HEAD>");
            out.println("<BODY>");
            out.println("<center><h3>用户信息列表</h3>");
            out.println("<table border=\"1\" width=\"500px\" cellspacing=\"1\">");
            out.println("<tr>");
            out.println("<td>用户编号</td><td>用户名</td><td>用户密码</td><td>Email
</td>");
            out.println("</tr>");
            while(rs.next()){//循环结果集
                int userid = rs.getInt("userid");//获取ID
                String name = rs.getString("username");//获取用户名
                String pwd = rs.getString("pwd");//获取密码
                String email = rs.getString("email");//获取Email
                out.println("<tr>");
                out.println("<td>"+userid +"</td><td>"+name+"</td><td>"
+pwd+"</td><td>"+email+"</td>");
                out.println("</tr>");
             }
            out.println("</table>");
            out.println("</center>");
            out.println("</BODY>");
            out.println("</HTML>");
            out.flush();
            out.close();
        } catch (Exception e) {
            throw new RuntimeException(e);
        }finally {
            //关闭资源
            try {
              if(rs!=null) rs.close();
              if(stmt!=null) stmt.close();
              if(conn!=null) conn.close();
            } catch (SQLException e) {
               e.printStackTrace();
            }
        }
    }
}
```

从上述代码可以看出，首先注册 MySQL 驱动，获取数据库连接，然后将查询出来的用户信息使用表格显示，最后关闭资源。

在浏览器地址栏中输入“http://localhost:8080/jdbcPro/UsersServlet”，其运行结果如图 8-2 所示。

图 8-2 用户信息列表

综合案例：使用 Statement 实现用户的增加功能。

创建一个 html 页面 addUser.html，如例 8-8 所示。单击“保存”按钮时，将表单数据提交到 UserAddServlet 进行处理，如例 8-9 所示，控制台输出“添加成功”表示数据成功保存到用户表中。

【例 8-8】addUser.html

```
<form method="post" action="UserAddServlet">
    用户名：<input type="text" name="username"/><br/>
    用户密码：<input type="password" name="password"/><br/>
    Email：<input type="text" name="email"/><br/>
    <input type="submit" value="保存"/>
    <input type="reset" value="重置">
</form>
```

【例 8-9】UserAddServlet.java

```
@WebServlet("/UserAddServlet")
public class UserAddServlet extends HttpServlet {
    @Override
    protected void doPost(HttpServletRequest req, HttpServletResponse resp) throws
ServletException, IOException {
        //获取表单元素
        String name = req.getParameter("username");
        String pwd = req.getParameter("password");
        String email = req.getParameter("email");

        Connection conn =null;
        Statement stmt =null;
        int rows=0;
        try {
            Class.forName("com.mysql.cj.jdbc.Driver");//注册 MySQL 驱动
            String url="jdbc:mysql://localhost:3306/jdbc_db?serverTimezone=GMT&
characterEncoding=UTF-8";
            String username="root";//用户名
            String password="123456";//密码
            conn = DriverManager.getConnection(url,username,password);//获取数据库连接
            stmt = conn.createStatement();//获取 Statement
            String sql="insert into users(username,pwd,email) values('" + name + "','"
+ pwd + "','" + email + "')";
            rows = stmt.executeUpdate(sql);//执行插入
        } catch (Exception e) {
            throw new RuntimeException(e);
        }finally {
            //关闭资源
             try {
                 if(stmt!=null) stmt.close();
                 if(conn!=null) conn.close();
```

```
            } catch (SQLException e) {
                e.printStackTrace();
            }
        }
        if(rows>0){
            System.out.println("添加成功");
        }else{
            System.out.println("添加失败");
        }
    }
}
```

如果实现自增长主键回显，只需在上述代码基础上进行修改，不同部分已用粗体标出，关键代码如例 8-10 所示。

【例 8-10】自增长主键回显关键代码。

```
...
rows = stmt.executeUpdate(sql,Statement.RETURN_GENERATED_KEYS);//执行插入
if(rows>0){
    //获取回显的主键
    ResultSet generatedKeys = stmt.getGeneratedKeys();
    generatedKeys.next();
    int id = generatedKeys.getInt(1);
    System.out.println("添加成功，主键为： " + id);
}else{
    System.out.println("添加失败");
}
...
```

删除和修改操作与上述操作类似，只需修改 SQL 语句即可。

8.1.4 基于 PreparedStatement 优化代码

本小节通过用户登录，讲解基于 PreparedStatement 方式优化代码，预防 SQL 注入，从而提高执行效率。首先基于 Statement 方式实现登录功能。

（1）创建登录页面，如例 8-11 所示。

【例 8-11】login.html

```
<form method="post" action="LoginServlet">
    用户名:<input type="text" name="username"/><br/>
    密码:<input type="password" name="password"/><br/>
    <input type="submit" value="登录"/>
</form>
```

（2）创建 LoginServlet，如例 8-12 所示。

【例 8-12】LoginServlet.java

```
@WebServlet("/LoginServlet")
public class LoginServlet extends HttpServlet {
    @Override
    protected void doPost(HttpServletRequest req, HttpServletResponse resp) throws
ServletException, IOException {
        String name = req.getParameter("username");
        String pwd = req.getParameter("password");

        Connection conn =null;
```

```
        Statement stmt =null;
        ResultSet rs= null;
        int count =0;
        try {
            Class.forName("com.mysql.cj.jdbc.Driver");//注册MySQL驱动
            String url="jdbc:mysql://localhost:3306/jdbc_db?serverTimezone=GMT&
characterEncoding=UTF-8";
            String username="root";//用户名
            String password="123456";//密码
            conn = DriverManager.getConnection(url,username,password);//获取数据库连接
            stmt = conn.createStatement();//获取Statement
            String sql="select count(*) from users where username='"+name+"' and
pwd='"+pwd+"'";
            rs = stmt.executeQuery(sql);
            if(rs.next()){
                count = rs.getInt(1);
            }
        } catch (Exception e) {
            throw new RuntimeException(e);
        }finally {
            //关闭资源
            try {
                if(rs!=null) rs.close();
                if(stmt!=null) stmt.close();
                if(conn!=null) conn.close();
            } catch (SQLException e) {
                e.printStackTrace();
            }
        }
        if(count>0){
            System.out.println("登录成功");
        }else{
            System.out.println("登录失败");
        }
    }
}
```

（3）用户名和密码输入正确，控制台输出登录成功。如果在用户名文本框中输入“' or 1=1 -- ”，单击“登录”按钮，控制台也会输出登录成功，这种情况称为 SQL 注入。

PreparedStatement 可以解决上述 SQL 注入的问题。PreparedStatement 是预先对 SQL 语句的框架进行编译，然后给 SQL 语句传“值”，传入的值只会代替 SQL 语句中的占位符“？”。

LoginServlet.java 修改后的代码如例 8-13 所示，关键代码已用粗体标出。

【例 8-13】 LoginServlet.java

```
@WebServlet("/LoginServlet")
public class LoginServlet extends HttpServlet {
    @Override
    protected void doPost(HttpServletRequest req, HttpServletResponse resp) throws
ServletException, IOException {
        String name = req.getParameter("username");
        String pwd = req.getParameter("password");

        Connection conn =null;
        PreparedStatement stmt =null;
        ResultSet rs= null;
        int count =0;
        try {
```

```
            Class.forName("com.mysql.cj.jdbc.Driver");//注册MySQL驱动
            String url="jdbc:mysql://localhost:3306/jdbc_db?serverTimezone=GMT&
characterEncoding=UTF-8";
            String username="root";//用户名
            String password="123456";//密码
            conn = DriverManager.getConnection(url,username,password);//获取数据库连接
            String sql="select count(*) from users where username=? and pwd=?";
            stmt = conn.prepareStatement(sql);//获取PreparedStatement
            stmt.setString(1, name);//给占位符赋值
            stmt.setString(2, pwd);
            rs = stmt.executeQuery();
            if(rs.next()){
                count = rs.getInt(1);
            }
         } catch (Exception e) {
            throw new RuntimeException(e);
        }finally {
            //关闭资源
            try {
                if(rs!=null) rs.close();
                if(stmt!=null) stmt.close();
                if(conn!=null) conn.close();
            } catch (SQLException e) {
                e.printStackTrace();
            }
        }
        if(count>0){
            System.out.println("登录成功");
        }else{
            System.out.println("登录失败");
        }
    }
}
```

8.2 JDBC 高级编程

上一节介绍了用 JDBC 访问 MySQL 的基础知识，读者对 JDBC 有了一定的掌握。本节将介绍 JDBC 中数据库事务实现、批量插入和存储过程的访问。

8.2.1 JDBC 中数据库事务实现

在 JDBC 中通过 Connection 对象的 setAutoCommit(false)方法关闭自动提交事务，通过 Connection 对象的 commit()方法手动提交事务。本小节将通过综合案例“银行转账”，介绍 JDBC 中数据库事务的使用。

银行转账案例具体实现步骤如下。

（1）创建表 bank，如例 8-14 所示。

【例 8-14】 创建表 bank。

```
DROP TABLE IF EXISTS bank;
CREATE TABLE bank
(
    id INT PRIMARY KEY AUTO_INCREMENT,
```

```
    account VARCHAR(50) NOT NULL UNIQUE,
    money DECIMAL(10,2) UNSIGNED
);
INSERT INTO bank(account,money) values('1001',10000);
INSERT INTO bank(account,money) values('1002',5000);
```

（2）在包com.swxy.dao下创建类BankDao，编写transfer()方法实现转账功能，如例8-15所示。

【例8-15】 BankDao.java

```
public class BankDao {
    public void transfer(String account, BigDecimal money, String type, Connection 
conn){
        PreparedStatement stmt =null;
        int rows=0;
        try {
            String sql="";
            if(type.equals("存款")){
                sql="update bank set money = money+? where account =?";
            }else{
                sql="update bank set money = money-? where account =?";
            }
            stmt = conn.prepareStatement(sql);    //创建PreparedStatement
            stmt.setObject(1, money);
            stmt.setString(2, account);
            stmt.executeUpdate();
        } catch (Exception e) {
            throw new RuntimeException(e);
        }finally {
            //关闭资源
            try {
                if(stmt!=null) stmt.close();
            } catch (SQLException e) {
                e.printStackTrace();
            }
        }
    }
}
```

（3）在包com.swxy.service下创建类BankService，编写transfer()方法实现转账功能，如例8-16所示。

【例8-16】 BankService.java

```
public class BankService {
BankDao bankDao = new BankDao();
    public void transfer(String accountFrom, String accountTo, BigDecimal money){
        Connection conn = null;
        try {
            Class.forName("com.mysql.cj.jdbc.Driver");//注册MySQL驱动
            String url = "jdbc:mysql://localhost:3306/jdbc_db?serverTimezone=GMT&
characterEncoding=UTF-8";
            String username = "root";            //用户名
            String password = "123456";          //密码
            conn = DriverManager.getConnection(url, username, password);//获取数据库连接
            conn.setAutoCommit(false);
            bankDao.transfer(accountFrom, money, "取款",conn);
            bankDao.transfer(accountTo, money, "存款",conn);
            conn.commit();
        }catch (Exception e){
            e.printStackTrace();
        }finally {
```

```
            try {
                if(conn!=null) conn.close();
            } catch (SQLException e) {
                throw new RuntimeException(e);
            }
        }
    }
}
```

（4）在包 com.swxy.servlet 下创建类 BankServlet，如例 8-17 所示。

【例 8-17】BankServlet

```
@WebServlet("/BankServlet")
public class BankServlet extends HttpServlet {
    @Override
    protected void doGet(HttpServletRequest req, HttpServletResponse resp) throws
ServletException, IOException {
        BankService bankService = new BankService();
        bankService.transfer("1001", "1002", BigDecimal.valueOf(20000f));
    }
}
```

在浏览器地址栏中输入“http://localhost:8080/jdbcPro/BankServlet”进行测试。从数据库中可以看出，账号 1001 给账号 1002 转 20000，因为账号 1001 只有 10000，余额不够，所以转账失败。如果将转账金额改成 5000，则转账成功。转账这个案例说明存款和取款在同一个事务里，要么同时成功，要么同时失败。

8.2.2 批量插入提升性能

在 Web 实际开发中，普通单条插入性能比较低。本小节通过对比普通单条插入和批量插入的执行时长，介绍批量插入在性能上的提升。

（1）普通单条插入，如例 8-18 所示。

【例 8-18】NormalInsertServlet.java

```
@WebServlet("/NormalInsertServlet")
public class NormalInsertServlet extends HttpServlet {
    @Override
    protected void doGet(HttpServletRequest req, HttpServletResponse resp) throws
ServletException, IOException {
        Connection conn =null;
        Statement stmt =null;
        int rows=0;
        long start = System.currentTimeMillis();
        try {
            Class.forName("com.mysql.cj.jdbc.Driver");//注册 MySQL 驱动
            String url="jdbc:mysql://localhost:3306/jdbc_db?serverTimezone=GMT&
characterEncoding=UTF-8";
            String username="root";//用户名
            String password="123456";//密码
            conn = DriverManager.getConnection(url,username,password);//获取数据库连接
            stmt = conn.createStatement();//获取 Statement
            for(int i=0;i<10000;i++) {
                String sql = "insert into users(username,pwd,email) " +
"values('username"+i+"','password"+i+"','email"+i+"')";
                stmt.executeUpdate(sql);
            }
```

```
        } catch (Exception e) {
            throw new RuntimeException(e);
        }finally {
            //关闭资源
            try {
                stmt.close();
                conn.close();
            } catch (SQLException e) {
                e.printStackTrace();
            }
        }
        long end = System.currentTimeMillis();
        System.out.println("用时: "+(end-start)+"毫秒");
    }
}
```

在浏览器地址栏中输入“localhost:8080/jdbcPro/NormalInsertServlet”，运行结果如图 8-3 所示，用时 26.36 秒。

图 8-3 普通插入的用时

（2）批量插入，如例 8-19 所示，关键代码已用粗体标出。

【例 8-19】BatchInsertServlet.java

```
@WebServlet("/BatchInsertServlet")
public class BatchInsertServlet extends HttpServlet {
    @Override
    protected void doGet(HttpServletRequest req, HttpServletResponse resp) throws
ServletException, IOException {
        ...
        String url="jdbc:mysql://localhost:3306/jdbc_db?serverTimezone=GMT&
characterEncoding=UTF-8&rewriteBatchedStatements=true";
        String username="root";//用户名
        String password="123456";//密码
        conn = DriverManager.getConnection(url,username,password);//获取数据库连接
        stmt = conn.createStatement();//获取 Statement
        conn.setAutoCommit(false);//取消自动提交
        for(int i=0;i<10000;i++) {
            String sql = "insert into users(username,pwd,email) " +
                         "values('username"+i+"','password"+i+"','email"+i+"')";
            stmt.addBatch(sql);//将 SQL 语句打包到一个容器中
        }
        stmt.executeBatch();//将容器中的 SQL 语句提交
        stmt.clearBatch();//清空容器，为下一次打包做准备
        conn.commit();//所有语句都执行完毕后才手动提交 SQL 语句
    }
}
```

在浏览器地址栏中输入“http://localhost:8080/jdbcPro/BatchInsertServlet”，运行结果如图 8-4 所示，用时 4.824 秒，性能提升了近 6 倍。

图8-4　批量插入的用时

批量插入需注意以下几点。

（1）url 设置允许重写批量提交：rewriteBatchedStatements=true。

（2）SQL 语句不能以“;”结束。

（3）将 SQL 语句打包到一个容器中。

（4）将容器中的 SQL 语句提交。

（5）清空容器，为下一次打包做准备。

（6）设置取消自动提交（即手动提交数据）。

8.2.3　使用 CallableStatement 访问存储过程

CallableStatement 主要用于调用数据库中的存储过程，在使用 CallableStatement 时可以接收存储过程的返回值。在 Web 应用开发中，通常将数据库 SQL 语句写在存储过程中，如果存储过程中有多条语句，那么可以减少网络上数据的往返次数，优化网络性能。

下面将通过两个综合案例讲解 CallableStatement 的使用。

案例一：根据用户 ID 查询用户信息。

实现步骤如下。

（1）创建存储过程 proc_getUserById(uid int)，根据用户 ID 查询用户信息，如例 8-20 所示。

【例 8-20】创建存储过程 proc_getUserById(uid int)。

```
CREATE PROCEDURE proc_getUserById(uid INT)
BEGIN
    SELECT username,pwd,email FROM users WHERE userid = uid;
END
```

（2）编写 ProcedureServlet 类，如例 8-21 所示。

【例 8-21】ProcedureServlet.java

```
@WebServlet("/ProcedureServlet")
public class ProcedureServlet extends HttpServlet {
    @Override
    protected void doGet(HttpServletRequest req, HttpServletResponse resp) throws
ServletException, IOException {
        resp.setContentType("text/html;charset=UTF-8");
        PrintWriter out = resp.getWriter();
        String uid = req.getParameter("uid");
        Connection conn = null;
        CallableStatement cs = null;
        ResultSet rs = null;
        int rows=0;
        try {
            Class.forName("com.mysql.cj.jdbc.Driver");//注册MySQL驱动
            String url="jdbc:mysql://localhost:3306/jdbc_db?serverTimezone=GMT&
characterEncoding=UTF-8";
            String username="root";//用户名
            String password="123456";//密码
            conn = DriverManager.getConnection(url,username,password);//获取数据库连接
            String sql="{call proc_getUserById(?)}";
```

```
            cs = conn.prepareCall(sql);//获取CallableStatement
            cs.setInt(1, Integer.parseInt(uid));
            rs = cs.executeQuery();
            if(rs.next()){
                String name = rs.getString("username");
                String pwd = rs.getString("pwd");
                String email = rs.getString("email");
                out.println(name +" -- " + pwd +" -- " + email);
            }
            out.flush();
            out.close();
        } catch (Exception e) {
            throw new RuntimeException(e);
        }
        ...
    }
}
```

（3）在浏览器地址栏中输入“http://localhost:8080/jdbcPro/ProcedureServlet?uid=1”，运行结果如图 8-5 所示。

图 8-5 调用存储过程的运行结果

案例二：模拟登录功能。

实现步骤如下。

（1）定义一个带输出参数的存储过程，输出参数前添加 OUT 关键字，输入参数可以省略，默认是 IN，如例 8-22 所示。

【例 8-22】创建存储过程实现登录功能。

```
CREATE PROCEDURE proc_login(uname VARCHAR(50),upwd VARCHAR(50),OUT count INT)
BEGIN
    SELECT COUNT(*) into count FROM users WHERE username = uname AND pwd = upwd;
END
```

（2）编写 ProcedureOutParamServlet 类，如例 8-23 所示。

【例 8-23】ProcedureOutParamServlet.java

```
@WebServlet("/ProcedureOutParamServlet")
public class ProcedureOutParamServlet extends HttpServlet {
    @Override
    protected void doGet(HttpServletRequest req, HttpServletResponse resp) throws
ServletException, IOException {
        ...
        String name = req.getParameter("username");
        String pwd = req.getParameter("password");
        Connection conn = null;
        CallableStatement cs = null;
        int rows=0;
        try {
            Class.forName("com.mysql.cj.jdbc.Driver");//注册MySQL驱动
            String url="jdbc:mysql://localhost:3306/jdbc_db?serverTimezone=GMT&
characterEncoding=UTF-8";
```

```
            String username="root";//用户名
            String password="123456";//密码
            conn = DriverManager.getConnection(url,username,password);//获取数据库连接
            String sql="{call proc_login(?,?,?)}";
            cs = conn.prepareCall(sql);//获取CallableStatement
            cs.setString(1, name);
            cs.setString(2, pwd);
            cs.registerOutParameter(3, Types.INTEGER);//参数2: 指定输出参数的类型
            cs.execute();
            int res = cs.getInt(3);
            if(res>0){
                System.out.println("登录成功");
            }else{
                System.out.println("登录失败");
            }
        } catch (Exception e) {
            throw new RuntimeException(e);
        }
        ...
    }
}
```

（3）在浏览器地址栏中输入“http://localhost:8080/jdbcPro/ProcedureOutParamServlet?username=charles&password=123456”，控制台打印“登录成功”，表示模拟登录成功。

8.2.4 使用连接池优化数据库访问效率

在开发 Java Web 应用程序时，数据库的访问是必不可少的。因此，提高数据库访问效率尤为重要。数据库连接池技术是提升数据库访问效率常用的手段，使用连接池可以减少数据库连接的创建和销毁次数，数据库连接可以被重用，从而提高数据库的访问效率。

1. 什么是连接池

数据库连接是一种有限的昂贵资源，大部分应用都会用到数据库，每次操作都需要打开一个连接，使用完毕后关闭连接，频繁地打开、关闭数据库连接会浪费大量的系统资源。连接池就可以很好地解决这个问题。

连接池就是将应用所需的一定数据的连接对象预先放在池中，每次访问时从池中获取数据库连接对象，使用完毕后将数据库连接对象放回池中，从而减少连接对象在创建、销毁连接过程中不必要消耗的资源，达到连接复用的目的。连接池是创建和管理数据库连接的缓冲池的技术，这些连接准备好被任何需要连接的线程使用。连接池的工作原理如图 8-6 所示。

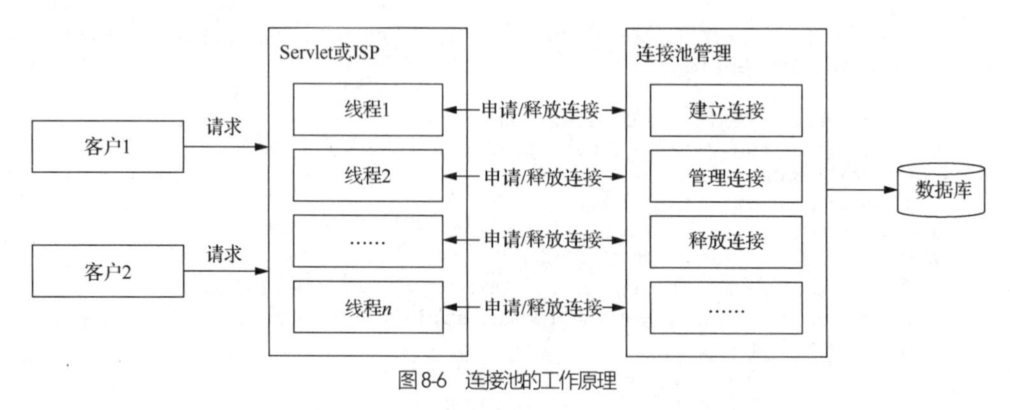

图8-6 连接池的工作原理

从图 8-6 中可以看出，客户向服务器发送请求，服务器（Servlet 或 JSP）接收到请求后向连接池申请一个连接对象，使用完毕后释放连接对象并放入连接池中。

2. 自定义连接池

根据连接池的工作原理，使用 ArrayList 自定义连接池。

综合案例：实现用户查询功能，使用数据库连接池优化本章的例 8-7，如例 8-24、例 8-25 所示。

【例 8-24】DBConnPool.java

```
package com.swxy.dao;
import java.sql.Connection;
import java.sql.DriverManager;
import java.sql.SQLException;
import java.util.ArrayList;

public class DBConnPool {
    //定义集合用来存放 Connection 对象，这个集合等价于连接池
    ArrayList<Connection> list = new ArrayList<Connection>();
    //构造方法中创建 10 个 Connection 对象，并放入连接池中
    public  DBConnPool(){
        try {
            Class.forName("com.mysql.cj.jdbc.Driver");//注册 MySQL 驱动
        } catch (ClassNotFoundException e) {
            throw new RuntimeException(e);
        }
        for(int i=0;i<10;i++) {
            String url = "jdbc:mysql://localhost:3306/jdbc_db?serverTimezone=GMT&
characterEncoding=UTF-8";
            String username = "root";//用户名
            String password = "123456";//密码
            try {
                Connection   conn   =   DriverManager.getConnection(url,   username,
password);//获取数据库连接
                list.add(conn);//将数据库连接对象放入连接池
            } catch (SQLException e) {
                throw new RuntimeException(e);
            }
        }
    }
    //从连接池中获取一个 Connection 对象
    public synchronized Connection getConn(){
        if(list.size()>0){
            //删除集合中的一个连接对象并返回
            return list.remove(0);
        }else {
            //连接池中无可用对象时，返回 null
            return null;
        }
    }
    //连接对象使用完毕后放入连接池中
    public synchronized void releaseConn(Connection conn){
        list.add(conn);
    }
}
```

【例 8-25】UsersServlet.java

```
package com.swxy.servlet;
import com.swxy.dao.DBConnPool;
import jakarta.servlet.ServletException;
import jakarta.servlet.annotation.WebServlet;
import jakarta.servlet.http.HttpServlet;
import jakarta.servlet.http.HttpServletRequest;
import jakarta.servlet.http.HttpServletResponse;

import java.io.IOException;
import java.io.PrintWriter;
import java.sql.*;

@WebServlet("/UsersServlet")
public class UsersServlet extends HttpServlet {
    @Override
    protected void doGet(HttpServletRequest req, HttpServletResponse resp) throws
ServletException, IOException {
        resp.setContentType("text/html;charset=utf-8");
        PrintWriter out = resp.getWriter();
        Connection conn =null;
        Statement stmt =null;
        ResultSet rs =null;
        DBConnPool dbConnPool = new DBConnPool();
        try {
            conn = dbConnPool.getConn();//从连接池中获取一个连接对象
            if(conn == null){
                out.print("在线人数过多，请耐心等待");
                return;
            }
            stmt = conn.createStatement();//获取Statement
            String sql="select userid,username,pwd,email from users";
            rs = stmt.executeQuery(sql);//执行查询，返回结果集
            out.println("<!DOCTYPE html>");
            out.println("<HTML>");
            out.println("<HEAD><TITLE>用户信息列表</TITLE></HEAD>");
            out.println("<BODY>");
            out.println("<center><h3>用户信息列表</h3>");
            out.println("<table border=\"1\" width=\"500px\" cellspacing=\"1\">");
            out.println("<tr>");
            out.println("<td>用户编号</td><td>用户名</td><td>用户密码</td><td>Email
</td>");
            out.println("</tr>");
            while(rs.next()){//循环结果集
                int userid = rs.getInt("userid");           //获取ID
                String name = rs.getString("username");     //获取用户名
                String pwd = rs.getString("pwd");       //获取密码
                String email = rs.getString("email");       //获取Email
                out.println("<tr>");
                out.println("<td>"+userid
        +"</td><td>"+name+"</td><td>"+pwd+"</td><td>"+email+"</td>");
                out.println("</tr>");
            }
            out.println("</table>");
            out.println("</center>");
            out.println("</BODY>");
            out.println("</HTML>");
```

```
            out.flush();
            out.close();
        } catch (Exception e) {
            throw new RuntimeException(e);
        }finally {
            //关闭资源
            try {
                if(rs!=null) {
                       rs.close();
                }
                if(stmt!=null) {
                        stmt.close();
                }
                if(conn!=null) {
                //释放数据库连接对象，放回连接池
                dbConnPool.releaseConn(conn);
                }
            } catch (SQLException e) {
                e.printStackTrace();
            }
        }

    }
}
```

在浏览器地址栏中输入“http://localhost:8080/jdbcPro/UsersServlet”，其运行结果见图 8-2。

3．Java 数据库连接池

在 Java Web 开发中，经常使用 Java 数据库连接池管理数据库连接。常用的 Java 数据库连接池如下。

（1）C3P0：这是一个开放源代码的 JDBC 连接池，性能很好。

（2）Druid：这是一个 JDBC 组件，是阿里巴巴开源的数据库连接池，具有监控、统计和防御 SQL 注入等功能。

（3）DBCP：这是一个依赖 Jakarta commons-pool 对象池机制的数据库连接池，是一个开源的数据库连接池，提供了基本的连接池功能。

（4）HikariCP：这是一个高性能的数据库连接池组件，具有快速启动、低延迟和高吞吐量的特点。

（5）BoneCP：这是一个轻量级的数据库连接池，具有高性能和低资源消耗的特点。

读者可以根据具体需求选择合适的连接池来管理数据库连接。

8.3 本章小结

本章重点介绍了基于 Statement 和 PreparedStatement 访问 MySQL 数据库,介绍了 JDBC 常用的 CRUD 操作，通过案例详细分析了使用数据库事务机制、批量插入、使用 CallableStatement 语句访问存储过程和使用连接池优化数据库访问效率。

思考与练习

1．单选题

（1）下列选项中，（　　）不是 JDBC 用到的接口或者类。

A. Connection　　B. Listener　　C. Statement　　D. Result

（2）使用 Connection 的（　　）方法可以建立一个 Statement 接口。

A. createStatement()　　B. preparedStatement()　　C. getStatement()　　D. prepareStatement()

（3）数据库中有一个 int 型字段，可以通过结果集的（　　）方法获取该字段。

A. getDouble()　　B. getInt()　　C. getFloat()　　D. getString()

（4）下列选项中，可以调用存储过程的是（　　）。

A. CallableStatement　　B. PreparedStatement　　C. Statement　　D. CallStatement

（5）在 Java Web 中，常用的数据库不包括（　　）。

A. Oracle　　B. MySQL　　C. SQL Server　　D. NoSQL

2. 简答题

（1）试述 PreparedStatement 有哪些优势。

（2）试述 JDBC 连接数据库的步骤。

3. 编程题

编程实现网易 126 邮箱注册功能，注册页面如图 8-7 所示。

实现思路如下。

（1）创建数据库及用户表。

（2）创建注册页面（register.jsp）。

（3）使用 JDBC、Servlet 和 JSP 技术完成注册功能。

图 8-7　注册页面

第9章 EL 表达式和 JSTL 标签库

EL（Expression Language，表达式语言）是一种用于在 Java Web 应用中访问和操作数据的简化表达式语言，可以简化在 JSP 开发中引用对象。JSTL（Java Server Pages Standard Tag Library，JSP 标准标签库）封装了 JSP 应用的通用核心功能，支持迭代、条件判断等功能。

本章首先介绍 EL 表达式，包括 EL 简介、标签的功能、运算符的使用，以及 EL 隐式对象，接着介绍 JSTL 标签库的入门案例和 Core 标签库，最后通过几个案例介绍<c:forEach>标签的使用。

9.1 EL 表达式

第 5 章学习了 JSP 表达式，但是其书写麻烦、复杂度高、调试困难，不利于团队协作。本节将学习 EL 表达式，使用 EL 表达式代替 JSP 表达式可以弥补 JSP 表达式的不足，简化 JSP 页面内的 Java 代码。

9.1.1 EL 简介

EL 表达式是 JSP 2.0 规范中增加的语言，它的语法格式如下：

```
${表达式}
```

EL 以“${”开始，以“}”结束，等价于 JSP 表达式<%=表达式%>，从形式和用法上看，EL 表达式简化了 JSP 原有的表达式。

接下来通过一个案例来了解 EL 表达式。创建一个项目，命名为 elJstlPro，创建一个包 com.swxy.servlet，在该包下创建一个 Servlet，命名为 ElServlet，如例 9-1 所示。

【例 9-1】ElServlet.java

```
@WebServlet("/ElServlet")
public class ElServlet extends HttpServlet {
    @Override
    protected void doGet(HttpServletRequest req, HttpServletResponse resp)
throws ServletException, IOException {
        req.setAttribute("country", "中国");
        req.setAttribute("nationalFlag", "五星红旗");
        req.getRequestDispatcher("index.jsp").forward(req, resp);
    }
}
```

创建一个 JSP 页面，如例 9-2 所示。

【例 9-2】index.jsp

```
<%@ page contentType="text/html;charset=UTF-8" language="java" %>
<html>
    <head>
        <title>第一个 EL 表达式的使用</title>
    </head>
    <body>
        国家：${country}<br>
        国旗：${nationalFlag}
    </body>
</html>
```

启动 Tomcat 服务器，在浏览器地址栏中输入“http://localhost:8080/elJstlPro/ElServlet”，运行结果如图 9-1 所示。

图 9-1　EL 表达式的运行结果

9.1.2　EL 标签的功能

EL 标签具有以下功能。

（1）可以访问 JSP 中不同域的对象。

（2）可以访问 JavaBean 中的属性和集合元素。

（3）支持简单的运算符操作。

本小节主要介绍以下两个功能。

1．访问 JSP 中不同域的对象

EL 标签可以访问 page、request、session 和 application 这 4 个作用域中的数据。

综合案例：使用 EL 标签访问 4 个作用域中的数据。

创建一个 JSP 页面，如例 9-3 所示。

【例 9-3】scope.jsp

```
<style type="text/css">
    table{
        border: 1px solid gray;width:500px;
    }
    td{
        text-align: center;
    }
</style>
...
<%
pageContext.setAttribute("username","Charles");
request.setAttribute("sex", "男");
session.setAttribute("age", 35);
application.setAttribute("professional","college-teacher");
%>
```

```
<center>
    <h2>EL 表达式的使用</h2>
    <table>
        <tr>
            <th>姓名</th>
            <th>性别</th>
            <th>年龄</th>
            <th>职业</th>
        </tr>
        <tr>
            <td>${username}</td>
            <td>${sex}</td>
            <td>${age}</td>
            <td>${professional}</td>
        </tr>
        <tr>
            <td>${pageScope.username}</td>
            <td>${requestScope.sex}</td>
            <td>${sessionScope.age}</td>
            <td>${applicationScope.professional}</td>
        </tr>
    </table>
</center>
...
```

从上述代码可以看出，可以直接通过参数名访问作用域中的数据，如${username}，这种方式，EL 标签依序从 Page、Request、Session 和 Application 范围查找，也可以从直接作用域中取数据，如${pageScope.username}。

在浏览器地址栏中输入"http://localhost:8080/elJstlPro/scope.jsp"，运行结果如图 9-2 所示。

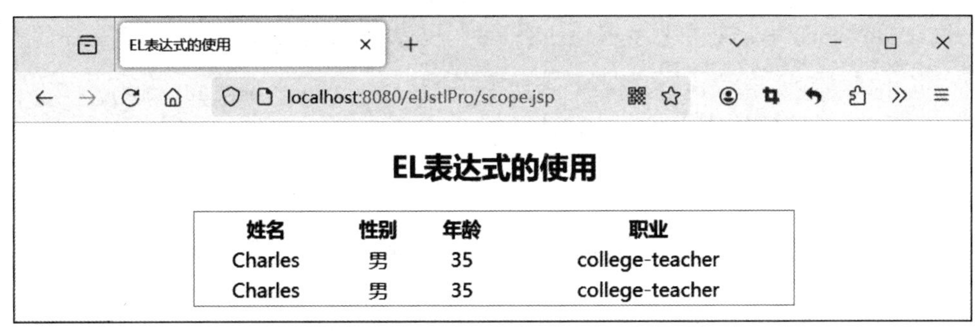

图 9-2 访问作用域数据的运行结果

2. 访问 JavaBean 中的属性和集合元素

在 JSP 表达式中，使用 EL 表达式访问 JavaBean 中的属性比较方便，EL 使用"."和"[]"操作符来访问数据，获取 JavaBean 中的属性值、数组中的元素和集合对象中的元素。使用 EL 获取 JavaBean 的属性值的语法如下：

```
${对象.属性}
```

或者

```
${对象["属性"]}
```

使用 EL 获取数组中的元素，语法如下：

```
${数组[下标]}
```

使用 EL 获取集合对象中的元素，语法如下：

```
${集合[下标].属性}
```

综合案例：使用 EL 表达式访问 JavaBean 中的属性。

具体步骤如下。

（1）创建包“com.swxy.pojo”，在该包下创建一个实体类 Users，如例 9-4 所示。

【例 9-4】Users.java

```
public class Users {
    private Integer userId;
    private String username;
    private String password;
    private String email;
    public Users(){}
    public Users(Integer userId,String username,String password,String email){
        this.userId=userId;
        this.username=username;
        this.password=password;
        this.email=email;
    }
    ...
}
```

（2）创建一个 Servlet，如例 9-5 所示。

【例 9-5】UsersServlet.java

```
@WebServlet("/UsersServlet")
public class UsersServlet extends HttpServlet {
    @Override
    protected void doGet(HttpServletRequest req, HttpServletResponse resp) throws
ServletException, IOException {
        Users user = new Users(1, "Charles","123456","charles@126.com");
        req.setAttribute("user", user);
        req.getRequestDispatcher("user.jsp").forward(req, resp);
    }
}
```

在上述代码中，setAttribute()方法表示将用户对象存入请求作用域，getRequestDispatcher()方法表示将请求转发给 user.jsp。

（3）创建一个 JSP 页面，如例 9-6 所示。

【例 9-6】user.jsp

```
...
<style type="text/css">
    table{
        border:1px solid gray;
        width:500px;
    }
    td{
        text-align: center;
    }
</style>
...
<center>
    <table>
        <tr>
```

```
                <th>用户编号</th>
                <th>用户名</th>
                <th>密码</th>
                <th>email</th>
            </tr>
            <tr>
                <td>${user.userId}</td>
                <td>${user.username}</td>
                <td>${user.password}</td>
                <td>${user.email}</td>
            </tr>
        </table>
</center>
...
```

（4）在浏览器地址栏中输入“http://localhost:8080/elJstlPro/UsersServlet”，运行结果如图 9-3 所示。

图 9-3 访问 JavaBean 属性的运行结果

访问集合对象中的元素将在 9.2 节详细介绍。

9.1.3 EL 运算符

EL 表达式中的运算符大致可以分为算术运算符、关系运算符、逻辑运算符和其他运算符等。

1. 算术运算符

EL 支持加、减、乘、除、取余运算符，如表 9-1 所示。

表 9-1 算术运算符

算术运算符	描述	示例	运算结果
+	加	${10+5}	15
-	减	${10-5}	5
*	乘	${10*5}	50
/（或 div）	除	${10/5}或者${10 div 5}	2
%（或 mod）	取余	${10%5}或者${10 mod 5}	0

2. 关系运算符

EL 中使用关系运算符来比较两个操作数的大小，运算结果为布尔类型。EL 表达式中有 6 个关系运算符，如表 9-2 所示。

表 9-2 关系运算符

关系运算符	描述	示例	运算结果
==（或 eq）	等于	${10==5} 或 ${10 eq 5}	false
!=（或 ne）	不等于	${10!=5} 或 ${10 ne 5}	true

续表

关系运算符	描述	示例	运算结果
<（或 lt）	小于	${10<5} 或 ${10 lt 5}	false
>（或 gt）	大于	${10>5} 或 ${10 gt 5}	true
<=（或 le）	小于或等于	${10<=5} 或 ${10 le 5}	false
>=（或 ge）	大于或等于	${10>=5} 或 ${10 ge 5}	true

3．逻辑运算符

EL 中使用逻辑运算符来对布尔表达式进行计算，运算结果为布尔类型。EL 表达式中有 3 个逻辑运算符，如表 9-3 所示。

表 9-3　逻辑运算符

<table>
<tr><th>逻辑运算符</th><th>描述</th><th>示例</th><th>运算结果</th></tr>
<tr><td>&&（或 and）</td><td>逻辑与</td><td>${true && false}或者${true and false}</td><td>false</td></tr>
<tr><td>||（或 or）</td><td>逻辑或</td><td>${true || false}或者${true or false}</td><td>true</td></tr>
<tr><td>!（或 not）</td><td>逻辑非</td><td>${!true}或者${not true}</td><td>false</td></tr>
</table>

4．其他运算符

在 EL 表达式中还有 empty 运算符、条件运算符等，如表 9-4 所示。

表 9-4　其他运算符

其他运算符	描述	示例	运算结果
empty 运算符	检测一个值是否为 null	${empty 变量}	变量不存在返回 true，否则返回 false
?:	条件运算符	${A?B:C}	A 为 true，返回 B，否则返回 C

9.1.4 EL 隐式对象

EL 隐式对象共 11 个，本小节只介绍几个常用的 EL 隐式对象。

1．与作用域相关的隐式对象

与作用域相关的隐式对象有 pageScope、requestScope、sessionScope 和 applicationScope，分别对应 JSP 隐含变量 page、request、session 和 application。具体应用见 9.1.2 小节示例。

2．与请求参数相关的隐式对象

与请求参数相关的隐式对象有 param 和 paramValues。param 可以取某一个参数，paramValues 可以取参数集合中的变量值，其等价于 JSP 中的 request.getParameter(String name)和 request.getParameterValues (String name)。获取数据的格式如下：

```
${EL 隐式对象.参数名}
```

综合案例：param 和 paramValues 的使用，创建页面 form.jsp、el.jsp，如例 9-7、例 9-8 所示。

在 form.jsp 页面的表单中输入数据，单击“提交”按钮后，数据提交到 el.jsp 页面，在 el.jsp 页面中获取表单数据，运行结果如图 9-4、图 9-5 所示。

【例 9-7】form.jsp

```
<form method="post" action="el.jsp">
    姓名：<input type="text" name="name"/><br/>
    爱好：<input type="checkbox" name="hobby" value="swimming">swimming
        <input type="checkbox" name="hobby" value="travel">travel
        <input type="checkbox" name="hobby" value="game">game  <br/>
        <input type="submit" value="提交">
</form>
```

【例 9-8】el.jsp

```
<body>
    姓名：${param.name}<br/>
    爱好：${paramValues.hobby[0]}  ${paramValues.hobby[1]}  ${paramValues.hobby[2]}
</body>
```

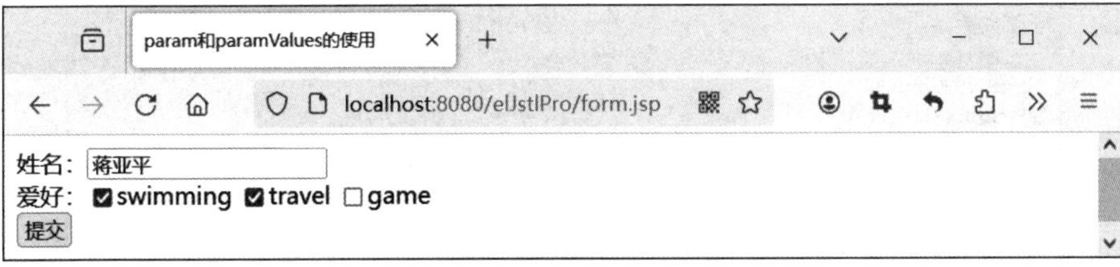

图 9-4　提交表单数据

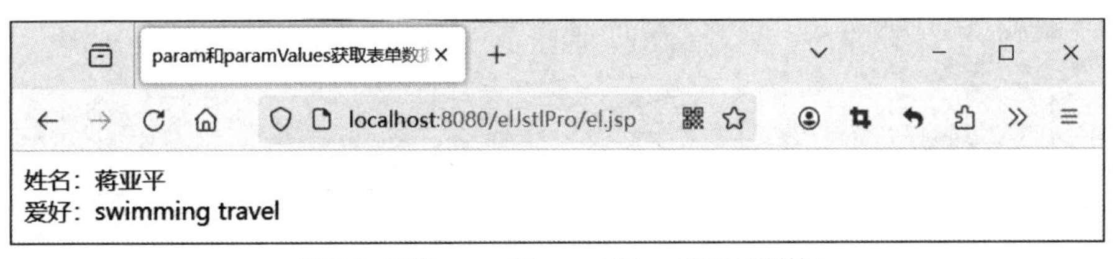

图 9-5　使用 param 和 paramValues 获取表单数据

9.2 JSTL 标签库

JSTL（Java Server Pages Standard Tag Library，JSP 标准标签库）是 Apache 对 EL 表达式的扩展。JSTL 是标签语言，可以嵌入 Java 代码到 HTML 中，使用标签的形式完成业务逻辑等功能，为页面设计人员和程序开发人员的分工协作提供了便利。

9.2.1 JSTL 标签概述和入门实例

1. JSTL 标签概述

JSTL 是一组比 HTML 标签更强大的功能标签。使用 JSTL 可以取代在传统 JSP 程序中嵌入 Java 代码的做法，大大提高了开发效率。使用 JSTL 标签具有以下优点。

（1）良好的可读性和可维护性。业务逻辑和界面分离，提高代码的可读性和可维护性。

（2）业务逻辑封装。将业务逻辑封装到 JSTL 中，方便代码重用，从而提高开发效率。

（3）简化开发过程。使用少量的 JSTL 代码，就可以完成需大量 Java 代码才能完成的功能。

2．一个入门实例

下面通过一个入门实例介绍 JSTL 标签库的基本使用，具体步骤如下。

（1）配置 JSTL。

① 在 tomcat-10.0.27 的“webapps\examples\WEB-INF\lib”目录下，复制 taglibs-standard-impl-1.2.5-migrated-0.0.1.jar 和 taglibs-standard-spec-1.2.5-migrated-0.0.1.jar 到 WEB-INF 的 lib 目录中，或者从本书提供的工具中复制 jakarta.servlet.jsp.jstl-2.0.0.jar 和 jakarta.servlet.jsp.jstl-api-2.0.0.jar 到 WEB-INF 的 lib 目录中。接着右击这两个 jar 包选择 Add as Library...，如图 9-6 所示。在弹出的窗口中单击“OK”按钮，如图 9-7 所示。

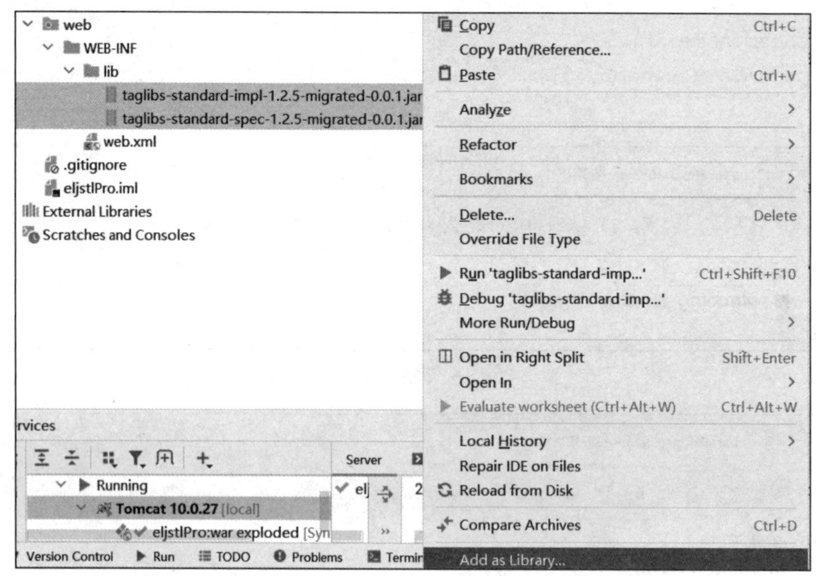

图 9-6　复制 JSTL 相关的 jar 包

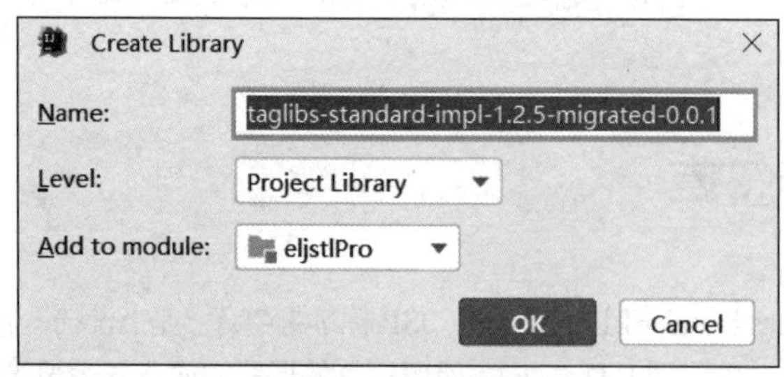

图 9-7　确认加入 jar 包

② 在 JSP 页面引入 JSTL 标签库。

引入 Core 标签库，prefix 是标签前缀，uri 是 JSTL 中 c.tld 文件声明的 uri 地址，如例 9-9 所示。

【例 9-9】引入 Core 标签库。

```
<%@ taglib prefix="c" uri="http://java.sun.com/jsp/jstl/core" %>
```

引入 Functions 标签库，如例 9-10 所示。

【例 9-10】引入 Functions 标签库。

```
<%@ taglib prefix="fn" uri="http://java.sun.com/jsp/jstl/functions" %>
```

（2）编写一个 JSP 页面，命名为 jstl.jsp，使用 Core 标签库和 Functions 标签库完成页面功能，如例 9-11 所示。

【例 9-11】jstl.jsp

```
<body>
    <c:out value="第一个 JSTL 案例">这里是默认值</c:out><br/>
    字符串"hello world!"以"he"开始吗? ${fn:startsWith("hello world!","he")}
</body>
```

在浏览器地址栏中输入“http://localhost:8080/elJstlPro/jstl.jsp”，运行结果如图 9-8 所示。

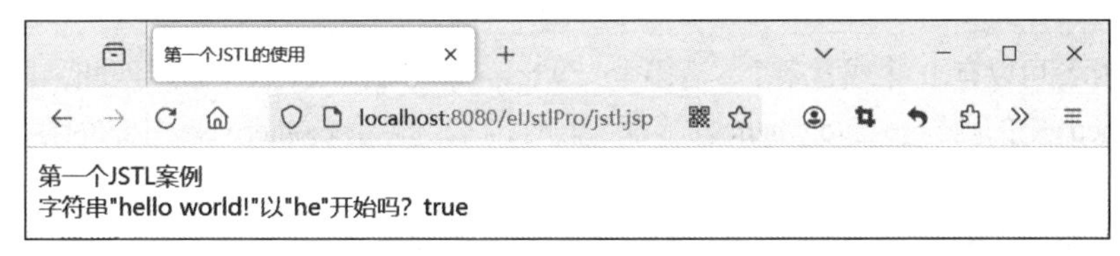

图 9-8　JSP 页面的运行结果

9.2.2　JSTL 的 Core 标签库

上一小节介绍了第一个入门程序，本小节将介绍 JSTL 的核心标签库 Core，并对 Core 标签库中常用的标签进行详细讲解。

1．<c:set>标签、<c:out>标签与<c:if>标签

<c:set>标签用于在某个范围中设定某个值，其语法如下：

```
<c:set value="表达式" var="名称" [scope="page|request|session|application"]></c:set>
```

scope 可以省略，默认值为 page。“|”表示“或者”的意思。

<c:out>标签用于输出表达式中的结果，等价于 JSP 中的“<%=表达式%>”，其语法如下：

```
<c:out value="表达式" [escapeXml="true|false"]></c:out>
```

escapeXml 可以省略，默认值为 true，可以将特殊字符进行转换，如将“>”转换为“>”等。

<c:if>标签用于条件判断，其语法如下：

```
<c:if test="判断条件" [var="page|request|session|application"]>
    条件为值时执行语句
</c:if>
```

综合案例：<c:set>、<c:out>和<c:if>标签的使用，如例 9-12 所示。

【例 9-12】core.jsp

```
<c:set value="${1+2}" var="result" scope="request"></c:set>
<c:out value="${result}" escapeXml="true"></c:out><br/>
<c:if test="${result > 2}" var="request">
    结果大于 2
</c:if>
```

例 9-12 输出结果如图 9-9 所示。

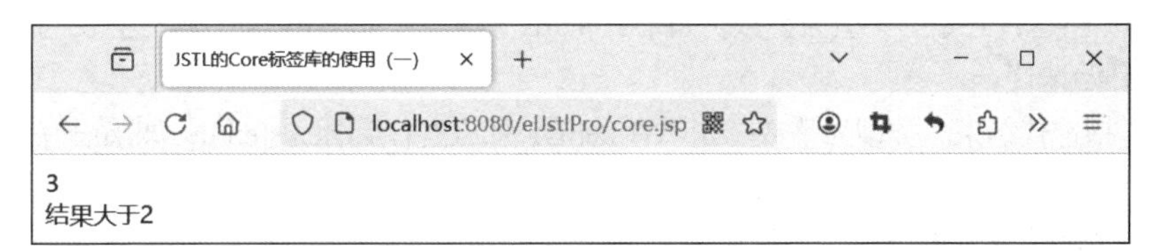

图 9-9　JSTL 的 Core 标签库的使用（一）

2．<c:choose>标签、<c:when>标签和<c:otherwise>标签

<c:choose>标签、<c:when>标签和<c:otherwise>标签是一组 JSTL 流程控制标签，其语法如下：

```
<c:choose>
    <c:when test="表达式 1">表达式 1 为真时执行的语句</c:when>
    <c:when test="表达式 2">表达式 2 为真时执行的语句</c:when>
    [<c:otherwise>表达式都为假时执行的语句</c:otherwise>]
</c:choose>
```

<c:when>标签可以有 0 个或者多个，有多个<c:when>标签时，从上往下进行匹配，只会执行条件最先为真的<c:when>中的内容。当<c:when>标签都为假时，才会执行<c:otherwise>中的内容。<c:otherwise>可以省略。

综合案例：<c:choose>标签的使用，如例 9-13 所示。

【例 9-13】choose.jsp

```
<c:set value="90" var="score"></c:set>
<c:choose>
    <c:when test="${score>=90}">优秀</c:when>
    <c:when test="${score>=80}">良好</c:when>
    <c:when test="${socre>=60}">及格</c:when>
    <c:otherwise>不及格</c:otherwise>
</c:choose>
```

例 9-13 中，首先使用<c:set>标签设置值，然后使用<c:choose>标签进行判断，匹配第一个<c:when>，输出结果为“优秀”，如图 9-10 所示。

图 9-10　JSTL 的 Core 标签库的使用（二）

3．<c:forEach>标签

<c:forEach>标签是核心标签中的迭代标签，它既可以进行固定次数的迭代输出，也可以依据迭代输出集合中的对象。它的功能类似于 Java 中的 for 循环语句，其语法如下：

```
<c:forEach items="要迭代的集合" var="变量名" begin="迭代初始值" end="迭代终值" step="迭代步长" varStatus="每个对象的状态">
    标签体
</c:forEach>
```

<c:forEach>标签属性含义如下。

（1）items：用来迭代的集合。可以是数组、Java 集合（List 和 Map）。

（2）var：用来存放当前迭代到的成员值。类型为 String。

（3）begin：指迭代开始。类型为整数。如果有 items，那么从 items[begin]开始迭代；如果没有 items，那么从 begin 开始迭代。

（4）end：指迭代结束。类型为整数。如果有 items，那么迭代到 items[end]；如果没有 items，那么迭代到 end。

（5）step：指迭代的步长。

（6）varStatus：存放当前迭代的索引号（index）、当前迭代的次数（count）、是否第一次迭代（first）和最后一次迭代的状态（last）。

接下来，通过 3 个综合案例讲解<c:forEach>标签的使用。

综合案例一：使用 JSTL 标签打印九九乘法表。

创建一个 JSP 页面，命名为 multiplicationTable.jsp，如例 9-14 所示。

【例 9-14】multiplicationTable.jsp

```
<body>
    <c:forEach var="i" begin="1" end="9" step="1">
        <c:forEach var="j" begin="1" end="${i}" step="1">
            ${i} * ${j} = ${ i * j}
        </c:forEach>
        <br/>
    </c:forEach>
</body>
```

在浏览器地址栏中输入“http://localhost:8080/elJstlPro/multiplicationTable.jsp”，运行结果如图 9-11 所示。

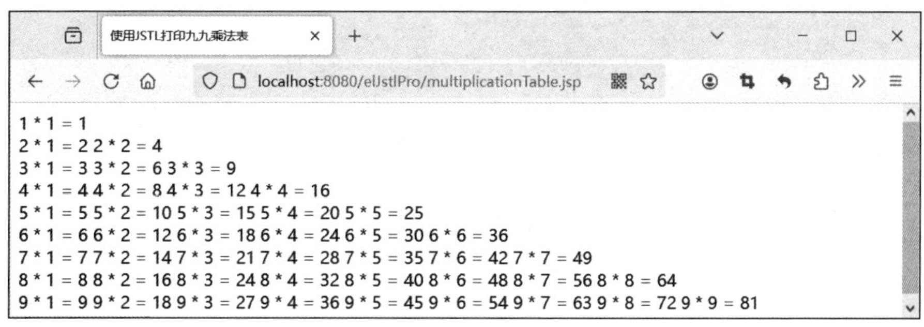

图 9-11　打印九九乘法表

综合案例二：使用 JSTL 标签输出数组中的元素。

创建一个 JSP 页面，命名为 array.jsp。定义一个 String 类型的数组，将数组放入 request 作用域，然后使用<c:forEach>标签遍历数组元素，如例 9-15 所示。

【例 9-15】array.jsp

```
<%
    String[] animals = {"dog","cat","tiger"};
    request.setAttribute("animals", animals);
%>
<c:forEach items="${animals}" var="animal">
    ${animal}<br/>
</c:forEach>
```

在浏览器地址栏中输入“http://localhost:8080/elJstlPro/array.jsp”，运行结果如图 9-12 所示。

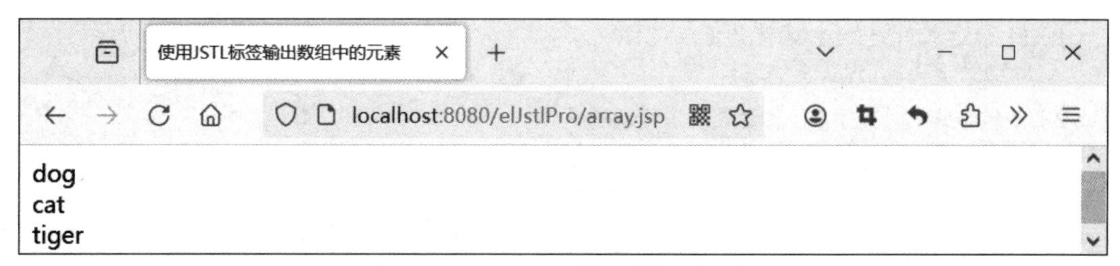

图 9-12　使用 JSTL 标签输出数组中的元素

综合案例三：使用 JSTL 标签输出集合中的元素。

创建一个 JSP 页面，命名为 list.jsp。定义一个 List 集合，将 List 集合放入 request 作用域，然后使用<c:forEach>标签遍历集合元素，如例 9-16 所示。

【例 9-16】 list.jsp

```
<%
    List<String> colors = new ArrayList<String>();//创建集合对象
    colors.add("red");//添加元素
    colors.add("green");
    colors.add("blue");
    request.setAttribute("colors", colors);//将集合放入请求作用域
%>
<c:forEach items="${colors}" var="color">
    ${color}<br/>
</c:forEach>
```

在浏览器地址栏中输入“http://localhost:8080/elJstlPro/list.jsp”，运行结果如图 9-13 所示。

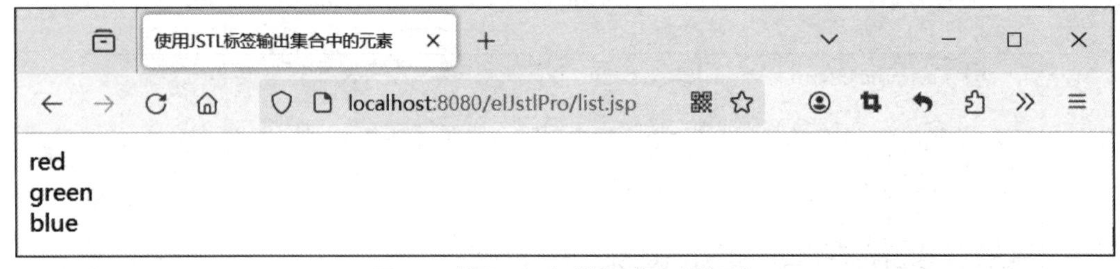

图 9-13　使用 JSTL 标签输出集合中的元素

9.3 本章小结

本章重点介绍了 EL 表达式的基本语法、运算符、常用隐式对象和 JSTL 的 Core 标签库。通过本章学习，读者能够掌握 EL 的基本语法，熟练掌握 EL 运算符和常用隐式对象，了解 JSTL 标签库。通过案例“打印九九乘法表、输出数组和集合中的元素”的学习，读者更能深刻理解 JSTL 中 Core 标签<c:forEach>的使用。

思考与练习

1．单选题

（1）EL 表达式${3>4?1:2}的值是（　　）。

A．2　　B．1　　C．3　　D．4

（2）下列选项中，关于 EL 表达式说法错误的是（　　）。

A．EL 表达式的主要用途是在 JSP 页面中提取数据

B．EL 表达式是一种用于在 Java Web 应用中访问和操作数据的简化表达式语言

C．EL 表达式必须与 JSTL 一起使用

D．EL 表达式提供一种简洁、灵活的方式来获取和设置变量、调用方法、访问数组和集合等操作

（3）下列选项中，用于遍历集合的标签是（　　）。

A. <c:out>　　B. <c:foreach>　　C. <c:set>　　D. <c:choose>

（4）下列选项中，关于 JSTL 说法错误的是（　　）。

A. 开发人员可以利用 JSTL 标签取代 JSP 页面上的 Java 代码

B. JSTL 标签是基于 JSP 页面的，这些标签可以插入在 JSP 代码中

C. JSTL 标签库的作用是减少 JSP 文件的 Java 代码

D. JSTL 标签可以用于文件名以.html 结尾的静态网页中

（5）下面选项中，流程控制标签不包含（　　）。

A. <c:choose>　　B. <c:when>　　C. <c:if>　　D. <c:out>

2. 编程题

使用 EL 表达式和 JSTL 标签库完成图书查询功能。图书首页如图 9-14 所示，可以查看图书列表，单击首页书籍时进入书的详情页面，如图 9-15 所示。

实现思路如下。

（1）创建数据库及图书表。

（2）设计首页（index.jsp）、详情页（detail.jsp）。

（3）编写代码实现图书查询功能。

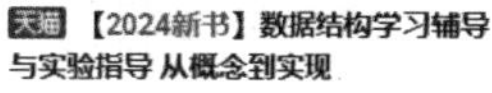

图 9-14　图书首页

图 9-15　图书详情

第10章 Ajax、jQuery和JSON技术

Ajax是一种用于创建快速动态网页的技术，在不重新加载整个网页的情况下，Ajax可以使网页实现异步更新。jQuery是JavaScript封装的一个类库，它致力于为JavaScript编程语言提供更丰富的框架，简化了Ajax调用和DOM操作。JSON是一种轻量级的数据交换格式，这种格式广泛应用于Web应用程序中的数据存储、数据交互。

本章首先介绍Ajax的概念、XMLHttpRequest对象的应用，然后通过案例介绍Ajax的使用，接着介绍jQuery的概念、选择器、事件、常用方法和使用jQuery实现Ajax请求，最后介绍JSON技术及其应用。

10.1 Ajax技术

早期，在Jesse James Garrett（杰西·詹姆斯·加勒特）的文章中提到Google Maps和Google Suggest两个应用，这两个应用都是异步调用服务器端来获取数据，并将数据应用到客户端，实现了无刷新的效果。此后，在2005年，Ajax被加勒特提出。Ajax是用来描述一种使用现有技术集合的“新”方法，包括HTML或XHTML、CSS、JavaScript、DOM、XML、XSLT，以及最重要的XMLHttpRequest。使用Ajax网页开发技术能够快速地将增量更新呈现在用户界面上，而不需要重载整个页面，这使得程序能够更快地回应用户的操作。

10.1.1 Ajax简介

学习Ajax之前需要了解Ajax的概念、交互方式和工作流程。本小节将介绍Ajax的概念、普通交互与Ajax交互方式的区别以及Ajax的工作流程。

1. 什么是Ajax

Ajax（Asynchronous JavaScript and XML，异步JavaScript和XML）是一种用JavaScript语言与服务器进行异步交互的网页开发技术，与服务器进行交换数据时，无须刷新整个页面。Ajax技术的核心操作是用XMLHttpRequest对象进行异步数据处理,主要利用JavaScript的XMLHttpRequest对象来传递用户界面上的数据到服务器并返回结果。Ajax的核心概念如下。

（1）异步数据处理。Ajax使用异步方式与服务器进行通信，服务器响应过程中，客户端可以继续处理其他任务，大大提高了用户体验和网站的响应速度。

（2）更新部分数据。Ajax只需要刷新部分需要的数据，不需要刷新整个页面。

（3）使用JavaScript实现。Ajax依赖JavaScript，使用XMLHttpRequest对象实现异步通信，通过DOM操作更新页面局部内容。

（4）使用 CSS 和 HTML 呈现。

2．普通交互方式与 Ajax 交互方式的区别

浏览器的普通交互方式与 Ajax 交互方式如图 10-1 所示。

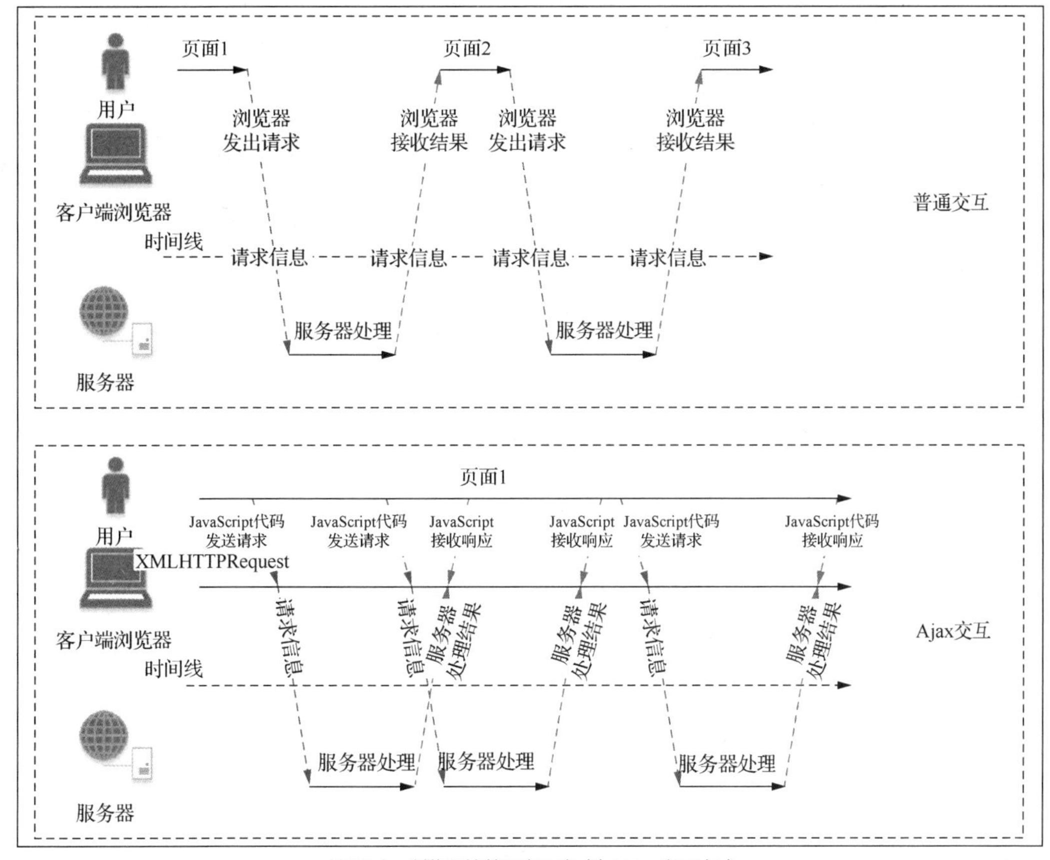

图 10-1 浏览器的普通交互方式与 Ajax 交互方式

普通交互方式：客户端使用表单、超链接发出请求；服务器响应一个完整的页面；客户端等待服务器完成响应并且重新加载整个页面之后，用户才能进行后续的操作。

Ajax 交互方式：Ajax 发送异步请求；服务器响应部分数据；客户端动态更新页面中的局部内容，不影响用户的其他操作。

3．Ajax 的工作流程

Ajax 的工作流程如图 10-2 所示。

从图 10-2 中可以看出，Ajax 的工作流程如下。

（1）浏览器客户端触发一个 Ajax 事件，如 onblur、onclick 等。

（2）创建 XMLHttpRequest 对象，调用 open()方法，设置 URL 和请求方式。

（3）向服务器发出请求，通过调用 send()方法发送数据到服务器。

（4）服务器访问数据库等。

（5）服务器响应数据到浏览器。服务器响应了数据，XMLHttpRequest 对象会触发 onreadystatechange 事件。

（6）调用回调函数，该函数不是立即执行，而是等待服务器响应数据后在客户端完成相关操作。

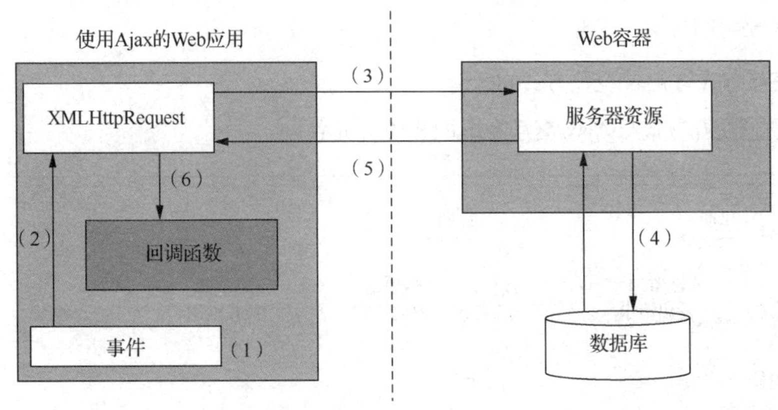

图 10-2 Ajax 的工作流程

10.1.2 XMLHttpRequest 对象的应用

1．XMLHttpRequest 对象的创建

不同版本的浏览器，以不同形式支持 XMLHttpRequest 的创建。IE7 及以上版本、Firefox、Chrome、Opera、Safari 浏览器支持 XMLHttpRequest 对象，老版本的 IE，如 IE5、IE6，使用 ActiveXObject 对象。创建 XMLHttpRequest 对象的方法，如例 10-1 所示。

【例 10-1】创建 XMLHttpRequest 对象。

```
function createXMLHttp(){
    var xmlhttp;
    if(window.XMLHttpRequest){//适合 IE7+、Firefox、Chrome、Opera、Safari 浏览器
        xmlhttp = new XMLHttpRequest();
    }else if(window.ActiveXObject){//适合 IE5、IE6 浏览器
        xmlhttp = new ActiveXObject("Microsoft.XMLHTTP");
    }
    return xmlhttp;
}
```

例 10-1 用于实例化 XMLHttpRequest 对象，在使用 XMLHttpRequest 对象之前需要将 XMLHttpRequest 对象实例化，因为各个浏览器实例化过程的实现不同，所以针对不同的浏览器实例化方式也是不同的。

2．XMLHttpRequest 对象的属性

XMLHttpRequest 对象的属性及其描述如表 10-1 所示。

表 10-1 XMLHttpRequest 对象的属性及其描述

属性	描述
onreadystatechange	状态改变时会触发这个事件处理器
readyState	对象状态值。例如，常用 4 表示数据接收完毕
status	服务器的 HTTP 状态码。例如，200 表示已就绪
statusText	HTTP 状态码的相应文本
responseText	服务器的响应，通常为一个字符串
responseXML	服务器的响应，通常为一个 XML

XMLHttpRequest 对象的属性详细说明如下。

（1）onreadystatechange 属性

onreadystatechange 属性是 readyState 属性值改变时的事件触发器，通常会调用一个函数，如例 10-2

所示。

【例 10-2】onreadystatechange 属性的使用。

```
xmlhttp.onreadystatechange = function(){//回调函数}
```

（2）readyState 属性

readyState 属性有 5 种就绪状态，如表 10-2 所示。

表 10-2 readyState 属性的 5 种就绪状态

状态值	描述
0	请求未初始化
1	请求已经建立，但是还没有发送，尚未调用 send()方法
2	请求已发送，正在处理中，已调用 send()方法
3	请求在处理中，响应中已有部分数据，但是服务器还没有完成响应的生成
4	响应已完成。此时可以通过 responseText 或者 responseXML 获取响应数据，开发中常用该值进行判断

（3）status 属性

status 属性代表当前 HTTP 请求的状态，其常用状态值如表 10-3 所示。

表 10-3 status 属性的常用状态值

状态值	描述	常用状态值
1xx	信息提示	100：初始的请求已经接收，客户端可以继续发送请求的其余部分
2xx	成功	200：一切正常
3xx	重定向	300：针对请求，服务器根据请求者选择一项操作，或提供操作列表供请求者选择
4xx	客户端错误	404：无法找到指定位置的资源
5xx	服务器端错误	500：服务器内部错误，不能完成客户的请求

（4）responseText 属性

通过 responseText 属性值可以获取服务器响应的文本数据，如例 10-3 所示。

【例 10-3】responseText 属性的使用。

```
//如果服务器响应已完成，并且就绪，那么通过 responseText 属性获取服务器响应的文本
if(xmlhttp.readyState == 4 && xmlhttp.status == 200){
    var responseText = xmlhttp.responseText;
    alert(responseText);
}
```

3. Ajax 向服务器发送请求

Ajax 可以使用 XMLHttpRequest 对象的 open()方法和 send()方法将请求发送到服务器，请求有以下两种方式。

（1）GET 请求

GET 请求方式的语法如下：

```
var url = "服务器资源的 URL";
xmlhttp.open("GET",url,true);
xmlhttp.send();
```

在上述语法中，open 方法的第一个参数表示请求方式；第二个参数表示目标服务器资源的 URL；第

三个参数表示是否异步处理请求，这里设置为 true，表示异步请求。send()方法将请求发送到服务器，当使用 GET 方式请求时，send()方法一般不需要带参数，传递给服务器的数据可以拼接在 URL 后面，如例 10-4 所示。

【例 10-4】GET 请求方式示例，其代码如下：

```
var url = "ajaxServlet?username=charles&password=123456";
xmlhttp.open("GET",url,true);
xmlhttp.send();
```

在上述代码中，第一行 url 中“？”前面的 ajaxServlet 表示请求路径；“？”后面的 username 和 password 表示请求的参数。

（2）POST 请求

POST 请求方式需要添加请求头，传递给服务器的数据作为 send()方法的参数，如例 10-5 所示。

【例 10-5】POST 请求方式示例，其代码如下：

```
var url = "ajaxServlet";
xmlhttp.open("POST",url,true);
xmlhttp.setRequestHeader("Content-type","application/x-www-form-urlencoded");
xmlhttp.send("username=charles&password=123456");
```

在上述代码中，setRequestHeader 方法用于设置请求头，即向即将发送的 HTTP 请求中添加自定义的头部信息。Content-type 表示请求和响应中的媒体类型信息，用来告诉服务器端如何处理请求的数据，以及告诉客户端如何解析响应的数据。Content-type 设置为"application/x-www-form-urlencoded"表示页面数据被编码为名称/值对，这是标准的编码格式。使用 POST 请求方式，请求参数通过 send()方法的参数传递给服务器。

4．Ajax 获得服务器响应

可以使用 XMLHttpRequest 对象的 responseText 或 responseXML 属性获得服务器响应数据，如例 10-6 所示。

【例 10-6】Ajax 获得服务器响应数据。

```
var responseText = xmlhttp.responseText;
```

onreadystatechange 属性指定每次状态改变所触发事件的事件处理函数。Ajax 获得服务器响应数据一般放在该事件处理函数中，如例 10-7 所示。

【例 10-7】onreadystatechange 属性的使用。

```
xmlhttp.onreadystatechange = function(){
    if(xmlhttp.readyState == 4 && xmlhttp.status == 200){
        var responseText = xmlhttp.responseText;
    }
}
```

10.1.3 应用案例：模拟用户名验证

在页面文本框中输入用户名，使用 Ajax 技术模拟验证用户名是否存在。本示例使用 POST 方式提交，与 GET 方式的不同之处已经用粗体标出。本示例服务器响应普通文本。

（1）创建一个 JSP 页面 checkUser.jsp，如例 10-8 所示。

【例 10-8】checkUser.jsp

```
<head>
    <title>验证用户名</title>
```

```
    <script>
        function createXMLHttp(){
            var xmlhttp;
            if(window.XMLHttpRequest){//适合 IE7+、Firefox、Chrome、Opera、Safari 浏览器
                xmlhttp = new XMLHttpRequest();
            }else if(window.ActiveXObject){//适合 IE5、IE6 浏览器
                xmlhttp = new ActiveXObject("Microsoft.XMLHTTP");
            }
            return xmlhttp;
        }
        function checkUser(){
            var xmlhttp = createXMLHttp();
            var username = document.getElementById("username").value;
            var url = "CheckUserServlet";//发送请求的地址
            xmlhttp.open("POST",url,true);//请求方式为 POST
            //设置请求头
            xmlhttp.setRequestHeader("Content-type","application/x-www-form-
urlencoded");
            xmlhttp.send("username="+username+"&tmp="+Math.random());//发送数据
            xmlhttp.onreadystatechange = function(){//回调函数
                if(xmlhttp.readyState == 4 && xmlhttp.status == 200){
                var responseText = xmlhttp.responseText;//获取服务器返回文本
                if(responseText.trim()=="exists"){//trim()方法用于去掉左右空格
                    alert("用户名已存在");
                }else{
                    alert("可以注册");
                }
            }
        }
    }
    </script>
</head>
<body>
    用户名：<input type="text" id="username" onblur="checkUser()"/>
</body>
```

如果使用 GET 方式提交，只需将用粗体标注的部分代码进行修改，修改后的代码如例 10-9 所示。

【例 10-9】使用 GET 方式提交。

```
var url = "CheckUserServlet?username="+username+"&tmp="+Math.random();
xmlhttp.open("GET",url,true);
xmlhttp.send();
```

注意

在浏览器中访问 URL 时，服务器发现与上次的 URL 一致，则会从缓存中读取之前的数据，而不能获取服务器最新的数据，因此在 URL 后面会添加一个随机数，这样每次读取的数据都是服务器响应的最新数据。

（2）创建 Serlvet，如例 10-10 所示。

【例 10-10】CheckUserServlet.java

```
@WebServlet("/CheckUserServlet")
public class CheckUserServlet extends HttpServlet {
    @Override
```

```
    protected void doGet(HttpServletRequest req, HttpServletResponse resp) throws
ServletException, IOException {
        resp.setContentType("text/html;charset=UTF-8");
        PrintWriter out = resp.getWriter();
        String username = req.getParameter("username");//获取客户端浏览器发送的用户名
        if("charles".equals(username)){//用户名为“charles”表示该用户名已存在
            out.println("exists");
        }else{
            out.println("not exists");
        }
        out.flush();
        out.close();
    }
    @Override
    protected void doPost(HttpServletRequest req, HttpServletResponse resp) throws
ServletException, IOException {
        doGet(req, resp);
    }
}
```

（3）在浏览器地址栏中输入“http://localhost:8080/ajaxjQueryPro/checkUser.jsp”，在文本框中输入“charles”时，弹出警告框显示“用户名已存在”，这表明案例“模拟用户名验证”已成功。

10.1.4 应用案例：模拟百度搜索功能

在文本框中输入一座城市的名称，然后通过 Ajax 技术显示城市的描述信息。本示例服务器响应 XML 格式的数据。

1．XML 文件

XML（Extensible Markup Language，可扩展标记语言）是一种允许用户对自己的标记语言进行定义的源语言。XML 是一种与 HTML 非常相似的标记语言，常用于存储和传输数据。XML 文件是包含 XML 数据的文件。XML 文件语法如下：

```
<?xml version="1.0" encoding="UTF-8" standalone="no"?>
<根标签>
    <子标签>数据</子标签>
    <子标签>数据</子标签>
</根标签>
```

XML 文件使用标签来定义数据的结构和内容，第一行必须是声明部分，version 表示“XML 版本”，encoding 表示“字符编码”。HTML 标签是固定的，而 XML 标签是自描述的，由尖括号包围，如“<name>”。标签可以包含属性，如<student id="1">。

XML 语法严格，不能够省略结束标签；XML 中只能有一个根标签；子标签中可以嵌套子标签；元素标签的名称可以包含字母、数字、下画线、连字符（-）和英文句点（.），只能以字母或者下画线开头，严格区分大小写。

2．应用案例实现步骤

（1）编写 Servlet，命名为 BaiduSearchServlet.java，如例 10-11 所示。

【例 10-11】BaiduSearchServlet.java

```
@WebServlet("/BaiduSearchServlet")
public class BaiduSearchServlet extends HttpServlet {
    @Override
```

```
    protected void doGet(HttpServletRequest req, HttpServletResponse resp) throws
ServletException, IOException {
        //获取城市名称
        String keywords = req.getParameter("keywords");
        //构建城市数据
        List<City> cities = new ArrayList<City>();
        cities.add(new City(1,"湖南长沙","国务院批复确定的长江中游地区重要的中心城市、长株潭都
市圈成员城市"));
        cities.add(new City(2,"湖南岳阳","位于湖南省东北部，北枕长江，南纳三湘四水，怀抱洞庭，
江湖交汇"));
        cities.add(new City(3,"广东深圳","国务院批复确定的经济特区、全国性经济中心城市和国家创
新型城市"));
        cities.add(new City(4,"浙江宁波","国家历史文化名城，距今4200年的夏朝堇子国，被认为是
宁波作为'邑城'的最早起源"));
        //将城市数据拼接成XML格式
        StringBuffer sb=new StringBuffer();
        sb.append("<cities>");
        for (City city : cities) {
            String name = city.getName();
//模糊匹配（关键字非空，并且是一座城市名称的一部分内容）
            if(keywords!="" && name.contains(keywords)) {
                String describe = city.getDescribe();
                sb.append("<city>");
                sb.append("<name>" + name + "</name>");
                sb.append("<describe>" + describe + "</describe>");
                sb.append("</city>");
            }
        }
        sb.append("</cities>");
        resp.setContentType("text/xml;charset=utf-8");//设置响应格式为text/xml
        PrintWriter out = resp.getWriter();
        out.print(sb.toString());
        out.flush();
        out.close();
    }
}
```

在上述代码中，构建了四座城市数据放在List集合中，根据页面传递过来的关键字进行模糊匹配，匹配成功的数据响应给客户端。

（2）编写网页baidu.html，如例10-12所示。

【例10-12】baidu.html

```
<head>
    <meta charset="UTF-8">
    <style type="text/css">
        #container{
            width:600px;
            margin: 0px auto;
            text-align: center;
        }
        ul{
            width:100%;
            height: 200px;
            list-style: none;
            text-align: left;
        }
        .keywords{
```

```
            width:500px;height:30px;font-size:14px;
        }
        .img{
            width:350px;height:100px
        }
    </style>
    <script>
        var xmlhttp ;
        //创建XMLHttpRequest对象
        function createXMLHttp(){
            var xmlhttp;
            if(window.XMLHttpRequest){//适合IE7+、Firefox、Chrome、Opera、Safari浏览器
                xmlhttp = new XMLHttpRequest();
            }else if(window.ActiveXObject){//适合IE5、IE6浏览器
                xmlhttp = new ActiveXObject("Microsoft.XMLHTTP");
            }
            return xmlhttp;
        }
        function search(element){
            xmlhttp = createXMLHttp();
            var keywords = element.value;//获取输入的关键字
            var url = "BaiduSearchServlet?keywords="+keywords+"&tmp="+Math.random();
            xmlhttp.open("GET",url,true);
            xmlhttp.send();
            xmlhttp.onreadystatechange = callback;
        }
        //回调函数
        function callback(){
            if(xmlhttp.readyState==4 &&
                xmlhttp.status==200){
                var xml=xmlhttp.responseXML;
                //获取服务器响应的XML文件中的city标签
                var cities=xml.getElementsByTagName("city");
                //获取页面中的ul标签，用来显示城市名称和城市描述信息
                var ul=document.getElementsByTagName("ul")[0];
                var len=ul.childNodes.length;
                //删除ul下所有的li标签
                for(var i=0;i<len;i++){
                    var li=ul.childNodes[0];
                    li.parentNode.removeChild(li);//移除li标签
                }
                //向ul中添加li标签
                for(var i=0;i<cities.length;i++){
                    var cname=cities[i].childNodes[0].firstChild.nodeValue;
                    var cdescribe=cities[i].childNodes[1].firstChild.nodeValue;
                    var li=document.createElement("li");//创建li标签
                    li.innerHTML=cname +" : " + cdescribe;
                    ul.appendChild(li);//向ul标签中追加li标签
                }
            }
        }
    </script>
</head>
<body>
    <div id="container">
        <img src="img/baidu.png" class="img"><br/>
        <input type="text" id="keywords" class="keywords" onkeyup="search(this)"/>
        <ul></ul>
```

```
    </div>
</body>
```

上述代码表示使用 Ajax 技术向服务器发送关键字，并将服务器响应的数据拼接到页面 ul 标签中。

（3）启动服务器，在浏览器地址栏中输入“http://localhost:8080/ajaxjQueryPro/baidu.html”，在文本框中输入关键字“湖南”时，效果如图 10-3 所示。在文本框中输入关键字“湖南长沙”时，效果如图 10-4 所示。

图 10-3　模拟百度搜索（1）

图 10-4　模拟百度搜索（2）

10.2 jQuery 技术

第 1 章学习了 JavaScript，JavaScript 用于在网页中实现交互和动态效果。本节将学习 jQuery 技术。jQuery 是 JavaScript 的框架，它提供了简便的函数接口，降低了开发难度，消除了 JavaScript 跨平台兼容问题，同时也支持 Ajax。

10.2.1 jQuery 简介

虽然 JavaScript 提供了比较友好的页面交互，但是对网页的美化程序还有不足，不能更加完美地呈现网页效果。为了更好地进行网页开发，JavaScript 框架——jQuery 应运而生。它凭借着强大的选择器、出色的 DOM 操作的封装、可靠的事件处理机制、完善的 Ajax、丰富的插件支持、出色的跨浏览器兼容性和链式操作方式，成为目前流行的 JavaScript 框架。

jQuery 是一个快速、简洁的 JavaScript 框架。它于 2006 年 1 月由 John Resig（约翰·莱西格）发布，其设计的宗旨是“Write Less,Do More”，即倡导写更少的代码，做更多的事情。jQuery 封装了 JavaScript

常用的功能代码，提供了一种简便的 JavaScript 设计模式，优化了 HTML 文档操作、事件处理、动画设计和 Ajax 交互。其核心特性包括独特的链式语法和短小清晰的多功能接口，高效灵活的 CSS 选择器，以及可对 CSS 选择器进行扩展。此外，jQuery 还拥有便捷的插件扩展机制和丰富的插件。

jQuery 简化了 JavaScript 和 Ajax 编程，能够使开发人员从设计和书写繁杂的 JavaScript 程序中解脱出来，将关注点转向功能需求，从而提高项目的开发速度。同时，它还解决了浏览器兼容性问题，提供了丰富的可定制化的 UI 组件和交互效果。

10.2.2 jQuery 选择器

jQuery 选择器是 jQuery 的核心功能之一。通过选择器可以更方便地获取页面中的元素。使用 jQuery 选择器选取元素后可以为元素添加样式，也可以为元素添加行为。

jQuery 选取 HTML 元素，并对选取元素执行操作的语法如下：

```
$(selector).action()
```

jQuery 核心函数$()：这是在 jQuery 中最常使用的方式，它可以接收的参数形式为：

```
$(selector,[context])
```

接收一个选择器，用这个选择器去匹配一组元素，在 context 范围内查找和 selector 匹配的元素，返回一个元素集合。

【例 10-13】查找所有 li 标签，而且这些 li 标签是 div 的子标签，其代码如下：

```
$("div > li");
```

jQuery 选择器分为基本选择器、层次选择器、属性选择器和过滤选择器 4 种。

1．基本选择器

jQuery 基本选择器与 CSS 基本选择器相同，是最常用的选择器，它通过元素 id、class、标签名等来选取 DOM 元素。基本选择器的名称、描述、返回值和示例如表 10-4 所示。

表 10-4　基本选择器的名称、描述、返回值和示例

选择器	名称	描述	返回值	示例
#id	ID 选择器	根据给定的 ID 匹配一个元素	单个元素	$("#my")选取 id 为 my 的元素
.class	类选择器	根据给定的类名匹配元素	元素集合	$(".my")选取 class 为 my 的所有元素
element	标签选择器	根据给定的标签匹配元素	元素集合	$("p")选取所有的 p 元素
*	全局选择器	匹配所有元素	元素集合	$("*")选择所有元素
selector1, ... selectorN	并集选择器	将每一个选择器匹配到的元素合并后一起返回	元素集合	$("div,p,.my")选取所有 div、p 标签、class 为 my 的一组元素
element.class element#id	交集选择器	匹配指定 class 或 id 的元素或元素集合	单个元素或元素集合	$("div#container")选取 id 为 container 的 div 元素

2．层次选择器

层次选择器可以通过 DOM 元素之间的层次关系来获取特定的元素，包括后代选择器、子选择器、相邻选择器、同辈选择器。层次选择器的名称、描述、返回值和示例如表 10-5 所示。

表 10-5 层次选择器的名称、描述、返回值和示例

选择器	名称	描述	返回值	示例
$("ancestor descendant")	后代选择器	选取给定祖先元素下匹配所有的后代元素	元素集合	$("div p")选取 div 元素里所有的 p 元素
$("parent > child")	子选择器	选取给定的父元素下匹配所有的子元素	元素集合	$("div > p")选取 div 元素下元素名为 p 的子元素
$("prev + next")	相邻选择器	选取紧接在 prev 元素后的 next 元素	元素集合	$("div + p")选取 div 元素的下一个 p 元素
$("prev ~ siblings")	同辈选择器	选取 prev 元素后的所有同辈元素	元素集合	$("div ~ p")选取 div 元素之后的所有同辈 p 元素

3．属性选择器

属性选择器是通过元素的属性来获取相应的元素。属性选择器的描述、返回值和示例如表 10-6 所示。

表 10-6 属性选择器的描述、返回值和示例

选择器	描述	返回值	示例
[attribute]	选取拥有此属性的元素	元素集合	$("div[id]")选取拥有属性 id 的 div 元素
[attribute=value]	选取属性值为 value 的元素	元素集合	$("div[id='container']")选取 id 为 container 的 div 元素
[attribute!=value]	选取属性值不等于 value 的元素	元素集合	$("div[id!='container']")选取 id 不等于 container 的 div 元素
[attribute^=value]	选取属性值以 value 开始的元素	元素集合	$("div[id^='hi']")选取 id 以"hi"开始的 div 元素
[attribute$=value]	选取属性值以 value 结束的元素	元素集合	$("div[id$='hi']")选取 id 以"hi"结束的 div 元素

4．过滤选择器

过滤选择器是通过特定的过滤规则来筛选出所需要的 DOM 元素，过滤规则与 CSS 中的伪类选择器类似，过滤选择器以冒号":"开头。过滤选择器分为基本过滤选择器、内容过滤选择器、可见性过滤选择器、子元素过滤选择器、表单过滤选择器和表单对象属性过滤选择器等。

（1）基本过滤选择器

基本过滤选择器的描述、返回值和示例如表 10-7 所示。

表 10-7 基本过滤选择器的描述、返回值和示例

选择器	描述	返回值	示例
:first	选取第一个元素	单个元素	$("li:first")选取所有 li 元素中第一个
:last	选取最后一个元素	单个元素	$("li:last")选取所有 li 元素中最后一个
:even	选取索引是偶数的所有元素，索引从 0 开始	元素集合	$("li:even")选取索引是偶数的 li 元素
:odd	选取索引是奇数的所有元素，索引从 0 开始	元素集合	$("li:odd")选取索引是奇数的 li 元素
:eq(index)	选取指定索引值的元素	单个元素	$("li:eq(1)")选取索引为 1 的 li 元素
:gt(index)	选取所有大于指定索引值的元素	元素集合	$("li:gt(1)")选取索引大于 1 的 li 元素
:lt(index)	选取所有小于指定索引值的元素	元素集合	$("li:lt(1)")选取索引小于 1 的 li 元素

（2）内容过滤选择器

内容过滤选择器的描述、返回值和示例如表 10-8 所示。

表 10-8　内容过滤选择器的描述、返回值和示例

选择器	描述	返回值	示例
:contains(text)	选取所有文本内容为 text 的元素	元素集合	$("div:contains('中国')")选取含有文本“中国”的 div 元素
:empty	选取不包含子元素或文本的空元素	元素集合	$("div:empty")选取不包含任何元素和内容的 div 元素
:has(selector)	选取含有选择器所匹配的元素	元素集合	$("div:has(p)")选取含有 p 元素的 div 元素
:parent	选取含有子元素或文本的元素	元素集合	$("div:parent")选取拥有子元素或文本的 div 元素

（3）可见性过滤选择器

可见性过滤选择器的描述、返回值和示例如表 10-9 所示。

表 10-9　可见性过滤选择器的描述、返回值和示例

选择器	描述	返回值	示例
:hidden	选取所有不可见的元素	元素集合	$(":hidden")选取所有不可见的元素。例如<input type="hidden">、<span style="display:none">、<div style="visibility:hidden"/>等元素
:visible	选取所有可见的元素	元素集合	$("#myid span:visible")选取 id 为 myid 的标签内所有可见的 span 标签

（4）子元素过滤选择器

子元素过滤选择器的描述、返回值和示例如表 10-10 所示。

表 10-10　子元素过滤选择器的描述、返回值和示例

选择器	描述	返回值	示例
:first-child	选取每一个父元素的第一个子元素	元素集合	$("ul li:first-child")选取每一个 ul 中第一个 li 元素
:last-child	选取每一个父元素的最后一个子元素	元素集合	$("ul li:last-child")选取每一个 ul 中最后一个 li 元素
:only-child	选取一个元素，这个元素的父元素只有唯一的子元素（这个子元素就是选取的元素）	元素集合	$("ul li:only-child")选取每一个 ul 中的唯一一个 li 元素
:nth-child(index/odd/even)	选取每一个父元素下的第 index 个子元素/奇/偶元素，下标从 1 开始	元素集合	$("ul li:nth(2)")选取每一个 ul 中下标为 2 的 li 元素

（5）表单过滤选择器

表单过滤选择器的描述和返回值如表 10-11 所示。

表 10-11　表单过滤选择器的描述和返回值

选择器	描述	返回值
:input	选取所有的<input>、<select>、<textarea>和<button>	元素集合
:text	选取所有的文本框	元素集合
:password	选取所有的密码框	元素集合

续表

选择器	描述	返回值
:checkbox	选取所有的多选框	元素集合
:radio	选取所有的单选框	元素集合
:submit	选取所有的提交按钮	元素集合
:reset	选取所有的重置按钮	元素集合
:button	选取所有的按钮	元素集合

（6）表单对象属性过滤选择器

表单对象属性过滤选择器的描述和返回值如表 10-12 所示。

表 10-12　表单对象属性过滤选择器的描述和返回值

选择器	描述	返回值
:enabled	选取所有属性为可用的表单元素	元素集合
:disabled	选取所有属性为不可用的表单元素	元素集合
:checked	选取所有被选中的表单元素	元素集合
:selected	选取所有被选中的 option 表单元素	元素集合

10.2.3 jQuery 事件

JavaScript 与 HTML 之间的交互是通过用户操作页面时引发的事件来处理的，语法比较复杂。jQuery 事件是对 JavaScript 事件的封装，使用比较简单。

加载事件在 Java Web 开发中比较常用。在 jQuery 中，当 DOM 加载完成后要执行的函数，等价于 JavaScript 的 onload 加载事件，如例 10-14 所示。

【例 10-14】加载事件。

```
$(document).ready(function(){
    //页面加载完成后执行的代码
    $("p.china").css("color","red");//将类名为 china 的 p 标签字体设置为红色
})
```

上述代码表示页面加载时将类名为 china 的 p 标签字体设置为红色。

1. jQuery 事件方法

常用的 jQuery 事件包括鼠标事件、键盘事件和表单事件。

（1）鼠标事件

鼠标事件是指当用户在网页上移动、单击或双击鼠标时产生的事件。鼠标常用事件的描述和执行时机如表 10-13 所示。

表 10-13　鼠标常用事件的描述和执行时机

方法	描述	执行时机
click(fn)	触发或将函数绑定到指定元素的 click 事件	单击鼠标时
dblclick(fn)	触发或将函数绑定到指定元素的 dblclick 事件	双击鼠标时
mouseover(fn)	触发或将函数绑定到指定元素的 mouseover 事件	鼠标移过时
mouseout(fn)	触发或将函数绑定到指定元素的 mouseout 事件	鼠标移出时

（2）键盘事件

用户按下或者释放键盘时会产生事件，键盘常用事件的描述和执行时机如表 10-14 所示。

表 10-14 键盘常用事件的描述和执行时机

方法	描述	执行时机
keypress(fn)	触发或将函数绑定到指定元素的 keypress 事件	产生可打印字符时
keydown(fn)	触发或将函数绑定到指定元素的 keydown 事件	按下按键时
keyup(fn)	触发或将函数绑定到指定元素的 keyup 事件	释放按键时

（3）表单事件

表单元素获得焦点时会触发 focus()事件，失去焦点时会触发 blur()事件，提交表单时会触发 submit()事件。表单常用事件的描述和执行时机如表 10-15 所示。

表 10-15 表单常用事件的描述和执行时机

方法	描述	执行时机
focus(fn)	触发或将函数绑定到指定元素的 focus 事件	获得焦点
blur(fn)	触发或将函数绑定到指定元素的 blur 事件	失去焦点
submit(fn)	触发或将函数绑定到指定元素的 submit 事件	提交表单时

2．jQuery 事件的绑定

on()方法在匹配元素上绑定一个或多个事件的事件处理函数。其语法如下：

```
$(selector).on(events,[selector],fn)
```

events：一个或者多个用空格分隔的事件类型，如“click”“blur”。

selector：元素的子元素选择器，可以省略。

fn：回调函数。

【例 10-15】当鼠标进入 div 标签时，使 div 标签中的文本变为红色，离开 div 标签时文本恢复成黑色。

完成本案例，div 标签需要绑定 mouseover、mouseout 事件，多个事件处理程序不同时的代码如下：

```
<!DOCTYPE html>
<html lang="en">
    <head>
        <meta charset="UTF-8">
        <title>mouseover、mouseout 事件的使用</title>
        <style type="text/css">
            .current{
                color:red;
            }
        </style>
        <script type="text/javascript" src="js/jQuery-3.7.1.min.js"></script>
        <script>
            $(document).ready(function (){
                $("div").on({
                    mouseover:function (){
                        $(this).addClass("current");
                    },
                    mouseout:function (){
                    $(this).removeClass("current");
                    }
                })
            })
```

```
        </script>
    </head>
    <body>
        <div>div 元素</div>
    </body>
</html>
```

在上述代码中，addClass()方法的作用是向被选中元素添加一个或多个类。该方法不会移除已存在的class 属性；removeClass()方法的作用是移除 class 属性。

【例 10-16】在例 10-15 中，事件处理程序相同时代码可以进行优化。优化后的代码如下：

```
<!DOCTYPE html>
<html lang="en">
    <head>
        <meta charset="UTF-8">
        <title>优化 mouseover、mouseout 事件</title>
        <style type="text/css">
            .current{
                color:red;
            }
        </style>
        <script type="text/javascript" src="js/jQuery-3.7.1.min.js"></script>
        <script>
            $(document).ready(function (){
                $("div").on("mouseover mouseout",function (){
                    $(this).toggleClass("current");
                })
            })
        </script>
    </head>
    <body>
        <div>div 元素</div>
    </body>
</html>
```

在上述代码中，jQuery 中的 toggleClass()方法用于在元素之间切换一个或多个类。如果存在 class 属性，那么移除 class 属性；如果不存在 class 属性，那么添加 class 属性。

3．jQuery 事件的解绑

off()方法可以移除通过 on()方法添加的事件处理程序，其语法如下：

```
$(selector).off([events],[fn])
```

【例 10-17】off()方法示例，其代码如下：

```
$("div").off() //解绑 div 元素的所有事件处理程序
$("div").off("mouseover mouseout") //解绑 div 元素的 mouseover 和 mouseout 事件
```

10.2.4 jQuery 常用方法

jQuery 常用方法如表 10-16 所示。

表 10-16 jQuery 常用方法

方法	描述
html()	获取或设置元素内容（包括 HTML 标记），等价于 JavaScript 中的 innerHTML 属性
text()	获取或设置元素文本内容，等价于 JavaScript 的 innerText 属性

续表

方法	描述
val()	获取或设置表单元素的值，等价于 JavaScript 的 value 属性
attr()	获取或设置标签的属性值
hide()	隐藏元素
removeAttr()	移除标签的属性
prop()	针对 selected、checked、disabled 等表单元素的属性，直接操作的就是布尔值 语法：$(selector).prop("属性名",值)。例如，$("p.china").prop("style","text-decoration:underline")
css()	用于获取和设置 CSS 属性值，设置 CSS 的语法：$(selector).css(name,value)

10.2.5 使用 jQuery 实现 Ajax 请求

jQuery 提供了$.ajax()、$.get()、$.post()等方法来实现 Ajax 请求。

Ajax 的 dataType 选项用于设置预期服务器返回的数据类型，如果不指定，jQuery 自动根据 HTTP 包中的 MIME 信息返回 responseXML 或 responseText，并作为回调函数参数传递。dataType 选项的值如表 10-17 所示。

表 10-17 dataType 选项的值

选项的值	描述
json	服务器返回 JSON 数据。例如，{"username":"charles","gender":"男","age":18}
xml	服务器返回 XML 文档
html	返回纯文本 HTML 信息
text	返回纯文本字符串
script	返回纯文本 JavaScript 代码。不会自动缓存结果，除非设置了“cache”参数
jsonp	返回 JSONP 格式

综合案例：使用 jQuery 实现 Ajax 请求。该案例的任务跟 10.1.3 小节的案例一样，实现用户名的验证，可以共用同一个 Servlet。

1．jQuery 的安装

读者可以访问 jQuery 官网下载 jQuery 相应版本，也可以从本书配套软件资源中获取文件“jQuery-3.7.1.min.js”。以 min.js 结束的文件是压缩后的 jQuery 类库，压缩（minified）版本文件容量比较小，可以提高网页的加载速度，常用在生产环境中。jQuery 下载页面如图 10-5 所示。

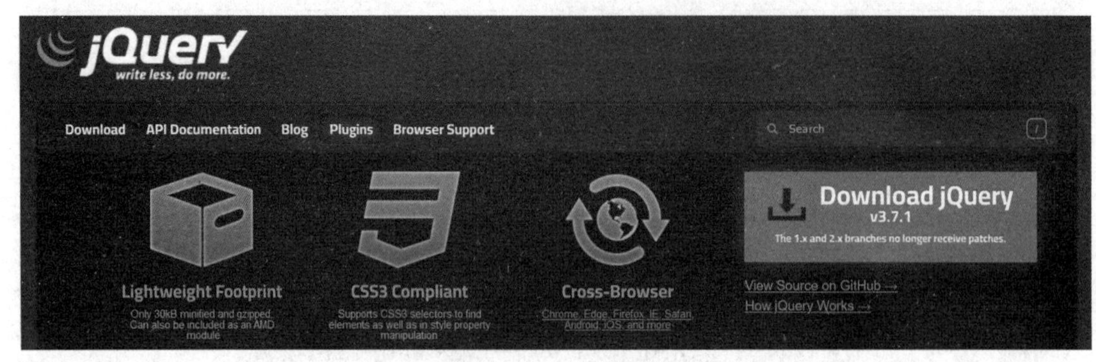

图 10-5 jQuery 下载页面

下载好 jQuery 后，在页面中就可以引入使用，如例 10-18 所示。

【例 10-18】在页面中引入 jQuery。

```
<script type="text/javascript" src="js/jQuery-3.7.1.min.js"></script>
```

2. 使用 jQuery 实现 Ajax 请求

编写页面 checkUserJQuery.jsp，如例 10-19 所示。

【例 10-19】checkUserJQuery.jsp

```
<head>
    <title>验证用户名</title>
    <script type="text/javascript" src="js/jQuery-3.7.1.min.js"></script>
</head>
<body>
    <script>
    $(document).ready(function(){//加载事件
        $("#username").blur(function (){//文本框失去焦点时触发的函数
            var username = document.getElementById("username").value;//获取用户名
            $.ajax({
                url:"CheckUserServlet",//发送请求的地址
                type:"POST",//请求方式，默认为 GET
                data:{"username":username},//发送给服务器的数据
                dataType:'text',//如果不设置 datType，则默认当成字符串处理
                //请求成功后调用的回调函数，参数 data 为服务器返回的数据
                success:function (data){
                     alert(data);
                },
                //请求失败后调用的函数
                error:function (){
                    alert("无法连接到服务器或者处理错误");
                }
            })
        })
    })
     </script>
     用户名：<input type="text" id="username" onblur="checkUser()"/>
    </body>
```

上述代码使用 jQuery 技术验证用户名是否存在，本示例使用的是 ajax()方法。如果使用 get()方法实现用户验证，则只需修改部分代码，如例 10-20 所示。

【例 10-20】jQuery 的 get()方法的使用。

```
$("#username").blur(function (){
    var username = document.getElementById("username").value;
    $.get("CheckUserServlet",{"username":username},function (data){//使用 GET 方式发送
请求
        alert(data);
     },"text");
})
```

如果使用 POST 方式发送请求，则只需将上述代码中的$.get 改成$.post 即可。

在上述代码中，CheckUserServlet.java 代码可以参照 10.1.3 小节。

在浏览器地址栏中输入“http://localhost:8080/ajaxjQueryPro/checkUserJQuery.jsp”，在文本框中输入“charles”，弹出“exists”表示测试成功。

10.3 JSON 技术

在 Web 应用程序中经常会进行数据交换，JSON 是当前最常用的数据传输格式之一。JSON 是 JavaScript 对象表示法，是存储和交换文本信息的语法，数据格式简单易用，方便阅读，也比较适合 Ajax 传输数据。

10.3.1 JSON 简介

JSON（JavaScript Object Notation, JS 对象标记法）是一种轻量级的数据交换格式。它基于 ECMAScript（European Computer Manufacturers Association, 欧洲计算机协会制定的 JS 规范）的一个子集，采用完全独立于编程语言的文本格式来存储和表示数据。简洁和清晰的层次结构使得 JSON 成为理想的数据交换语言，它易于人阅读和编写，同时也易于机器解析和生成，并能有效地提升网络传输效率。JSON 是通过 JavaScript 对象标记法书写的文本，是 Ajax 发送和接收数据的一种格式。

10.3.2 JSON 基础语法和常用方法

1. JSON 基础语法

定义 JSON 变量的语法如下：

```
var 变量名 = {"key1":value1,"key2":value2};
```

【例 10-21】对象形式 JSON 示例，其代码如下：

```
var user =
{
   "id":1,
   "name":"Charles",
   "gender":"male",
   "age":30
}
```

【例 10-22】数组形式 JSON 示例，其代码如下：

```
var users =[
    {
       "id":1,
       "name":"Charles",
       "gender":"male",
       "age":30
    },
    {
       "id":2,
       "name":"Jack",
       "gender":"male",
       "age":20
    }
];
```

JSON 语法规则如下。

（1）数组使用方括号“[]”表示，每个数组由多个值组成，值之间用“,”分隔，数组可以包含多个对象或者其他数组。

（2）对象使用大括号“{}”表示，每个对象由多个键值对组成，键值对之间用“,”分隔，对象之间也是用“,”分隔。

（3）JSON 数据是由键值对组成的。每个键值对包含一个键和一个值，键和值之间使用冒号“:”隔开。

（4）名称使用双引号，值支持字符串（双引号中）、数值（整数或浮点数）、布尔值（true 或 false）、对象（大括号中）、数组（方括号中）和 null 共 6 种数据类型。

（5）并列的数据之间使用“,”分隔。

（6）使用“\”转义字符。

JSON 语法简单，易于理解；JSON 广泛应用于 Web 开发中，用于服务器与客户端之间的数据交换、API 接口数据传输；JSON 的数据格式轻量级，传输数据时占用带宽较小，可以提高数据传输速度。多种编程语言提供了多种 JSON 解析和生成的库，如 Jackson、Gson、FastJson 等，使用这些库使开发人员可以更加方便地处理 JSON 数据。

2. JSON 常用方法

（1）将 JS 对象转为 JSON 字符串，如例 10-23 所示。

【例 10-23】将 JS 对象转为 JSON 字符串，其代码如下：

```
var jsonStr = JSON.stringify(user);
```

（2）将 JSON 字符串转为 JS 对象，如例 10-24 所示。

【例 10-24】将 JSON 字符串转为 JS 对象，其代码如下：

```
 var jsObject = JSON.parse(jsonStr);
```

10.3.3 应用案例：使用 jQuery Ajax 获取 JSON 数据

本案例从 student.xml 文件中读取学生信息，在 Servlet 中将 List 集合转换为 JSON 格式，随后响应给客户端。客户端使用 jQuery Ajax 获取服务器返回的 JSON 数据。

具体步骤如下。

（1）导入 gson-2.10.1.jar 包。

GSON 是 Google 提供的用来在 Java 对象和 JSON 数据之间进行映射的 Java 类库，可以将一个 JSON 字符串转成一个 Java 对象，也可以将一个 Java 对象转化为 JSON 字符串。

【例 10-25】将 Java 转化为 JSON 字符串示例，其代码如下：

```
Gson gson = new Gson();
out.println(gson.toJson(对象));//将对象转化为 JSON 字符串，并响应到客户端
```

（2）在“WEB-INF/config”目录下创建 student.xml 文件，如例 10-26 所示。

【例 10-26】student.xml

```
<?xml version="1.0" encoding="UTF-8" standalone="no"?>
<students>
    <student id="1">
        <name>kitty</name>
        <email>kitty@sina.com</email>
    </student>
    <student id="2">
        <name>ross</name>
        <email>ross@126.com</email>
```

```
    </student>
    <student id="3">
        <name>jack</name>
        <email>jack@126.com</email>
    </student>
</students>
```

在上述代码中，定义了 3 名学生信息。

（3）在包“com.swxy.pojo”下创建实体类 Student，如例 10-27 所示。

【例 10-27】Student.java

```
public class Student {
    private int sid;
    private String name;
    private String email;
    public Student(){}
    public Student(int sid, String name, String email) {
        super();
        this.sid = sid;
        this.name = name;
        this.email = email;
    }
    //省略 get 和 set 方法
}
```

在上述代码中，Student 类包含学号（sid）、姓名（name）、邮箱（email）3 个成员变量，并使用构造方法给 3 个成员变量赋值。

（4）在包“com.swxy.dao”下创建 XMLDao，用于读取 XML 文件，如例 10-28 所示。

【例 10-28】XMLDao.java

```
public class XMLDao {
    public XMLDao(String path){
        this.path=path;
    }
    private String path;//XML 文件的目录
    //查询所有学生
    public List<Student> query() throws ParserConfigurationException, SAXException,
IOException{
        List<Student> stus=new ArrayList<Student>();
        Document doc = this.readXML();
        NodeList nodes = doc.getElementsByTagName("student");//获取所有 student 节点
        for (int i = 0; i < nodes.getLength(); i++) {//遍历所有 student 节点
            Element ele = (Element) nodes.item(i);//获取学生节点
            String id = ele.getAttribute("id");//获取学号
            Element nameEle = (Element) ele.getElementsByTagName("name").item(0);
            Element emailEle = (Element) ele.getElementsByTagName("email").item(0);
            String name = nameEle.getTextContent();//获取姓名
            String email = emailEle.getTextContent();//获取 email
            Student student=new Student(Integer.parseInt(id), name,email);//构建学生对象
            stus.add(student);//将学生对象添加到集合中
        }
        return stus;
    }
    //读取 xml 文件
    public Document readXML() throws ParserConfigurationException, SAXException,
IOException{
```

```
        //DocumentBuilderFactory 是一个抽象工厂类
        DocumentBuilderFactory dbf=DocumentBuilderFactory.newInstance();
        //创建解析器类 DocumentBuilder
        DocumentBuilder db = dbf.newDocumentBuilder();
        //创建 FileInputStream 对象
        InputStream is = new FileInputStream(path);
        //解析 XML 文档，得到代表整个文档的 Document 对象
        Document doc = db.parse(is);
        return doc;
    }
}
```

在上述代码中，使用构造方法 XMLDao(String path)将 XML 文件路径传递进来，readXML()方法用来读取 XML 文件，返回 Document 类型的数据，query()方法用来遍历 XML 文件中的学生信息，并放入 List 集合供 Servlet 使用。

（5）在包“com.swxy.servlet”下创建 StudentQueryServlet，如例 10-29 所示。

【例 10-29】StudentQueryServlet.java

```
@WebServlet("/StudentQueryServlet")
public class StudentQueryServlet extends HttpServlet {
    @Override
    protected void doGet(HttpServletRequest req, HttpServletResponse resp) throws
ServletException, IOException {
        PrintWriter out = resp.getWriter();
        //获取当前项目的 webapp 路径
        String webAppPath = req.getSession().getServletContext().getRealPath("/");
        //构造 XML 的相对路径
        String relativePath = "WEB-INF/config/student.xml";
        XMLDao xmlDao=new XMLDao(webAppPath + relativePath);
        try {
            List<Student> students = xmlDao.query();//读取 XML 文件
            Gson gson = new Gson();
            out.println(gson.toJson(students));
            out.flush();
            out.close();
        } catch (Exception e) {
            e.printStackTrace();
        }
    }
}
```

在上述代码中，首先获取 XML 文件位置，然后调用 XMLDao 类的 query()方法读取学生信息，最后将 Gson 转换后的数据响应给客户端。

（6）创建网页 list.html，如例 10-30 所示。

【例 10-30】list.html

```
<!DOCTYPE html>
<html lang="en">
<head>
    <meta charset="UTF-8">
    <title>使用 jQuery Ajax 获取 JSON 数据</title>
    <style type="text/css">
        table{
            width:450px;
            border:1px solid gray;
            border-collapse: collapse;
        }
```

```
        th,td{
            border:1px solid gray;
            text-align: center;
        }
    </style>
    <script type="text/javascript" src="js/jQuery-3.7.1.min.js"></script>
</head>
<body>
    <script>
        $(document).ready(function (){
            $.ajax({
                url:"StudentQueryServlet",
                type:"GET",
                dataType:"json",//指定服务器返回 JSON 格式的数据
                success:function (data){
                     $.each(data,function (index,student){
                          $("table").append("<tr><td>"+student.sid+"</td><td>"+
                               student.name+"</td><td>"+student.email+"</td></tr>");
                     });
                },
                error:function (){
                alert("无法连接到服务器或者处理错误");
                }
            })
        })
    </script>
    <table>
        <tr>
            <th>学号</th><th>姓名</th><th>Email</th>
        </tr>
    </table>
</body>
</html>
```

在上述代码中，使用 jQuery 的 ajax()函数向服务器发送请求，将响应回的数据显示到页面中。

（7）在浏览器地址栏中输入“http://localhost:8080/ajaxjQueryPro/list.html”，效果如图 10-6 所示。

使用jQuery Ajax获取JSON数据

localhost:8080/ajaxjQueryPro/list.html

学号	姓名	Email
1	kitty	kitty@sina.com
2	ross	ross@126.com
3	jack	jack@126.com

图 10-6　学生信息列表

10.4 本章小结

本章重点介绍了 XMLHttpRequest 对象的应用，jQuery 的选择器、事件、常用方法，以及 JSON 技术。通过案例“模拟验证用户名”和“模拟百度搜索”介绍了 Ajax 的使用。通过介绍用 jQuery 实现 Ajax 请求的应用案例“使用 jQuery Ajax 获取 JSON 数据”，使读者体会到 jQuery 的设计宗旨“Write Less,Do More”

和 JSON 用于 Web 前后端交互的便利。

思考与练习

1. 单选题

（1）Ajax 的全称是（　　）。

A. Asynchronous JSON and XML　　B. Asynchronous JavaScript XML

C. Asynchronous JavaScript and XML　　D. Asynchronous JSON and XHTML

（2）Ajax 成功接收到数据后，以下选项中用于获取 XML 数据的是（　　）。

A. responseXML　　B. responseText　　C. getXML　　D. getText

（3）在 Ajax 请求中，预期服务器返回的数据类型不包括（　　）。

A. xml　　B. img　　C. json　　D. jsonp

（4）在 Ajax 请求中，服务器响应 JSON 格式的数据时，Content-Type 应该设置为（　　）。

A. application/x-www-form-urlencoded　　B. multipart/form-data

C. text/xml　　D. application/json

（5）以下选项中，（　　）触发时会调用回调函数。

A. onreadystatechange 事件　　B. onload 事件

C. onclick 事件　　D. onmouseover 事件

（6）Ajax 请求成功后被调用的回调函数是（　　）。

A. success()方法　　B. error()方法

C. complete()方法　　D. beforeSend()方法

（7）$(".login")的作用是（　　）。

A. 选择 ID 为 login 的元素　　B. 选择所有 class 为 login 的元素

C. 选择 name 为 login 的元素　　D. 选择标签名为 login 的元素

（8）$("div p")的作用是（　　）。

A. 选取所有 div 元素下的所有 p 元素

B. 选取所有 div 元素中紧跟着的 p 元素

C. 选取所有 div 元素的第一个 p 元素

D. 选取所有 div 元素的最后一个 p 元素

（9）jQuery 实现 Ajax 有多种方法，下列选项中不包括（　　）。

A. $.get　　B. $.post　　C. $.ajax　　D. $.getxml

（10）在 jQuery 中，关于 css()方法的写法正确的是（　　）。

A. css("color","#aaa")　　B. css(color:#aaa)　　C. css("#aaa","color")　　D. css(color,#aaa)

2. 简答题

（1）试述 jQuery 的美元符号$的作用。

（2）试述 jQuery 中$.get()提交和$.post()提交有哪些区别。

3. 编程题

使用 Ajax 技术实现京东搜索下拉框自动提示效果。例如，在文本框中输入关键字“大数据技术”后，可以通过 Ajax 异步无刷新技术，使用数据库模糊查询功能检索相关记录，将检索记录以下拉框方式显示出来，效果如图 10-7 所示。

实现思路如下。

（1）创建数据库和书籍表，并编写模糊查询语句（根据书籍名称、作者、出版年份等信息）。

（2）使用 Ajax 技术实现下拉框自动提示效果。

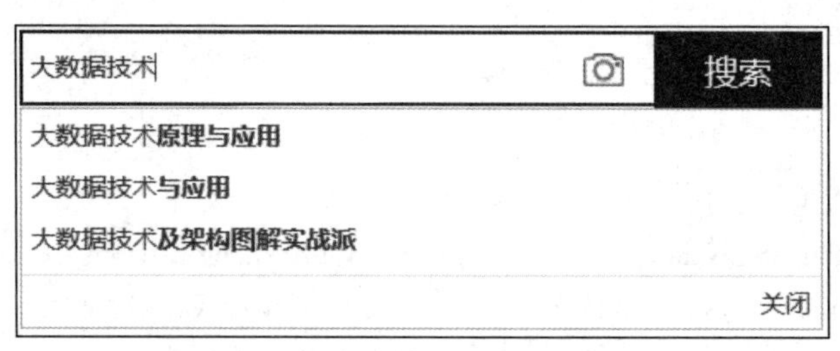

图 10-7　京东搜索下拉框自动提示效果

第四篇

流行框架篇

第11章 Vue框架

Vue是一套用于构建用户界面的MVVM框架。它基于标准HTML、CSS和JavaScript构建，并提供了一套声明式的、组件化的编程模型。Vue 的核心库只关注视图层，容易上手，方便与第三方库整合。Vue能够为复杂的单页应用提供驱动，用户体验好。

本章首先介绍Vue的概念、生命周期，接着介绍Axios的使用，最后介绍Element-UI常见组件和路由的使用。每一个知识点都有对应的案例，读者可以轻松地理解相关知识。

11.1 Vue技术

在Web开发中，使用框架技术可以提高开发效率、代码质量，并简化开发流程，提高软件的可靠性。JavaScript框架包括React.js、Vue.js、Angular.js、Aurelia.js、Backbone.js和Polymer.js等，本节将学习当前流行的Vue框架技术。第1章学习了JavaScript技术，本节学习的Vue与原生JavaScript相比，它提供了更加简洁和高效的开发方式。Vue通过数据驱动视图的方式，实现了自动的DOM更新和事件处理，大大减轻了开发者的负担。

11.1.1 Vue入门及应用

1．什么是Vue

Vue是一套前端框架，免除原生JavaScript中的DOM操作，简化书写。Vue基于MVVM（Model-View-ViewModel）思想，实现数据的双向绑定，将编程的关注点放在数据上。MVVM模式有助于将应用程序的业务和表示逻辑与用户界面（UI）清晰分离。保持应用程序逻辑和UI之间的清晰分离有助于解决许多开发问题，并使应用程序更易于测试、维护和演变。MVVM模型如图11-1所示。

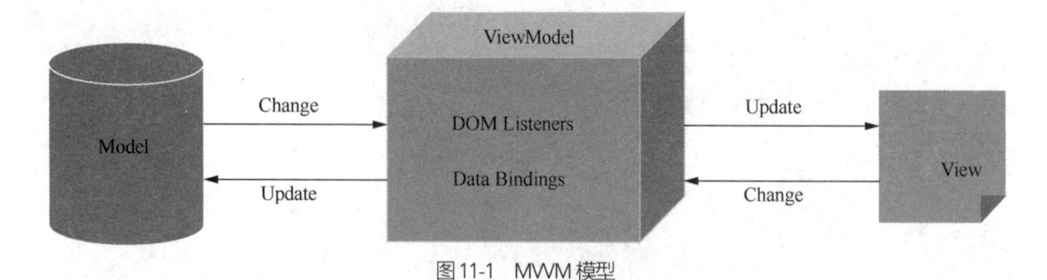

图11-1 MVVM模型

模型数据访问层（Model）：是指数据模型，也就是Vue中的data数据，需要从数据库或者一些数据介质中读取出来。

视图（View）：直接面向最终用户的“视图层”，它是提供给用户的操作界面。前端主要由 HTML 和 CSS 来构建，为了更方便地展现 ViewModel 或者 Model 层的数据，已经产生了各种各样的前后端模板语言，如 artTemplate 等。

视图模型层（ViewModel）：视图模型层是整个 MVVM 的核心，连接 Model 和 View，实现数据和页面双向绑定。

2. Vue 快速入门

下面通过一个入门实例介绍 Vue 的使用。

案例：创建一个 Vue 实例，并访问 Vue 中的 data 数据。

具体步骤如下。

（1）新建 HTML 页面，引入 vue.js 文件，如例 11-1 所示。

【例 11-1】引入 vue.js，其代码如下：

```
<script src="js/vue.js"></script>
```

（2）在 JS 代码区域，创建 Vue 核心对象，定义数据模型，如例 11-2 所示。

【例 11-2】定义数据模型，其代码如下：

```
<script>
    new Vue({
        el:"#app",
        data:{
            message:"Hello Vue!"
        }
    })
</script>
```

（3）编写视图，如例 11-3 所示。

【例 11-3】编写视图，其代码如下：

```
<div id="app">
 {{ message }}
    <input type="text" v-model="message">
</div>
```

例 11-3 中的{{message}}是插值表达式。插值表达式是 Vue 中实现数据渲染到页面的方式，不用进行 DOM 操作就可以直接从模型数据访问层读取数据并进行展示。

插值表达式的语法如下：

```
{{表达式}}
```

表达式包括变量、三元运算符、函数调用和算术运算。

3. Vue 常用指令

Vue 指令是 HTML 标签上带有 v-前缀的特殊属性，常用指令如表 11-1 所示。

表 11-1　Vue 常用指令

指令	作用
v-bind	为 HTML 标签绑定属性，如设置 href 等
v-model	在表单元素上创建双向数据绑定
v-on	为 HTML 标签绑定事件
v-if、v-else-if、v-else	条件性地渲染某元素，判定为 true 时渲染，否则不渲染

续表

指令	作用
v-show	根据条件展示某元素，区别在于切换的是 display 属性的值
v-for	列表渲染，遍历容器的元素或者对象的属性

Vue 常用指令示例如例 11-4 所示。

【例 11-4】Vue 常用指令示例，其代码如下：

```
<div id="app">
    <a v-bind:href="url">新浪</a>
    <a :href="url">新浪</a>
    <input type="text" v-model="url">
    <input type="button" value="单击事件" v-on:click="handle()">
    <input type="button" value="单击事件" @click="handle()">
    成绩{{score}},经判定为:
    <span v-if="score>=85">优秀</span>
    <span v-else-if="score>=75">良好</span>
    <span v-else>及格</span>
    成绩{{score}},经判定为:
    <span v-show="score>=85">优秀</span>
    <div v-for="(name,index) in names">{{index+1}} {{name}}</div>
</div>
<script src="js/vue.js"></script>
<script>
    new Vue({
        el:"#app",
        data:{
            url:"http://www.sina.com",
            score:90,
            names:["Charles","Jack","Mia"]
        },
        methods: {
            handle:function(){
                alert("触发单击事件");
            }
        },
    })
</script>
```

注意

"v-bind:" 可以缩写为 ":"，通过 v-bind 或者 v-model 绑定的变量，必须在数据模型中声明。

4. Vue 生命周期

生命周期是指一个对象从创建到销毁的整个过程。Vue 生命周期包含 8 个阶段，如表 11-2 所示。每触发一个生命周期事件，会自动执行一个生命周期方法（钩子）。

表 11-2 Vue 生命周期的 8 个阶段

状态	阶段周期
beforeCreate	创建前
created	创建后

续表

状态	阶段周期
beforeMount	挂载前
mounted	挂载完成
beforeUpdate	更新前
updated	更新后
beforeDestroy	销毁前
destroyed	销毁后

Vue 生命周期中的 mounted 状态最为常用，表示 Vue 初始化成功，HTML 页面渲染成功。生命周期示例如例 11-5 所示。

【例 11-5】生命周期示例，其代码如下：

```
<script>
    new Vue({
        el:"#app",
        data:{
        },
        mounted() {
            console.log("Vue 挂载完成")
        },
        methods: {
        },
    })
</script>
```

11.1.2 Vue 入门案例

本小节通过一个入门案例介绍 Vue 的使用。

案例：通过 Vue 完成用户数据的渲染展示。

本案例效果如图 11-2 所示，代码如例 11-6 所示。

编号	姓名	性别	年龄	成绩	等级
1	Charles	男	35	95	优秀
2	Mia	男	30	80	及格
3	July	女	35	58	不及格

图 11-2 用户数据

【例 11-6】example.html

```
<div id="app" style="margin:0px auto;">
    <table border="1" cellspacing="0" width="60%">
        <tr>
            <th>编号</th>
            <th>姓名</th>
            <th>性别</th>
            <th>年龄</th>
            <th>成绩</th>
            <th>等级</th>
        </tr>
```

```
        <tr align="center" v-for="(user, index) in users">
            <td>{{index + 1}}</td>
            <td>{{user.name}}</td>
            <td>
                <span v-if="user.sex == 1">男</span>
                <span v-if="user.sex == 2">女</span>
            </td>
            <td>{{user.age}}</td>
            <td>{{user.score}}</td>
            <td>
                <span v-if="user.score>=85">优秀</span>
                <span v-else-if="user.score>=60">及格</span>
                <span style="color: red;" v-else>不及格</span>
            </td>
        </tr>
    </table>
</div>
<script>
    new Vue({
        el:"#app",
        data:{
            users:[{
                name:'Charles',
                sex:1,
                age:35,
                score:95
            },{
                name:'Mia',
                sex:1,
                age:30,
                score:80
            },{
                name:'July',
                sex:2,
                age:35,
                score:58
            }]
        }
    })
</script>
```

本案例使用指令 v-if、v-else-if、v-else 处理性别和成绩等级，1 表示男，2 表示女。大于等于 85 分优秀，大于等于 60 分及格，否则不及格。

11.1.3 Axios 数据交互

Axios（Ajax I/O System）是一个基于 Promise 的 HTTP 库，可以工作于浏览器，也可以在 node.js 中使用。它是一个非常强大和流行的第三方库，可以轻松地发送异步请求并处理响应数据。Axios 不是一种新技术，本质上还是对原生 XMLHttpRequest 的封装。

目前流行前后端并行开发，前端开发人员可以使用 Apifox-Postman 在线 API 调试工具生成模拟数据，方便前端开发有序进行。

1. Apifox-Postman 在线 API 调试工具

读者可以进入 Apifox 官网，进行注册并登录。

首先创建数据模型，具体步骤如下。

（1）新建目录“公共(BaseResponse)”：code、message、data。

（2）新建目录“用户相关”。单击“用户相关”后的“+”号，新建数据模型 User (id,name,sex,age)。

（3）创建接口。

① 选择请求方式，输入请求路径，如/users/{userId}。

② 设置 Query 参数（有则设置），Path 参数会自动填充。

③ 单击响应，根节点后面的 Object 选中公共（BaseResponse）。

④ 单击 data 后面的解除关联。

⑤ data 后的 Object 改成“用户相关数据模型 （User）”等，如果是集合，先设置为 array。

⑥ 依次单击“添加示例→输入示例名称→自动生成→修改数据”，输入修改数据，如例 11-7 所示。

【例 11-7】修改数据，其内容如下：

```
{
    "code": "1",
    "message": "成功",
    "data": {
        "id":1,
        "name":"Charles",
        "sex":1,
        "age":36
    }
}
```

（4）单击云端 Mock，启用云端 Mock，然后分享接口文档。

具体步骤如下。

① 依次选中“在线分享→新建分享”。接着输入标题（A 团队），指定运行环境（测试环境、云端 Mock），最后依次选中“前置 URL、示例代码→保存”。单击“打开→复制链接”，链接如下：

```
https://apifox.com/apidoc/shared-1465afe8-73a6-414d-83ff-78cc82832c4e
```

② 打开上述链接，选中云端 Mock，如果有参数，需在下面的 Query 参数或 Path 参数中设置值。

本章返回集合数据的链接如下：

```
https://mock.apifox.cn/m1/3496474-0-default/users
```

本章返回单条数据的链接如下：

```
https://mock.apifox.cn/m1/3496474-0-default/users/1
```

读者可以自行创建链接。上述操作默认是随机生成 JSON 数据，也可以设置预期值（先单击自动生成，然后修改）如图 11-3 所示，首先单击“Mock”，再单击“新建期望”。

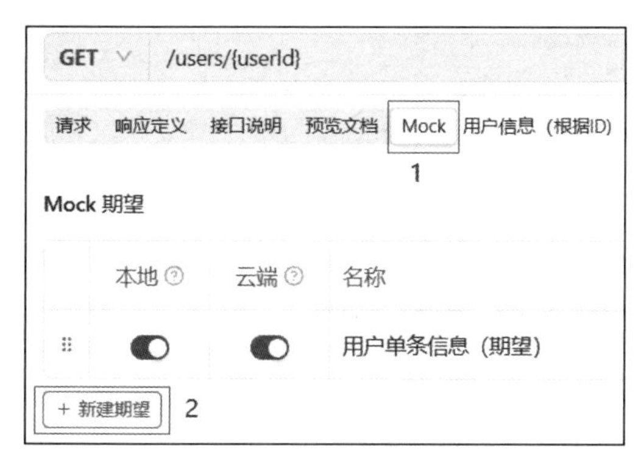

图 11-3 设置预期值

设置预期值的代码如例 11-8 所示。

【例 11-8】设置预期值，其代码如下：

```
{
    "code": 1,
    "message": "成功",
    "data": [
        {
            "id": 1,
            "name": "Charles",
            "sex": 1,
            "age": 37,
            "state": 1,
            "email": "jypccsu@sina.com"
        },
        {
            "id": 2,
            "name": "Mia",
            "sex": 0,
            "age": 15,
            "state": 1,
            "email": "mia@qq.com"
        },
        {
            "id": 3,
            "name": "Jack",
            "sex": 1,
            "age": 45,
            "state": 0,
            "email": "jackson@qq.com"
        },
        {
            "id": 4,
            "name": "Abbott",
            "sex": 1,
            "age": 35,
            "state": 0,
            "email": "abbottsilly@qq.com"
        },
        {
            "id": 5,
            "name": "Ross",
            "sex": 0,
            "age": 22,
            "state": 1,
            "email": "rossmi@126.com"
        },
        {
            "id": 6,
            "name": "Abraham",
            "sex": 1,
            "age": 32,
            "state": 0,
            "email": "abraham@126.com"
        }
    ]
}
```

2. Axios 入门

Axios 是一个基于 Promise 的网络请求库，对原生的 Ajax 进行了封装，简化书写，快速开发。

使用 Axios 的具体步骤如下。

（1）引入 Axios 的 js 文件，如例 11-9 所示。

【例 11-9】引入 Axios 的 js 文件，其代码如下：

```
<script src="js/axios-0.18.0.js"></script>
```

（2）使用 Axios 发送请求，并获取响应结果。

Axios 发送请求常用的两种方式是 GET 和 POST，每种方式有两种写法，如例 11-10、例 11-11 所示。

【例 11-10】GET 请求方式。

```
<script>
    function get(){
        //第一种方式：通过向axios传递相关配置来创建请求
        axios({
            method:"GET",
            url:"https://mock.apifox.cn/m1/3496474-0-default/users/1"
        }).then((result) => {
            console.log(result.data);
        }).catch((err) => {
            console.log(err);
        });

        //第二种方式（推荐方式）：请求别名的方式，简化请求方法配置的API
        axios.get("https://mock.apifox.cn/m1/3496474-0-default/users/1").then((resul
t) => {
            console.log(result.data);
        })
    }
</script>
```

【例 11-11】POST 请求方式。

```
<script>
    function post(){
        //第一种方式：通过向axios传递相关配置来创建请求
        axios({
            method:"POST",
             //url:"https://mock.apifox.cn/m1/3496474-0-default/users?username=zhangs
an", //Apifox设置为POST请求
            url:"https://mock.apifox.cn/m1/3496474-0-default/users",
            data:"username=jack"
        }).then((result) => {
            console.log(result.data)
        }).catch((err) => {
            console.log(err);
        });

        //第二种方式（推荐方式）：请求别名的方式，简化请求方法配置的API
      axios.post("https://mock.apifox.cn/m1/3496474-0-default/users","username=jack
").then((result) => {
            console.log(result.data);
        })
    }
</script>
```

11.1.4 Axios 案例

本小节通过一个案例介绍 Axios 的使用。

综合案例：基于 Vue 及 Axios 完成数据的动态加载展示。

具体步骤如下。

（1）数据准备的 URL：https://mock.apifox.cn/m1/3496474-0-default/users。在浏览器地址栏中输入该 URL，响应数据如图 11-4 所示。

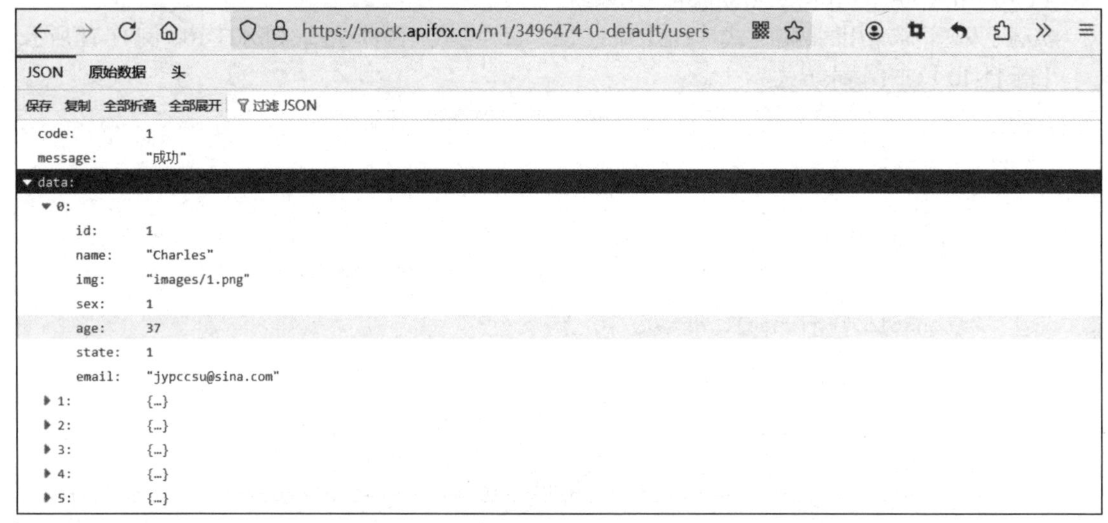

图 11-4 响应数据

（2）在页面加载完成后，自动发送异步请求，加载数据，渲染展示页面如图 11-5 所示，代码如例 11-12 所示。

序号	编号	姓名	头像	性别	年龄	状态	email
1	1	Charles		男	37	启用	jypccsu@sina.com
2	2	Mia		女	15	启用	mia@qq.com
3	3	Jack		男	45	停用	jackson@qq.com

图 11-5 用户信息展示

【例 11-12】Ajax-Axios-example.html

```
<head>
    <script src="js/vue.js"></script>
    <script>Vue.config.productionTip=false</script>
</head>
<body>
    <div id="app">
        <table border="1" cellspacing="0" width="60%">
            <tr style="height: 40px;">
                <th>序号</th>
                <th>编号</th>
                <th>姓名</th>
```

```
            <th>头像</th>
            <th>性别</th>
            <th>年龄</th>
            <th>状态</th>
            <th>email</th>
        </tr>
        <tr align="center" v-for="(user, index) in users">
            <td>{{index + 1}}</td>
            <td>{{user.id}}</td>
            <td>{{user.name}}</td>
            <td>
                <img :src="user.img" width="70px" height="40px">
            </td>
            <td>
                <span v-if="user.sex == 1">男</span>
                <span v-else-if="user.sex == 0">女</span>
                <span v-else>未知</span>
            </td>
            <td>{{user.age}}</td>
            <td>
                <span v-if="user.state == 1">启用</span>
                <span v-else-if="user.state == 0">停用</span>
                <span v-else>未知</span>
            </td>
            <td>{{user.email}}</td>
        </tr>
    </table>
  </div>
</body>
<script src="js/axios-0.18.0.js"></script>
<script>
    new Vue({
        el:"#app", //接管区域
        data:{
            users:[]
        },
        //注意：不能放在methods中
        mounted() {
            axios.get("https://mock.apifox.cn/m1/3496474-0-default/users").then((res
ult) => {
                console.log(result.data);
                this.users=result.data.data;
            })
        }
    })
</script>
```

注意

出现异常“已拦截跨源请求”，表示同源策略禁止读取位于 http://localhost:8080/*的远程资源。异常的原因是 CORS 头缺少“Access-Control-Allow-Origin”，解决方案是在 servlet 中添加头信息：

```
response.setHeader("Access-Control-Allow-Origin", "*");
```

出现异常“You are running Vue in development mode.”，解决方案是将生产模式的提示关闭即可，代码如下：

```
<script>Vue.config.productionTip=false</script>
```

出现异常“Download the Vue Devtools extension for a better development experience”，解决方案是解压文件 vue-devtools.zip，加载已解压的扩展程序（Google 浏览器→扩展程序→管理扩展程序→加载已解压的扩展程序）。

11.2 Element-UI 组件

随着前端技术的不断发展和变革，其业务逻辑逐渐变得复杂多样，前端工作已经无法抛开工程化单独开发，目前前端工程化是前端工程师的必备技能。前端工程化是一种现代 Web 开发的必要方式，它可以提高开发效率，提高代码的可维护性和可扩展性，是前端开发的一个重要方面。为了提高前端开发效率，在 Vue 项目中通常会引入 Element-UI 组件，该组件可以降低开发的难度。

11.2.1 前端工程化

前端工程化是指在企业级的前端项目开发中，把前端开发所需的工具、技术、流程、经验等进行规范化、标准化。前端工程化包括模块化（JS、CSS）、组件化（UI 结构、样式、行为）、规范化（目录结构、编码、接口）和自动化（构建、部署和测试）。在实际开发中，通常基于 vue-cli 搭建前端工程化项目。

vue-cli 是 Vue 官方提供的一个脚手架，用于快速生成一个 Vue 的项目模板。vue-cli 提供的功能包括统一的目录结构、本地调试、热部署、单元测试和集成打包上线。vue-cli 依赖 NodeJS，读者可以在本书配套资源的软件资源中找到 node-v16.17.1-x64.msi 文件安装 NodeJS，具体步骤参照本书配套资源的软件资源中的“NodeJS 安装文档.md”文件。

接下来安装 vue-cli，并创建项目，具体步骤如下。

（1）使用管理员身份运行命令行，如例 11-13 所示。

【例 11-13】安装 vue-cli，其命令如下：

```
npm install -g @vue/cli
```

（2）创建项目。

命令行方式，命令如下：

```
vue create vue-element
```

图形化界面方式，命令如下：

```
vue ui
```

推荐使用图形化界面创建项目。在本章中，首先在目录“D:\workspace\vscode”中创建文件夹 vue-element，进入目录，在地址栏中输入 cmd，执行“vue ui”，接下来选择“创建→在此创建新项目→输入项目名 vue-element，设置包管理器为 npm，去掉初始化 git 仓库（建议）→下一步→选中手动→启用 Router→下一步→选中 2.x 版本，选中 ESLint with error prevention only→创建项目，不保存预设。”

基于 Vue 脚手架创建的工程，其目录结构如图 11-6 所示。其中，node_modules 存放整个项目的依赖包，public 存放项目的静态文件，src 存放项目的源代码；package.json 是项目的配置文件，包含项目开发所需要的模块和版本信息；vue.config.js 保存 vue 配置的文件，如代理、端口的配置等。src 目录下的子目录结构如图 11-7 所示。其中，assets 存放静态资源，components 存放可复用的组件，router 存放路由配置，views 存放视图组件（页面），App.vue 是入口页面（根组件），main.js 是入口 js 文件。

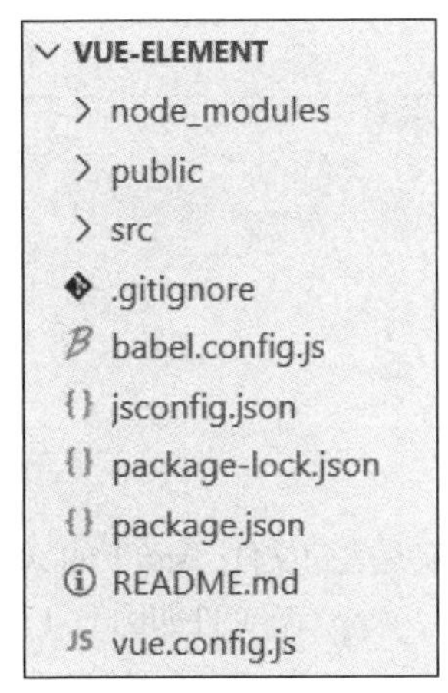

图 11-6 Vue 项目的目录结构

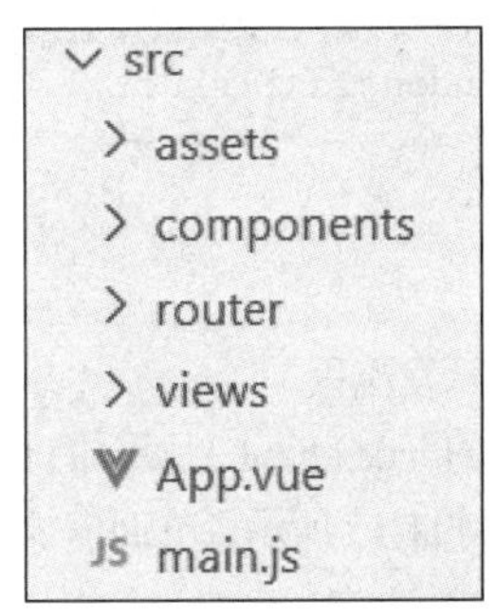

图 11-7 src 目录下的子目录结构

（3）启动 Vue 项目。

方式一：图形化界面。

如图 11-8 所示，单击 serve vue-cli-service serve 后面的“▷”图标启动 Vue 项目。

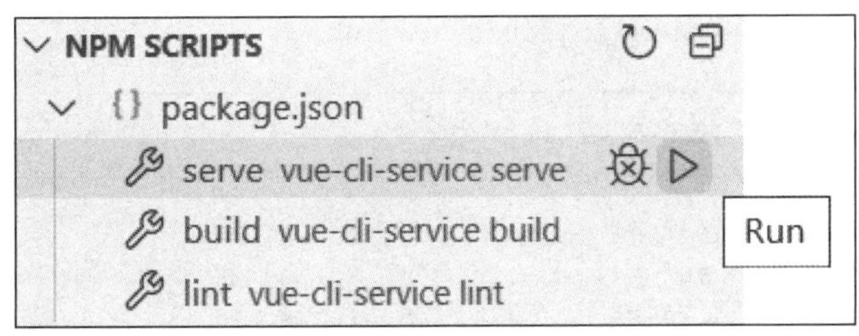

图 11-8 用图形化界面启动 Vue 项目

方式二：命令行。

进入项目目录，执行命令“npm run serve”，如图 11-9 所示。

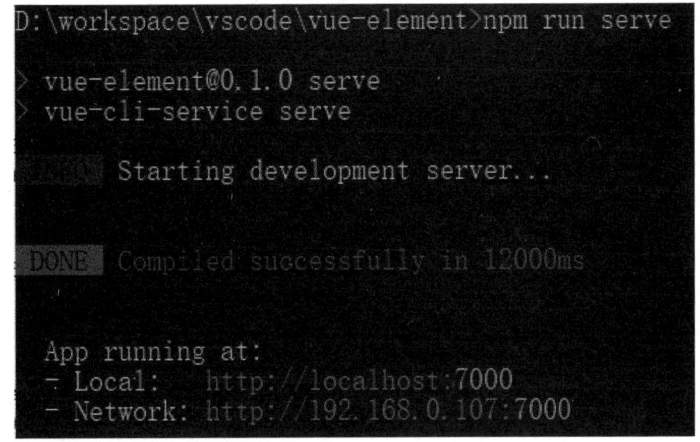

图 11-9 用命令行启动 Vue 项目

启动 Vue 项目后，打开浏览器，在地址栏中输入“http://localhost:7000”访问项目。

（4）配置 Vue 项目的端口。

系统默认端口为 8080，可以在文件 vue.config.js 中修改端口号，端口号改为 7000 的代码如例 11-14 所示。

【例 11-14】配置 Vue 项目的端口，其代码如下：

```
const { defineConfig } = require('@vue/cli-service')
module.exports = defineConfig({
  publicPath: "./", //公共路径（必须有的）
  transpileDependencies: true,
  devServer:{
    port:7000
  }
})
```

（5）Vue 项目开发流程。

public 目录下的 index.html 是默认首页，src 下的 main.js 是入口文件，src 下的 App.vue 是根组件。index.html 文件如例 11-15 所示，main.js 文件如例 11-16 所示，App.vue 文件如例 11-17 所示。

【例 11-15】index.html

```
<body>
  <noscript>
    <strong>We're sorry but <%= htmlWebpackPlugin.options.title %> doesn't work properly
without JavaScript enabled. Please enable it to continue.</strong>
  </noscript>
  <div id="app"></div>
  <!-- built files will be auto injected -->
</body>
```

【例 11-16】main.js

```
import Vue from 'vue'
import App from './App.vue'
import router from './router'
Vue.config.productionTip = false
new Vue({
  router,
  render: h => h(App)
}).$mount('#app')
```

【例 11-17】App.vue

```
<template>
  <div>
     <h1>{{ message }}</h1>
  </div>
</template>
<script>
export default{
    data() {
        return {
            message: "Hello Vue-cli"
        }
    }
}
</script>
<style>
</style>
```

11.2.2 Vue 组件库 Element

在 Vue 项目中通常引入一套不依赖业务的 UI 组件库 Element-UI，该组件库可以减少用户对常用组件的封装，降低开发的难度。Element 是“饿了么”团队研发的一套为开发者、设计师和产品经理准备的基于 Vue2.0 的桌面端组件库，其组件主要有超链接、按钮、图片、表格、表单、分页条等。

1．快速入门

本小节通过一个入门实例介绍 Vue 组件库 Element-UI 的简单使用。

具体步骤如下。

（1）在当前工程目录下，执行命令“npm install element-ui@2.15.3”安装 Element-UI 组件库。

（2）引入 Element-UI 组件库，如例 11-18 所示。

【例 11-18】引入 Element-UI 组件库，其代码如下：

```
import Element-UI from 'element-ui';
import 'element-ui/lib/theme-chalk/index.css';
Vue.use(Element-UI);
```

（3）制作网页时可以参照官网“https://element.eleme.io/#/zh-CN/component/installation”，复制相关组件代码，根据需求进行调整。

2．常用组件

Element-UI 组件库包含表格、Pagination 分页、Dialog 对话框、Form 表单和 Container 布局容器等组件。

（1）表格。Table 表格用于展示多条结构类似的数据，可对数据进行排序、筛选或其他自定义操作。

（2）Pagination 分页。当数据量过多时，使用分页分解数据。

（3）Dialog 对话框。在保留当前页面状态的情况下，告知用户并承载相关操作。

（4）Form 表单。由输入框、单选按钮等控件组成，用以收集、校验、提交数据。

（5）Container 布局容器。用于页面布局，方便快速搭建页面的基本结构。

3．Vue 路由

单页应用在不刷新页面的情况下，实现页面间的导航和数据请求，需要有一种机制能够根据用户的请求找到对应的组件并展示其内容，而路由正是这种机制的关键部分。

Vue Router 是 Vue 的官方路由，Vue 路由负责将用户的浏览器 URL 与其内容定义的组件进行映射。Vue Router 由以下三部分组成。

（1）VueRouter：路由器类，根据路由请求在路由视图中动态渲染选中的组件。

（2）<router-link>：请求链接组件，浏览器会解析成<a>。

（3）<router-view>：动态视图组件，用来渲染展示与路由路径对应的组件。

Vue 路由组件如图 11-10 所示。

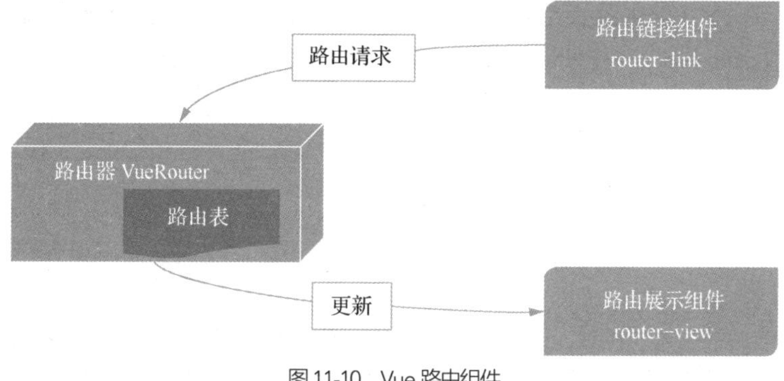

图 11-10　Vue 路由组件

Vue 路由的使用步骤如下。

（1）安装 Vue 路由，如例 11-19 所示。

【例 11-19】安装 Vue 路由，其命令如下：

```
npm install vue-router@3.5.1
```

如果创建 Vue 项目时已经选择了安装 Vue 路由，那么该步省略。

（2）定义路由

在“src→router”目录下的 index.js 文件中定义路由，如例 11-20 所示。

【例 11-20】在 index.js 文件中定义路由。

```
const routes = [
  {
    path: '/dept',
    name: 'dept',
    component: () => import('../views/element/DeptView.vue')
  },
  {
    path: '/emp,
    name: 'emp',
    component: () => import('../views/element/EmpView.vue')
  },
  {
    path: '/',
    redirect: '/dept'  /* 默认打开/dept */
  }
]
```

（3）在 main.js 中引入路由，如例 11-21 所示。

【例 11-21】main.js

```
import router from './router'
new Vue({
  router,
  render: h => h(App)
}).$mount('#app')
```

如果创建 Vue 项目时已选择此项，那么该步省略。

（4）超链接使用标签<router-link>，如例 11-22 所示。

【例 11-22】<router-link>标签示例，其代码如下：

```
<router-link to="/dept">部门管理</router-link>
<router-link to="/emp">员工管理</router-link>
```

（5）App.vue 文件使用路由展示组件“<router-view></router-view>”展示数据，如例 11-23 所示。

【例 11-23】在 App.vue 文件中使用<router-view>展示组件，其代码如下：

```
<template>
  <div>
    <router-view></router-view>
  </div>
</template>
```

4. 打包部署

使用 Vue 做前后端分离项目时，通常前端是单独打包部署，用户访问的是前端项目地址。Vue 应用程序是将所有组件组装在一起运行，一次浏览器加载所有的代码对于大型应用程序来说速度比较慢，将应用程序代码打包编译之后，生成的是一些 CSS 和 JavaScript 文件，因此打包可以使应用程序更快地运行，更容易维护。Vue 项目打包后就可以部署到服务器供用户访问。

（1）打包。单击 NPM SCRIPTS 面板中 build vue-cli-service build 后的“▷”图标，打包 Vue 项目，如图 11-11 所示。

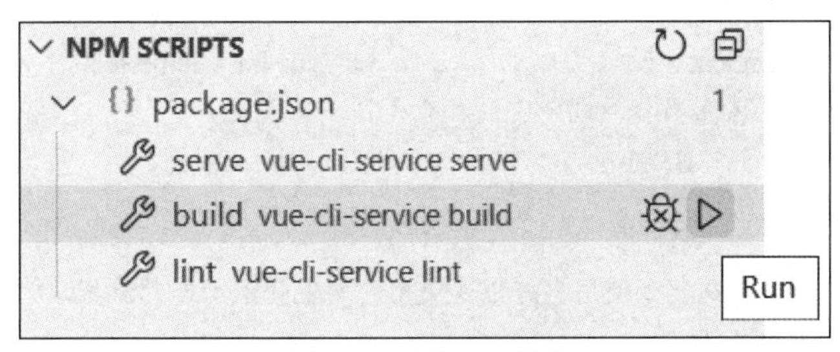

图 11-11 打包 Vue 项目

（2）部署。项目打包后，会生成文件夹 dist，直接将 dist 文件夹部署到 Nginx 服务器即可。Nginx 是一款轻量级的 Web 服务器/反向代理服务器及电子邮件（IMAP/POP3）代理服务器。其特点是占有内存少，并发能力强，在各大型互联网公司都有非常广泛的使用。

部署的具体步骤如下。

① 在本书配套软件资源文件夹中找到 nginx-1.22.0.zip 文件，解压后，将上面打包好的 dist 目录下的文件，复制到 nginx 安装目录的 html 目录下。

② 双击 nginx.exe 文件启动服务器，Nginx 服务器默认占用 80 端口号。可以在 nginx.conf 中修改端口号（使用命令 netstat -ano | findStr 80 查看端口是否被占用）。

③ 输入“http://localhost:80”访问项目。

11.3 本章小结

本章重点介绍了 Vue 的基本使用和 Vue 组件库 Element 的使用。原生的 Ajax 使用起来比较烦琐，本章介绍了 Axios 的使用，Axios 是对原生的 Ajax 进行封装，简化书写。通过介绍前端工程化和 Vue 组件库 Element 丰富的 UI 组件，使读者体会到 Vue 的优点和便捷之处，提升开发效率。

思考与练习

1．单选题

（1）下列选项中，可以实现绑定事件的指令是（　　）。

A．v-on　　B．v-show　　C．v-if　　D．v-model

（2）在 Vue 的生命周期中，mounted 周期属于（　　）阶段。

A．实例初始化

B．实例将要开始对模板进行编译

C．实例进行方法、模板、数据的创建

D．实例对模板进行编译完成，并将模板插入到真实 DOM 中

（3）Vue 实例化时，挂载 DOM 节点的属性是（　　）。

A．data　　B．$el　　C．init　　D．el

（4）在 Vue 实例中可以定义方法的是（　　）。

A. el　　B. data　　C. methods　　D. mounted

（5）下面选项中，可以用来创建 Vue 项目的命令是（　　）。

A. vue vue-project　　B. vue install vue-project

C. vue create vue-project　　D. vue init vue-project

（6）在 Vue 中，表单元素上数据双向绑定的指令是（　　）。

A. v-model　　B. v-if　　C. v-show　　D. v-for

2．简答题

（1）试述 Axios 是什么以及怎么使用，并描述使用它实现登录功能的流程。

（2）试述 v-if 和 v-show 的区别。

（3）试述 Vue 的生命周期方法。

（4）MVVM 框架是什么？它和其他框架（jQuery）的区别是什么？哪些场景适合？

3．编程题

创建一个 Vue 组件，该组件包含一个文本框。当用户在文本框中输入内容后，将用户输入的文本显示出来。

第12章 Maven和Spring Boot框架

Maven 是为软件开发提供的一个强大的项目构建和项目管理工具。它提供了依赖管理、项目构建、项目管理和团队协作等一系列功能。Spring IoC（Inversion of Control，控制反转）是一种设计思想，它是将创建对象的控制权交给 Spring 容器，可以用来降低计算机代码之间的耦合度。AOP（Aspect Oriented Programming，面向切面编程）是通过预编译方式和运行期动态代理实现程序功能的统一维护的一种技术，在保持原有代码不变的情况下，通过代理包装原有方法，增强原有方法的功能。

本章首先介绍 Maven 项目管理工具的使用，然后介绍 Spring Boot 请求参数和响应，接着介绍 Spring IoC/DI，最后介绍 Spring AOP。

12.1 Maven项目管理工具

前面章节创建的 Web 项目，存在不同开发工具创建的项目目录结构不一致、项目构建困难、jar 包版本冲突等问题，本节将使用 Maven 项目管理工具创建项目，简化项目依赖管理。Maven 易于上手、便于与持续集成工具整合、便于项目升级、有助于多模块项目的开发和加速构建测试过程。

12.1.1 Maven简介

1. 简介

Maven 是一个项目管理和构建工具，它将项目开发和管理过程抽象成一个项目对象模型（POM）。Maven 的作用如下。

（1）方便的依赖管理。无须手动下载 jar 包，只需在 pom.xml 中引入坐标（依赖），统一维护 jar 包，防止 jar 包依赖冲突。

（2）统一的项目结构。与开发工具 IDEA、Eclipse、MyEclipse 创建的传统项目目录结构不同，使用 Maven 项目管理工具创建的项目结构统一，便于协助开发 Maven 和对 jar 包的管理。

（3）标准的项目构建流程。Maven 是一款一键构建项目的高效项目构建与管理工具，使用 Maven 自身集成的 Tomcat 插件完成编译、测试、运行、打包、安装等一系统过程。

仓库是 Maven 工具的一个重要概念，用于存储资源和管理各种 jar 包。仓库根据资源、jar 包存储位置可以分为以下 3 种。

（1）本地仓库：资源、jar 包存储在本机的仓库。

（2）远程仓库（私服）：一般是由公司团队搭建的私有仓库。

（3）中央仓库：中央仓库是一个公共的、可访问的 Maven 仓库，它包含大量的依赖库。

2. 安装 Maven

读者可以访问 Apache Maven 官网下载 Maven 工具，也可以从本书配套资源的软件资源中得到已经下载的文件“apache-maven-3.8.4”。安装 Maven 的具体步骤如下。

（1）下载 Maven 工具后进行解压，解压到“D:/Program Files (x86)”目录下。

（2）配置本地仓库。修改 Maven 中 conf 目录下的 settings.xml 文件，将文件中的 localRepository 修改为本机仓库位置，配置本地仓库如例 12-1 所示。

【例 12-1】配置本地仓库。

```
<localRepository>D:\Program Files (x86)\apache-maven-3.8.4\repository
</localRepository>
```

（3）配置远程仓库（阿里云私服）。修改 Maven 中 conf 目录下 settings.xml 文件的<mirrors>标签，添加子标签，如例 12-2 所示。

【例 12-2】配置远程仓库。

```
<mirrors>
  <mirror>
    <id>alimaven</id>
    <mirrorOf>central</mirrorOf>
    <name>aliyun maven</name>
    <url>http://maven.aliyun.com/nexus/content/groups/public</url>
  </mirror>
</mirrors>
```

（4）配置环境变量。在控制面板中，可以通过右击“此电脑”选择“属性→高级系统设置→环境变量”来配置环境变量。新建系统变量如图 12-1 所示。

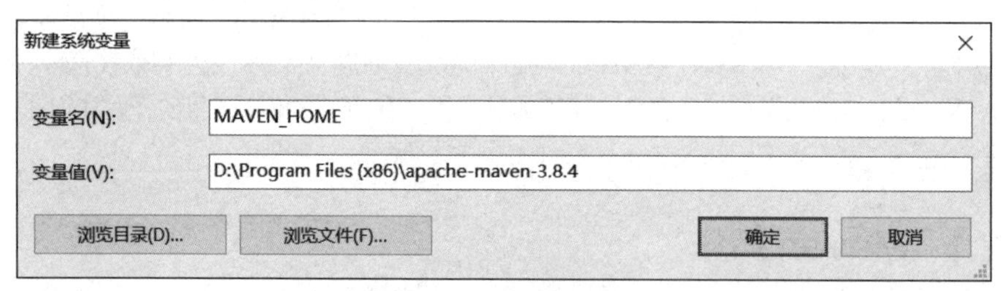

图 12-1　新建系统变量

将 Maven 中的 bin 目录加入 PATH 环境变量。双击系统变量中的“Path”，在弹出窗口中单击“新建”按钮，输入“%MAVEN_HOME%\bin”。

（5）测试安装结果。打开“命令提示符”窗口，输入“mvn -v”，出现图 12-2 所示的页面，表示安装成功。

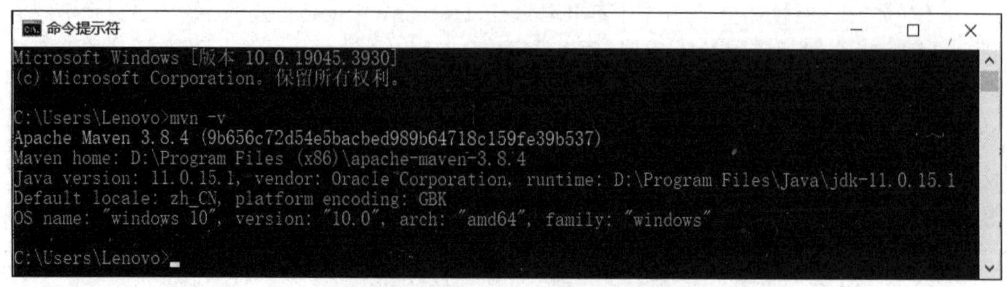

图 12-2　测试 Maven 的安装结果

12.1.2 IDEA 集成 Maven

在 Web 实际开发中，一般将 Maven 整合到 IDEA 中使用，IDEA 集成 Maven 的具体步骤如下。

（1）首次打开 IDEA 工具，进入欢迎页面（非首次打开，单击“File→Close Project”进入欢迎页面），选中“Customize”，单击“All settings”按钮进入设置界面，如图 12-3 所示。

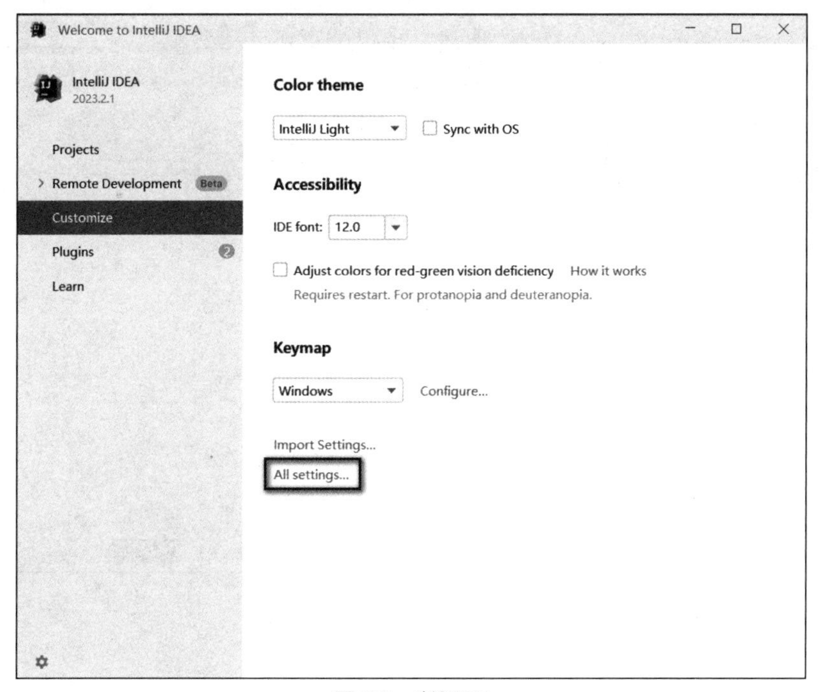

图 12-3 欢迎页面

（2）设置 Maven 安装目录、settings.xml 文件目录和本地仓库目录，如图 12-4 所示。

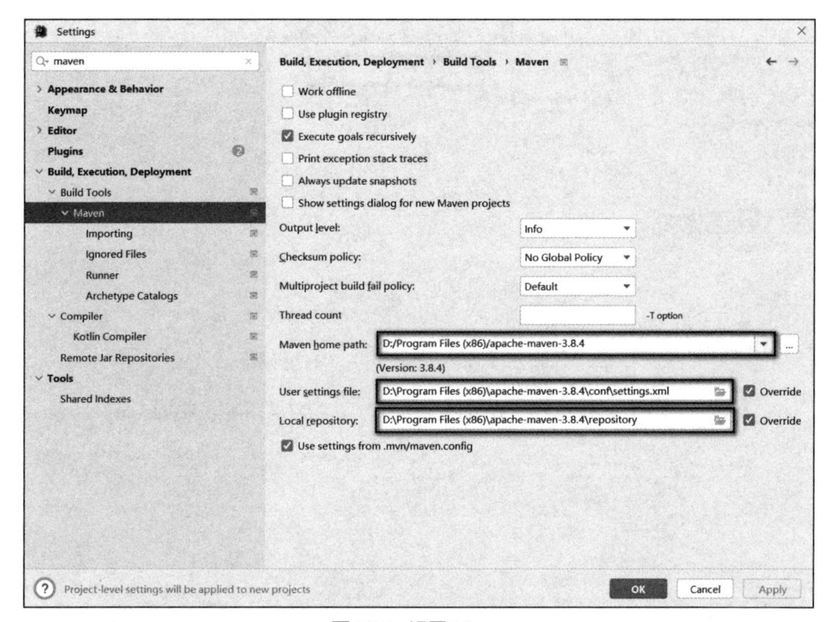

图 12-4 设置 Maven

（3）设置 JRE，如图 12-5 所示。

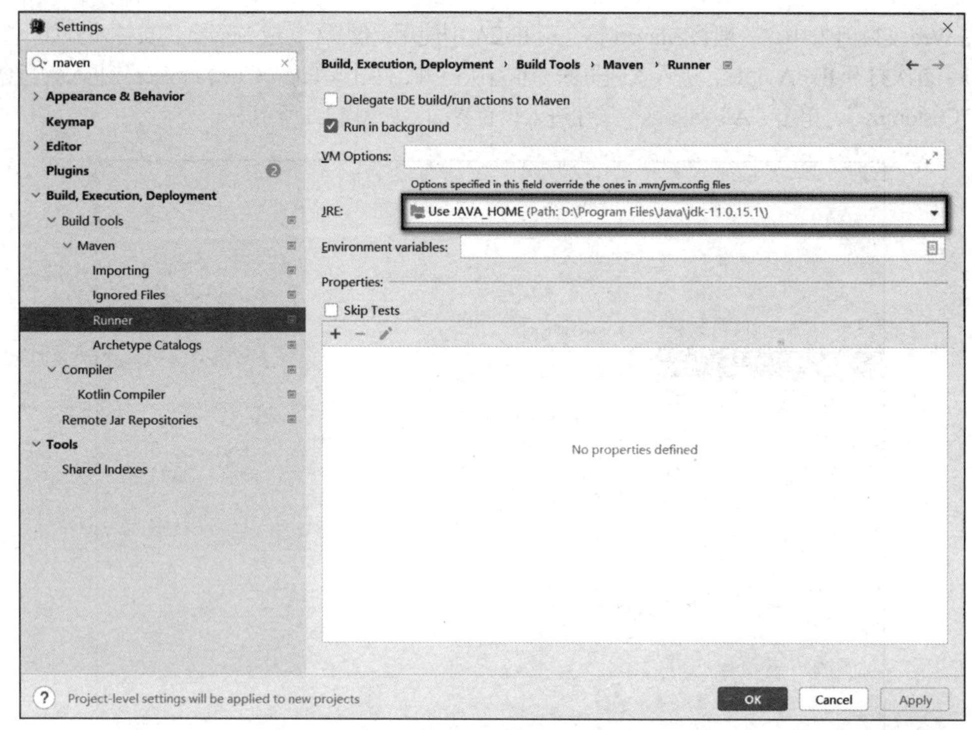

图 12-5　设置 JRE

（4）设置 Java Compiler，如图 12-6 所示。

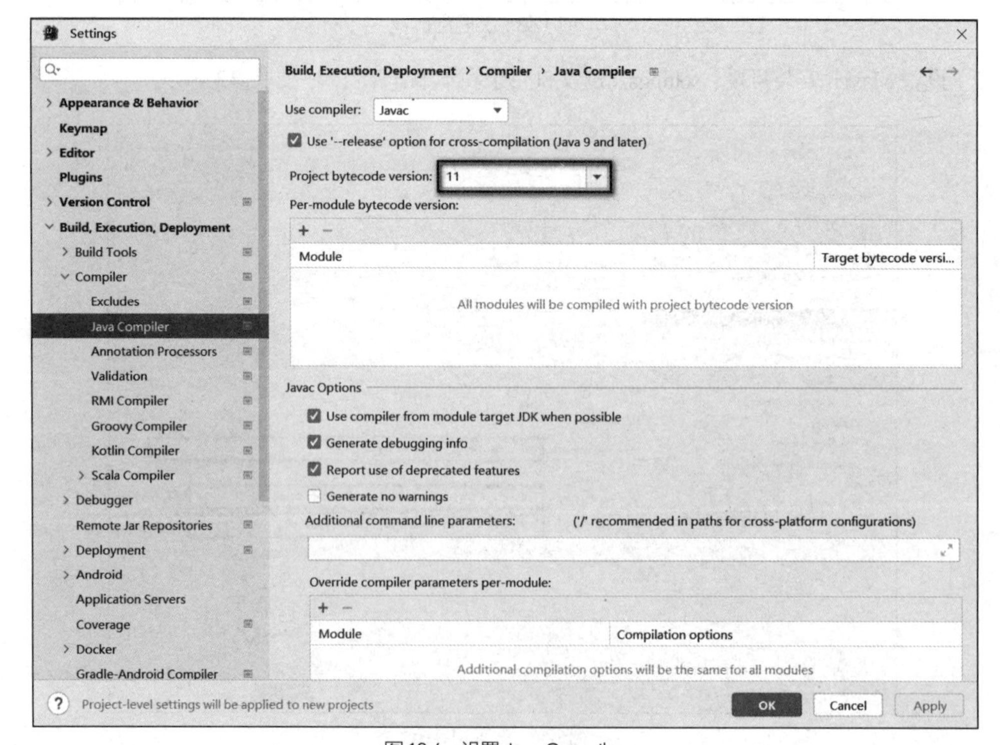

图 12-6　设置 Java Compiler

12.1.3 使用 IDEA 创建第一个 Maven 项目

本小节从创建 Maven 项目和导入 Maven 项目两个方面介绍 Maven。

1. 创建 Maven 项目

在欢迎界面中单击“New Project”，设置项目名称、保存路径、JDK，Language 选中“Java”，Build system 选中“Maven”，设置坐标信息，如图 12-7 所示。

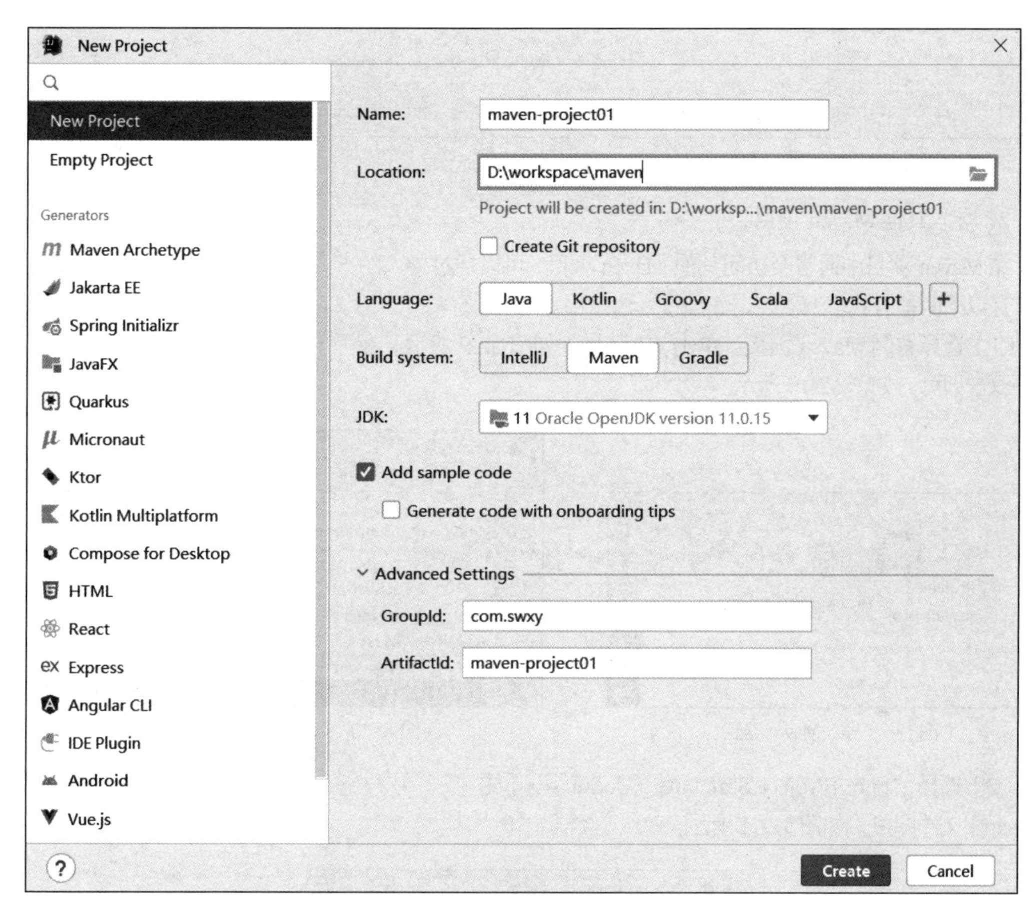

图 12-7　创建 Maven 项目

Maven 中的坐标是资源的唯一标识，通过该坐标可以唯一定位资源位置。使用坐标来定义项目或引入项目中需要的依赖。Maven 坐标主要由以下 3 部分组成。

（1）GroupId：定义当前 Maven 项目隶属的组织名称，通常是公司域名的倒序。

（2）ArtifactId：定义当前 Maven 项目名称。

（3）Version：版本号。版本号也可以创建好项目后在 pom.xml 文件中修改。

单击图 12-7 中的“Create”按钮，创建 Maven 项目，目录结构如图 12-8 所示，可以在 test 目录下创建文件夹“resources”，该文件夹一般用得比较少，所以需手动创建此文件夹。

从图 12-8 中可以看出，在 pom.xml 文件中可以设置坐标信息，本 Maven 项目坐标如例 12-3 所示。

【例 12-3】 Maven 项目坐标，其代码如下：

```
<groupId>com.swxy</groupId>
<artifactId>maven-project01</artifactId>
<version>1.0-SNAPSHOT</version>
```

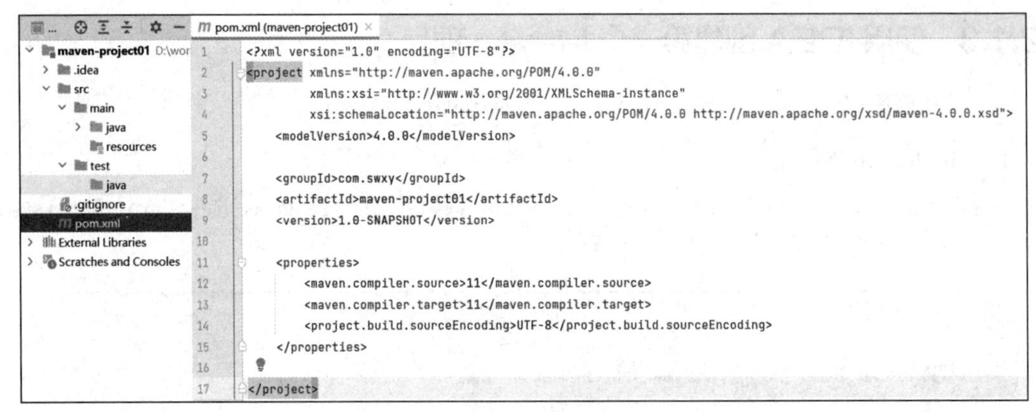

图 12-8 目录结构

2．导入其他 Maven 项目

在 Maven 项目中通常会访问其他 Maven 项目，可以通过导入的方式引入其他项目。引入其他 Maven 项目有以下两种方式。

（1）选择右侧 Maven 面板，单击“+”号，如图 12-9 所示。在弹出窗口中选中对应项目的 pom.xml 文件双击即可，如图 12-10 所示。

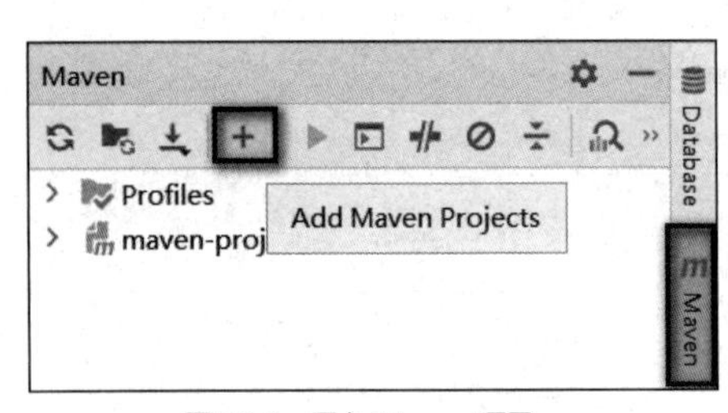

图 12-9 导入 Maven 项目

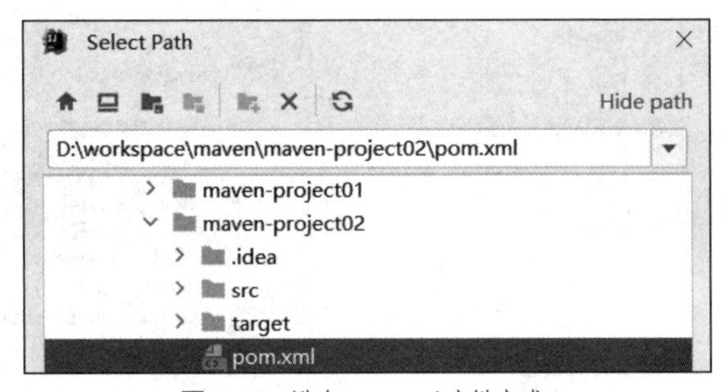

图 12-10 选中 pom.xml 文件方式一

（2）选择“File→Project Structure→Modules→单击‘+’号→Import Module”，选中待导入项目的 pom.xml 文件即可，如图 12-11 所示。

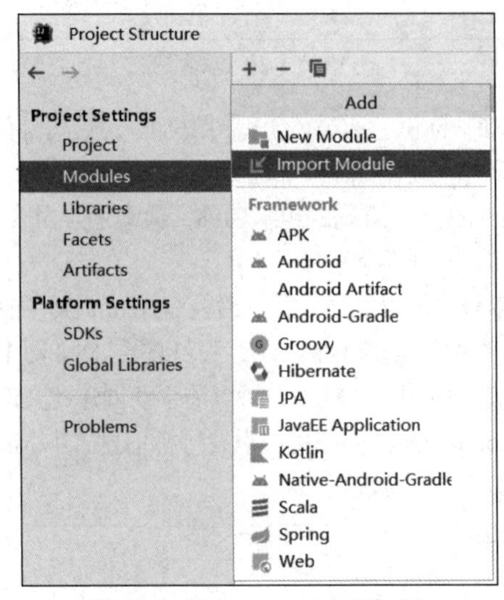

图 12-11 选中 pom.xml 文件方式二

12.1.4 依赖管理

1. 依赖配置

依赖是指当前项目运行所需要的 jar 包。一个项目可以引入多个依赖。例如，在 Maven 项目中引入 logback 依赖，如例 12-4 所示。

【例 12-4】配置 logback 依赖。

```
<dependencies>
    <dependency>
        <groupId>ch.qos.logback</groupId>
        <artifactId>logback-classic</artifactId>
        <version>1.4.14</version>
    </dependency>
</dependencies>
```

添加依赖后，单击右上角的“load maven changes”图标，引入最新加入的坐标，如图 12-12 所示。

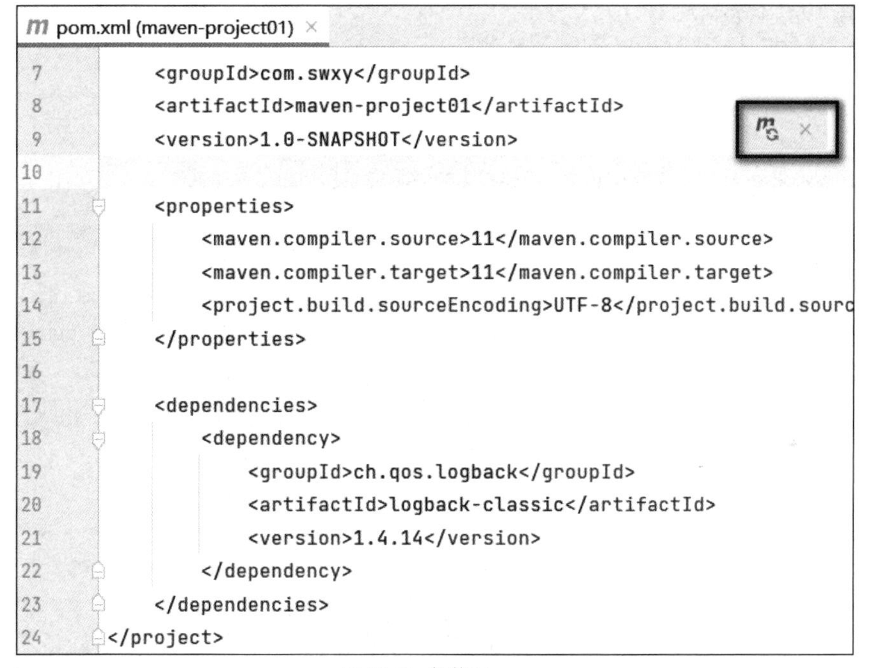

图 12-12　加载 Maven

2. 依赖传递

依赖具有传递性，包括直接依赖和间接依赖。

（1）直接依赖：在当前项目中通过依赖配置建立的依赖关系。

（2）间接依赖：被依赖的资源如果依赖其他资源，当前项目间接依赖其他资源。

3. 排除依赖

排除依赖是指主动断开依赖的资源，被排除的资源无须指定版本。本小节通过一个案例介绍排除依赖。

综合案例：创建项目“maven-project01”和“maven-project02”，项目“maven-project01”引入单元测试依赖和“maven-project02”依赖，观察依赖关系，接着排除依赖后再观察依赖关系。

具体步骤如下。

（1）创建 Maven 项目“maven-project02”，在项目中引入单元测试依赖，如例 12-5 所示。

【例 12-5】引入单元测试依赖，其代码如下：

```
<dependencies>
    <dependency>
        <groupId>junit</groupId>
        <artifactId>junit</artifactId>
        <version>4.13.2</version>
    </dependency>
</dependencies>
```

（2）在 Maven 项目“maven-project01”中引入“maven-project02”依赖，并排除 junit 依赖。

参考本小节上述内容导入项目“maven-project02”，在项目“maven-project01”的 pom.xml 文件中添加代码，如例 12-6 所示。

【例 12-6】在项目“maven-project01”中引入“maven-project02”依赖。

```
<dependencies>
    ...
    <dependency>
        <groupId>com.swxy</groupId>
        <artifactId>maven-project02</artifactId>
        <version>1.0-SNAPSHOT</version>
        <exclusions>
            <exclusion>
                <groupId>junit</groupId>
                <artifactId>junit</artifactId>
            </exclusion>
        </exclusions>
    </dependency>
</dependencies>
```

在上述代码中，在添加“<exclusions>”标签前，项目“maven-project01”间接依赖“junit”，如图 12-13 所示。添加“<exclusions>”标签后，项目不能间接依赖“junit”，如图 12-14 所示。

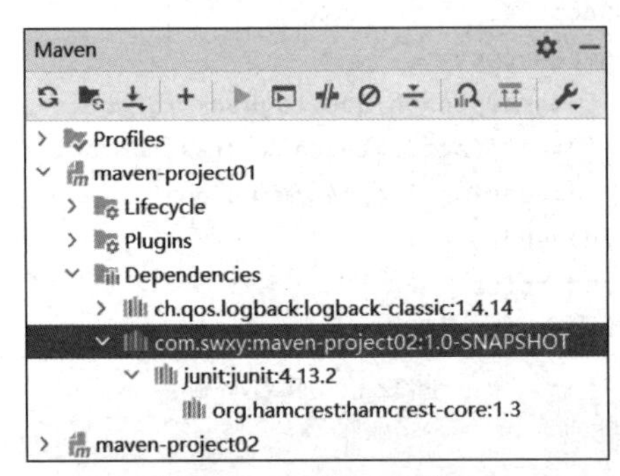

图 12-13　未排除 junit 依赖

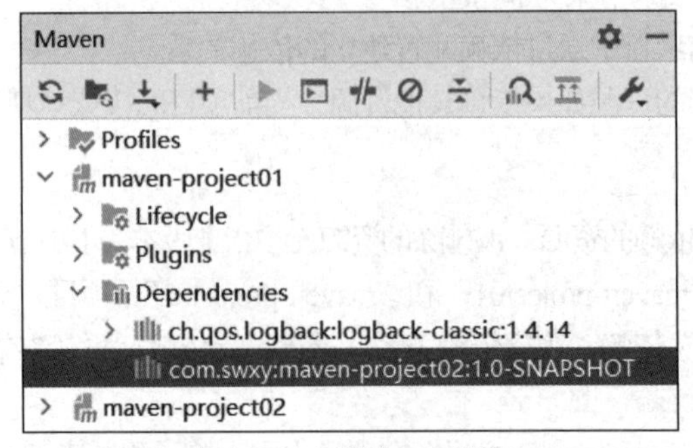

图 12-14　已排除 junit 依赖

在项目“maven-project01”的 pom.xml 文件中，右击“Diagrams→Show Diagram...”，如图 12-15 所示。项目“maven-project01”（未排除“maven-project02”依赖）的依赖关系如图 12-16 所示。

图 12-15 查看依赖关系

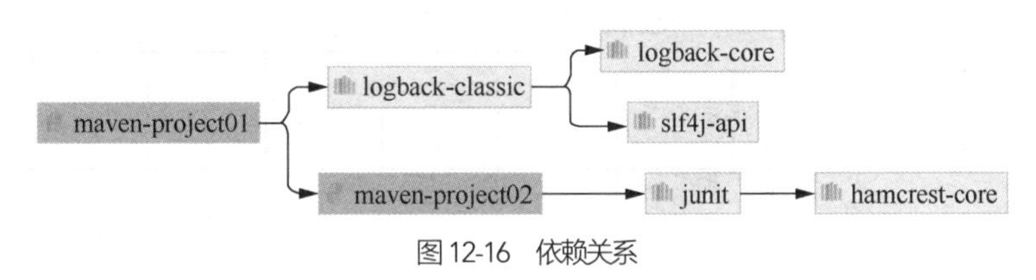

图 12-16 依赖关系

4．依赖范围

默认情况下，Maven 项目依赖的 jar 包可以在任何地方使用，也可以通过<scope>标签设置其作用范围，作用范围有以下 3 种。

（1）主程序范围有效。项目 main 文件夹内有效。

（2）测试程序范围有效。项目 test 文件夹内有效。

（3）是否参与打包运行。package 指令范围内有效。

设置测试程序范围有效，如例 12-7 所示。

【例 12-7】设置 junit 在测试程序范围有效。

```
<dependency>
    <groupId>junit</groupId>
    <artifactId>junit</artifactId>
    <version>4.13.2</version>
    <scope>test</scope>
</dependency>
```

依赖包的 scope 取值及其作用范围如表 12-1 所示。

表 12-1 依赖包的 scope 取值及其作用范围

scope 取值	主程序	测试程序	是否参与打包
compile（默认）	是	是	是
test	—	是	—
provided	是	是	—
runtime	—	是	是

5．生命周期

Maven 生命周期是对构建过程的一种抽象，它包括清理、编译、测试、打包等一系列构建步骤。Maven 中有以下 3 个相互独立的生命周期。

（1）clean：清理工作，包含 3 个阶段，即 pre-clean、clean 和 post-clean。

（2）default：核心工作，如编译、测试、打包、安装等。

（3）site：生成报告、发布站点等。

每个生命周期包含一些有顺序的阶段，并且后面的阶段依赖前面的阶段。

Maven 有以下 5 个常用的生命周期阶段。

（1）clean：移除上一次构建生成的文件。

（2）compile：编译项目源代码。

（3）test：使用合适的单元测试框架运行测试编译后的源代码。

（4）package：将编译后的文件打包，如 jar、war 等。

（5）install：安装项目到本地仓库，以作为本地其他项目中的依赖项。

执行指定生命周期的方法：在 IDEA 工具右侧的 Maven 工具栏中，双击生命周期对应的阶段。例如，执行生命周期中的打包阶段，只需双击“package”，如图 12-17 所示。

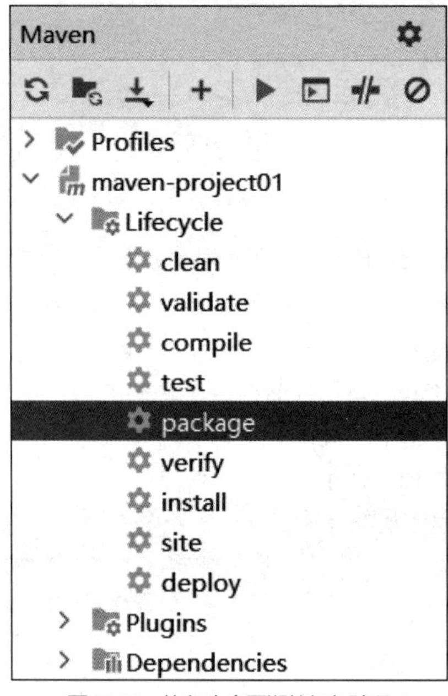

图 12-17　执行生命周期的打包阶段

12.2 Spring Boot 入门

在当前的 Web 程序开发中，通常使用框架搭建 Java Web 项目。Spring Boot 是目前 Java 开发最流行的框架，它是由 Pivotal 团队提供的全新框架，其设计目的是简化 Spring 应用的初始搭建以及开发过程。该框架使用了特定的方式来进行配置，从而使开发人员不再需要定义样板化的配置。Spring Boot 有快速启动、自动化配置、简化依赖、方便集成各种优秀框架等特点。

12.2.1 Spring Boot 框架

Spring 是一个开源的控制反转（Inversion of Control，IoC）和面向切面（AOP）的容器框架。它的主要目的是简化企业开发。控制反转是指应用本身不负责依赖对象的创建及维护，依赖对象的创建及维护是由外部容器负责的。这样控制权就由应用转移到了外部容器，控制权的转移就是反转。AOP 是面向切面编程，切面是一种将那些与业务无关，但业务模块都需要使用的功能封装起来的技术。这样便于减少系统的重复代码，降低模块之间的耦合度。

Spring Boot 是一个开源的 Java 框架，旨在简化 Spring 应用程序的创建和部署过程，Spring Boot 基于

Spring 开发，不是为了取代 Spring，而是为了让人们更容易地使用 Spring。上一节介绍了 Maven 项目管理工具的使用，Spring Boot 工程基本上都是 Maven 项目。

12.2.2 Spring Boot 快速入门

本小节将通过一个入门实例介绍 Spring Boot 工程的搭建。

具体步骤如下。

（1）创建 Spring Boot 工程，并勾选 Web 开发相关依赖，JDK 选中 17，Java 选中 corretto-17，如图 12-18 所示。单击“Next”按钮，进入下一个界面，Spring Boot 选中 3.1.7，如图 12-19 所示。

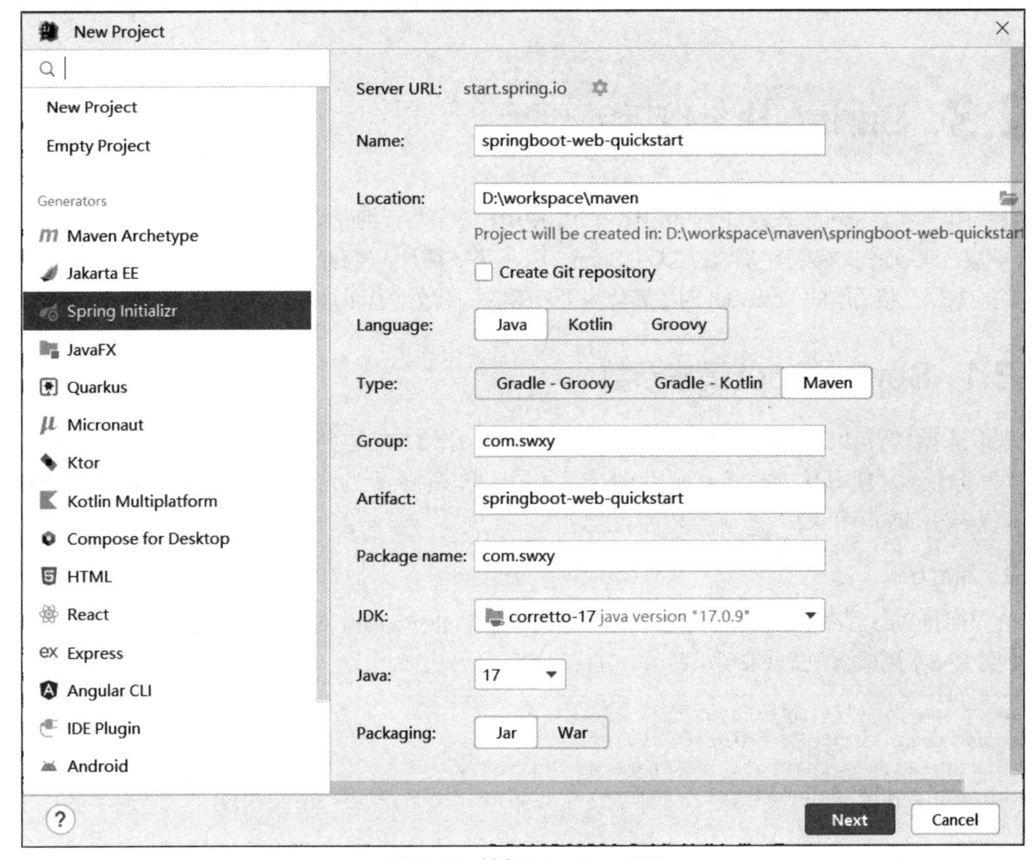

图 12-18　创建 Spring Boot 工程

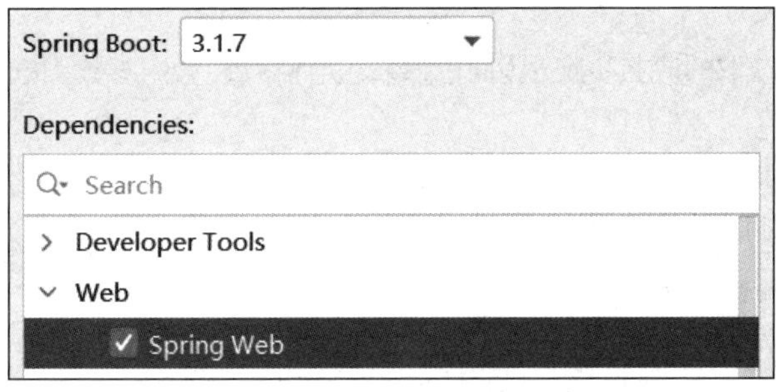

图 12-19　选中 Spring Boot Web 起步依赖

（2）定义 HelloController 类，添加方法，并添加注解。项目目录结构和代码如图 12-20 所示。

springboot-web-quickstart D:\workspace\maven\sprir
.idea
.mvn
src
main
java
com.swxy
controller
HelloController
SpringbootWebQuickstartApplication

```
@RestController
public class HelloController {
    @RequestMapping(method = RequestMethod.GET,value ="/hello")
    public String hello(){
        System.out.println("Hello World!");
        return "Hello World!";
    }
}
```

图 12-20　项目目录结构和代码

（3）运行测试。

启动项目，在浏览器地址栏中输入“http://localhost:8080/hello”进行访问。

12.3 Spring Boot 应用

上一节学习了 Spring Boot 工程的创建和简单使用，本节将详细介绍 Spring Boot 请求参数和 Spring Boot 响应。获取请求参数分为原始方式和 Spring Boot 方式两种。Spring Boot 应用通过@ResponseBody 注解响应数据，将后端的 JavaBean 对象转化为 JSON 格式的数据返回给前端。

12.3.1 Spring Boot 请求参数

获取请求参数可以采用原始方式和 Spring Boot 方式。原始方式是使用 HttpServletRequest 对象获取参数，代码量较多，使用不方便；Spring Boot 方式可以获取多种类型的请求参数，如简单参数、实体参数等，该方式更加简单和灵活。

1．原始方式

在早期的 Web 程序中，获取请求参数需要通过 HttpServletRequest 对象手动获取，如例 12-8 所示。

【例 12-8】用原始方式获取请求参数，其代码如下：

```
@RequestMapping("/simpleParam")
public String simpleParam(HttpServletRequest request){
    String name = request.getParameter("name");
    String age = request.getParameter("age");
    return "success";
}
```

2．Spring Boot 方式

用 Spring Boot 方式获取的请求参数分为简单参数、实体参数、数组参数、集合参数、日期参数、JSON 参数和路径参数。

（1）简单参数。参数名与形参变量名相同，定义形参即可接收参数，如例 12-9 所示。

【例 12-9】简单参数示例，其代码如下：

```
@RequestMapping("/simpleParam")
public String simpleParam(String name,Integer age){
    System.out.println(name+" : "+age);
    return "success";
}
```

如果方法的形参名称与请求参数名称不匹配，可以使用@RequestParam 完成映射，如例 12-10 所示。

【例 12-10】形参名称与请求参数名称不匹配时的简单参数示例，其代码如下：

```
@RequestMapping("/simpleParam")
public String simpleParam(@RequestParam(name="name") String userName, Integer age){
    System.out.println(userName+" : "+age);
    return "success";
}
```

（2）实体参数

简单实体对象：请求参数名与形参对象属性名相同，定义 POJO 接收即可，如例 12-11 所示。

【例 12-11】简单实体对象示例，其代码如下：

```
@RequestMapping("/simplePojo")
public String simplePojo(User user){
    System.out.println(user);
    return "success";
}
```

复杂实体对象：请求参数名与形参对象属性名相同，按照对象层次结构关系即可接收嵌套 POJO 属性参数，请求参数名为 address.province 和 address.city，如例 12-12 所示。

【例 12-12】复杂实体对象示例，其代码如下：

```
public class User {
    private String name;
    private int age;
    private Address address;
}
public class Address {
    private String province;
    private String city;
}
```

（3）数组参数。请求参数名与形参数组名称相同且请求参数为多个，定义数组类型形参即可接收参数，如例 12-13 所示。

【例 12-13】数组参数示例，其代码如下：

```
@RequestMapping("/arrayParam")
public String arrayParam(String[] hobby){
    System.out.println(Arrays.toString(hobby));
    return "success";
}
```

（4）集合参数。请求参数名与形参集合名称相同且请求参数为多个，可以使用@RequestParam 绑定参数，如例 12-14 所示。

【例 12-14】集合参数示例，其代码如下：

```
@RequestMapping("/arrayParam")
public String arrayParam(@RequestParam List<String> hobby){
    System.out.println(hobby);
    return "success";
}
```

（5）日期参数。使用@DateTimeFormat 注解完成日期参数格式转换，如例 12-15 所示。

【例 12-15】日期参数示例，其代码如下：

```
@RequestMapping("/dateParam")
public  String dateParam(@DateTimeFormat(pattern = "yyyy-MM-dd HH:mm:ss") LocalDateTime
createTime){
    System.out.println(createTime);
```

```
    return "success";
}
```

（6）JSON 参数。JSON 数据键名与形参对象属性名相同，定义 POJO 类型形参即可接收参数，需要使用@RequestBody 标识，代码如例 12-16 所示。使用 Postman 工具测试，需要选中“Body→raw→JSON”，如图 12-21 所示。

【例 12-16】JSON 参数示例，其代码如下：

```
@RequestMapping("/jsonParam")
public String jsonParam(@RequestBody User user){
    System.out.println(user);
    return "success";
}
```

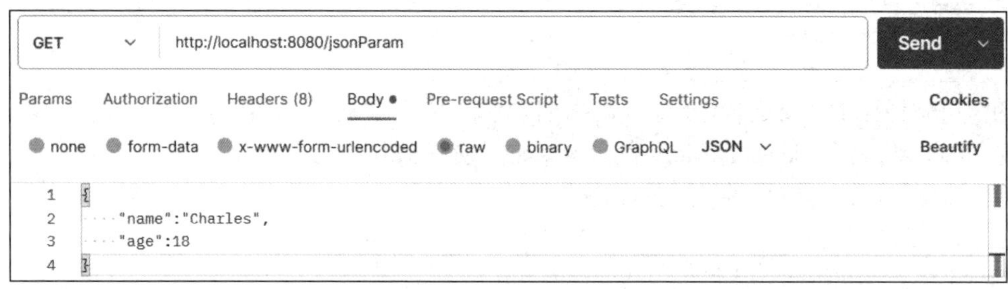

图 12-21 用 Postman 发送 JSON 数据

（7）路径参数。通过请求 URL 直接传递参数，需要使用@PathVariable 获取路径参数，代码如例 12-17 所示，请求路径为“http://localhost:8080/user/1/kitty”。

【例 12-17】路径参数示例，其代码如下：

```
@RequestMapping("/user/{id}/{name}")
public String urlParam(@PathVariable int id,@PathVariable String name){
    System.out.println(id + " : " + name);
    return "success";
}
```

12.3.2 Spring Boot 响应

在 Spring Boot 应用中，通常使用@ResponseBody 注解将方法的返回值作为 response 的 body 部分，将返回的对象通过适当的转换器转换为指定的格式之后，直接将数据写入到输出流中。@ResponseBody 注解等价于通过 response 对象输出指定格式的数据。

1. @ResponseBody 注解的使用

@ResponseBody 分为方法注解和类注解，位于 Controller 方法或类上，是将方法返回值直接响应，如果返回值类型是实体对象或集合，将会转换为 JSON 格式响应。通常使用@RestController 注解。@RestController 包含@Controller 和@ResponseBody 两个注解。

控制层 Controller 方法返回类型可以是字符串、对象、集合等，返回类型不统一，不便管理和难以维护。可以统一响应结果来解决这个问题，即所有的控制层方法统一返回 Result 类型。Result 实体类如例 12-18 所示。

【例 12-18】Result 实体类。

```
public class Result {
    private Integer code; //响应码：1 成功，0 失败
```

```
    private String msg;  //提示信息
    private Object data; //返回的数据
    public static Result success(Object data){
        return new Result(1, "success", data);
    }
    public static Result success(){
        return new Result(1, "success", null);
    }
    public static Result error(String msg){
        return new Result(0, msg, null);
    }
    //省略构造方法、getter/setter 等方法
}
```

2. 综合案例

获取存储在 emp.xml 文件中的员工数据，返回统一响应结果，在页面渲染展示。

具体步骤如下。

（1）准备 emp.xml 文件，如例 12-19 所示。

【例 12-19】emp.xml

```
<emps>
    <emp>
        <id>1</id>
        <name>Charles</name>
        <age>30</age>
        <image>images/1.png</image>
        <gender>1</gender> <!-- 1: 男, 0: 女 -->
        <job>1</job> <!-- 1: 专任教师  2: 辅导员  3: 其他 -->
    </emp>
    <emp>
        <id>2</id>
        <name>Fiona</name>
        <age>38</age>
        <image>images/4.png</image>
        <gender>0</gender>
        <job>3</job>
    </emp>
</emps>
```

（2）在 pom.xml 文件中引入 dom4j 的依赖，用于解析 XML 文件，如例 12-20 所示。

【例 12-20】引入 dom4j 的依赖，其代码如下：

```
<dependency>
    <groupId>org.dom4j</groupId>
    <artifactId>dom4j</artifactId>
    <version>2.1.3</version>
</dependency>
```

（3）创建用于解析 XML 的工具类 XMLParserUtils、对应的实体类 Emp，文件 emp.xml 放在 resources 目录下，XMLParserUtils 文件如例 12-21 所示，实体类 Emp 如例 12-22 所示。

【例 12-21】XMLParserUtils.java

```
public class XmlParserUtils {
    public static <T> List<T> parse(String file , Class<T> targetClass)  {
        ArrayList<T> list = new ArrayList<T>(); //封装解析出来的数据
        try {
            SAXReader saxReader = new SAXReader(); //获取一个解析器对象
```

```
            //利用解析器把xml文件加载到内存中，并返回一个文档对象
            Document document = saxReader.read(new File(file));
            Element rootElement = document.getRootElement(); //获取根标签
            List<Element> elements = rootElement.elements("emp"); //通过根标签来获取
user标签
            for (Element element : elements) { //遍历集合，得到每一个 user 标签
                String id = element.element("id").getText(); //id 属性
                String name = element.element("name").getText(); //name 属性
                String age = element.element("age").getText(); //age 属性
                String image = element.element("image").getText(); //image 属性
                String gender = element.element("gender").getText(); //gender 属性
                String job = element.element("job").getText(); //job 属性
                //组装数据
                Constructor<T> constructor = targetClass.getDeclaredConstructor
(Integer.class, String.class, Integer.class, String.class, String.class, String.class);
                constructor.setAccessible(true);
                T object = constructor.newInstance(Integer.parseInt(id), name,
Integer.parseInt(age), image, gender, job);
                list.add(object);
            }
        } catch (Exception e) {
            e.printStackTrace();
        }
        return list;
    }
}
```

【例 12-22】Emp.java

```
public class Emp {
    private Integer id;
    private String name;
    private Integer age;
    private String image;
    private String gender;
    private String job;
}
```

（4）编写 Controller 程序，处理请求，响应数据，输入“http://localhost:8080/listEmp”进行测试，如例 12-23 所示。

【例 12-23】EmpController.java

```
@RestController
public class EmpController {
    @RequestMapping("/listEmp")
    public Result list(){
        //1. 加载emp.xml
        String file = this.getClass().getClassLoader().getResource("emp.xml").getFile();
        List<Emp> empList = XmlParserUtils.parse(file, Emp.class);
        //2. 对员工信息中的性别、职位字段进行处理
        empList.stream().forEach(emp -> {
            String gender = emp.getGender();
            if("1".equals(gender)){
                emp.setGender("男");
            }else if("0".equals(gender)){
                emp.setGender("女");
            }
```

```
            String job=emp.getJob();
            if("1".equals(job)){
                emp.setJob("专任教师");
            }else if("2".equals(job)){
                emp.setJob("辅导员");
            }else if("3".equals(job)){
                emp.setJob("其他");
            }
        });
        //3. 组装数据并返回
        return Result.success(empList);
    }
}
```

（5）使用 VS Code 创建 Vue 项目，执行打包命令“npm run build”，将生成的 dist 目录下的文件复制到 IDEA 工程目录 resources 的 static 目录下，前端用于显示数据的 emp.html 文件，如例 12-24 所示。

【例 12-24】emp.html

```
<link rel="stylesheet" href="element-ui/index.css">
<script src="./js/vue.js"></script>
<script src="./element-ui/index.js"></script>
<script src="./js/axios-0.18.0.js"></script>
<body>
    <h1 align="center">员工信息列表展示</h1>
    <div id="app">
        <el-table :data="tableData" style="width: 100%"  stripe border >
<el-table-column prop="id" label="编号" align="center" min-width="20%"></el-table-
column>
            <el-table-column prop="name" label="姓名" align="center" min-width="20%">
</el-table-column>
            <el-table-column prop="age" label="年龄" align="center" min-width="20%">
</el-table-column>
            <el-table-column label="图像" align="center"  min-width="20%">
                <template slot-scope="scope">
                    <el-image  :src="scope.row.image"  style="width:  80px;  height:
50px;"></el-image>
                </template>
            </el-table-column>
            <el-table-column prop="gender" label="性别" align="center"  min-width=
"20%"></el-table-column>
            <el-table-column prop="job" label="职位" align="center"  min-width="20%">
</el-table-column>
        </el-table>
    </div>
</body>
<style>
    .el-table .warning-row {
        background: oldlace;
    }
    .el-table .success-row {
        background: #f0f9eb;
    }
</style>

<script>
    new Vue({
        el: "#app",
        data() {
```

```
            return {
                tableData: []
            }
        },
        mounted(){
            axios.get('/listEmp').then(res=>{
                if(res.data.code){
                    this.tableData = res.data.data;
                }
            });
        },
        methods: {
        }
    });
</script>
```

完成以上 5 个步骤后，在浏览器地址栏中输入“http://localhost:8080/emp.html”进行访问，效果如图 12-22 所示。

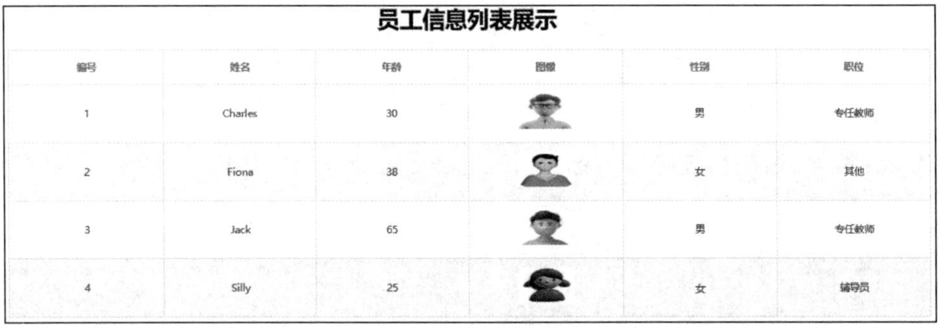

员工信息列表展示

编号	姓名	年龄	图像	性别	职位
1	Charles	30		男	专任教师
2	Fiona	38		女	其他
3	Jack	65		男	专任教师
4	Silly	25		女	辅导员

图 12-22 员工信息列表

12.4 Spring 之 IoC/DI

在前面章节中，创建一个对象采用的是自己创建的方式，这是一个主动的过程。本节将学习 Spring 的 IoC 技术，该技术将创建对象的任务交给 Spring 容器，这是一个被动的过程，通过 DI 注入技术，由容器在运行期动态地将某个依赖关系注入到组件之中。IoC/DI 可以降低代码复杂度和消减计算机程序的耦合度。

12.4.1 什么是 IoC/DI

控制反转（Inversion Of Control，IoC）：对象的创建控制权由程序自身转移到外部（容器），这种思想称为控制反转。IoC 让开发人员不用关注创建对象，把对象的创建、初始化、销毁等工作交给 Spring 容器。

容器为应用程序提供运行时所依赖的资源，称之为依赖注入（Dependency Injection，DI）。依赖注入更加准确地描述了 IoC 的设计理念，是最流行的 IoC 实现方式。依赖注入，即组件之间的依赖关系由容器在应用系统运行期来决定，由容器动态地将目标对象注入到应用系统的组件之中。

Bean 对象：IoC 容器中创建、管理的对象，称为 Bean。

以下两个步骤可以实现三层解耦。

（1）Bean 的声明

要把某个对象交给 IoC 容器管理，需要在对应的类上加上表 12-2 中的注解之一。

表 12-2　注解

注解	说明	位置
@Component	声明 bean 的基础注解	不属于以下三类时，用此注解
@Controller	@Component 的衍生注解	标注在控制器上
@Service	@Component 的衍生注解	标注在业务类上
@Repository	@Component 的衍生注解	标注在数据访问类上

注意

在 Spring Boot 集成 Web 开发中，声明控制器 bean 只能用@Controller；在声明 bean 时，可以通过 value 属性指定 bean 的名字，如果没有指定，默认为类名首字母小写；在 Spring Boot 启动类加上注解@ComponentScan，声明的 bean 才有效果，注解@SpringBootApplication 包含了@ComponentScan 注解，默认扫描的范围是启动类所在包及其子包。

（2）Bean 的注入

@Autowired 注解默认按照类型进行，该注解是 Spring 框架提供的注解，@Resource 默认是按照名称注入，该注解是 JDK 提供的注解。

12.4.2　分层解耦

12.3.2 小节给出的案例，因为耦合度高而难以拆分，代码复用性低，数据访问、业务逻辑和响应请求代码都放在 EmpController 类中，所以需要对其进行分层解耦，以便于进行分工合作、后期维护和提高软件组件的重用，便于替换某种产品（例如，变更持久层框架）、产品功能的扩展和适应用户需求的不断变化。

1．三层架构的概念

控制层（Controller）：接收前端发送的请求，对请求进行处理，并响应数据。

业务逻辑层（Service）：处理具体的业务逻辑。

数据访问层（Data Access Object，DAO）：负责数据访问操作，包括数据的增加、删除、修改、查询。

2．三层架构的应用

综合案例：修改上一小节的 Controller 程序，将程序改成三层架构，其目录结构如图 12-23 所示。

软件设计的原则是高内聚（软件中各个功能模块内部的功能联系）、低耦合（衡量软件中各个层/模块之间的依赖、关联的程序）。

业务逻辑层调用数据访问层的代码如下：

```
EmpDao empDao=new EmpDaoImpl()。
```

如果将数据访问层接口 EmpDao 的实现类改成 EmpDaoImpl，那么业务逻辑层代码也需要做相应的修改。这样违背了低耦合的原则，Spring 框架就可以解决这个问题。Spring 为企业级开发提供了丰富的功能，Spring 框架中的控制反转（IoC）和依赖注入（DI）作为核心特性，为解耦提供了基础。

数据访问层代码如例 12-25 所示，业务逻辑层代码如例 12-26 所示，控制层代码如例 12-27 所示。

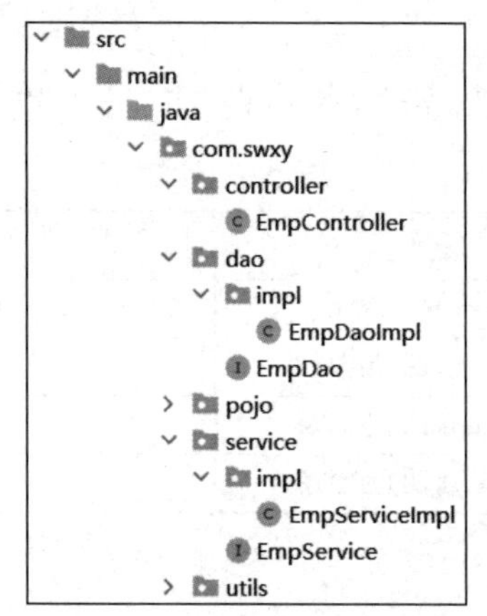

图 12-23　三层架构的目录结构

【例 12-25】EmpDaoImpl.java

```
@Repository
public class EmpDaoImpl implements EmpDao {
    @Override
    public List<Emp> empList() {
        //加载 emp.xml，并解析 emp.xml 中的数据
        String file = this.getClass().getClassLoader().getResource("emp.xml").getFile();
        List<Emp> empList = XmlParserUtils.parse(file, Emp.class);
        return empList;
    }
}
```

【例 12-26】EmpServiceImpl.java

```
@Service
public class EmpServiceImpl implements EmpService {
    //按照名称注入@Resource(name = "empDaoImpl")
    @Autowired //按照类型注入
    EmpDao empDao;
    @Override
    public List<Emp> empList() {
        List<Emp> empList = empDao.empList();
        empList.stream().forEach(emp -> {
           String sex = emp.getSex();
            if(sex.equals("1")){
                  emp.setSex("男");
            }else{
                  emp.setSex("女");
           }
            String job=emp.getJob();
            if("1".equals(job)){
                  emp.setJob("专任教师");
            }else if("2".equals(job)){
                  emp.setJob("辅导员");
            }else if("3".equals(job)){
                  emp.setJob("其他");
            }
        });
        return empList;
    }
}
```

【例 12-27】EmpController.java

```
@Slf4j
@RestController
public class EmpController {
    @Autowired
    EmpService empService;
    @RequestMapping("/listEmp")
    public Result list(){
        //1.调用 servlet，获得数据
        List<Emp> empList = empService.empList();
        //2.组装数据并返回
        return Result.success(empList);
    }
}
```

12.5 Spring 之 AOP

AOP（Aspect Oriented Programming，面向切面编程）是在运行期间通过底层的动态代理机制对特定方法植入增强的代码。AOP 主要适用于记录操作日志、权限控制、事务管理等场景，其主要的优势是代码无侵入、减少重复代码、提高开发效率和维护方便。

12.5.1 入门案例

本小节通过一个入门案例分析 Spring AOP。

综合案例：工程部分功能运行速度较慢，需要统计每个业务方法来定位耗时较长的业务方法。

具体步骤如下。

（1）在 pom.xml 中引入 AOP 的依赖，如例 12-28 所示。

【例 12-28】引入 AOP 依赖，其代码如下：

```
<dependency>
    <groupId>org.springframework.boot</groupId>
    <artifactId>spring-boot-starter-aop</artifactId>
</dependency>
```

（2）编写 AOP 程序（编写切面类），如例 12-29 所示。

【例 12-29】TimeAspect.java

```
@Component
@Aspect
@Slf4j
public class TimeAspect {
    @Around("execution(* com.swxy.service.*.*(..))")
    public Object recordTime(ProceedingJoinPoint proceedingJoinPoint) throws Throwable
{
        long begin = System.currentTimeMillis();
        Object obj = proceedingJoinPoint.proceed();
        long end = System.currentTimeMillis();
        log.info(proceedingJoinPoint.getSignature()+"执行耗时：{}ms",end-begin);
        return obj;
    }
}
```

在例 12-29 中，程序调用 com.swxy.service 包及子包下类的方法时，会执行 recordTime 方法，计算方法的执行耗时。

注意

如果出现异常“java: 程序包 jdk.internal.org.jline.utils 不存在”，那么需要导入以下依赖。其代码如下：

```
<dependency>
    <groupId>ch.qos.logback</groupId>
    <artifactId>logback-classic</artifactId>
</dependency>
```

AOP 的基本术语如表 12-3 所示。

表 12-3　AOP 的基本术语

基本术语	说明
连接点（JoinPoint）	那些被拦截到的点，也就是可以被 AOP 控制的方法
通知（Advice）	拦截到连接点之后所要做的事情就是通知，也就是重复的逻辑，共性功能
切入点（PointCut）	对哪些连接点进行拦截的定义。匹配连接点的条件，通知仅会在切入点方法执行时被应用
切面（Aspect）	横切性关注点的抽象即切面，描述通知与切入点的对应关系
目标对象（Target）	代理的目标对象，也就是通知所应用对象

12.5.2　通知类型

AOP 通知类型分为以下 5 类。

（1）@Around（环绕通知）。当前通知方法在目标方法前、后都被执行。

（2）@Before（前置通知）。当前通知方法在原始切入点方法前执行。

（3）@After（后置通知）。当前通知方法在原始切入点方法后执行。

（4）@AfterReturning（返回后通知）。当前通知方法在原始切入点方法正常执行完毕后执行。

（5）@AfterThrowing（异常后通知）。当前通知方法在原始切入点方法运行抛出异常后执行。

以上 5 类通知都需要设置当前通知方法与切入点之间的绑定关系。

在 Spring 中用 JoinPoint 抽象了连接点，用它可以获得方法执行时的相关信息，如目标类名、方法名、方法参数等。@Around 通知需要显示调用 ProceedingJoinPoint.proceed()方法来让原始方法执行。对于其他 4 类通知，获取连接点信息只能使用 JoinPoint，它是 ProceedingJoinPoint 的父类型。@Around 通知方法必须返回 Object 类型的返回值，来接收原始方法的返回值。

12.5.3　切入点表达式

切入点表达式是描述切入点方法的一种表达式，主要用来决定项目中的哪些方法需要加入通知。切入点表达式有以下两种形式。

（1）execution。根据方法的签名（方法的返回值、包名、类名、方法名、方法参数等信息）来匹配，其语法为：

```
execution(访问修饰符 返回值 包名.类名.方法名(方法参数) throws 异常)
```

表达式必须有返回值和方法名（方法参数），其他部分可以省略。这里的 throws 异常是方法上声明抛出的异常，不是实际抛出的异常。

前置通知如例 12-30 所示。

【例 12-30】前置通知示例，其代码如下：

```
@Before("execution(public com.swxy.service.EmpService.delete(java.lang.Integer))")
public void before(JoinPoint joinPoint){}
```

可以使用通配符描述切入点。

* ：单个独立的任意符号，可以通配任意返回值、包名、类名、方法名、任意类型的一个参数。

.. ：多个连续的任意符号，可以通配任意层级的包，或任意类型、任意个数的参数。

（2）@annotation。根据注解匹配。

首先定义注解，如例 12-31 所示。

【例 12-31】定义注解，其代码如下：

```
//运行时生效
//注解用于方法
@Retention(RetentionPolicy.RUNTIME)
@Target(ElementType.METHOD)
public @interface MyLog {
}
```

然后在切入点方法上添加注解，如例 12-32 所示。

【例 12-32】在切入点方法上加入注解，其代码如下：

```
@MyLog
@Override
public List<Emp> list() {
    return empMapper.list();
}
```

最后在切面类中定义通知方法，如例 12-33 所示。

【例 12-33】在切面类中定义通知方法，其代码如下：

```
@Before("@annotation(com.swxy.aop.MyLog)")
public void before(){
    log.info("before");
}
```

12.6 本章小结

本章重点介绍了 Maven 项目管理工具、Spring Boot 请求参数和响应、Spring IoC/DI 和 Spring AOP。理论与实践有机结合，通过入门案例快速入手，为后面章节项目实践打下坚实的基础。

思考与练习

1. 单选题

（1）在 Maven 项目中，资源和 jar 包存储在仓库中，仓库不包含（　　）。

A. 本地仓库　　B. 远程仓库　　C. 中央仓库　　D. 内部仓库

（2）在 Maven 项目中，坐标不包含（　　）。

A. groupId　　B. artifactId　　C. version　　D. name

（3）在 Spring Boot 应用中，请求参数为集合时，形参前使用（　　）。

A. @RequestBody　　B. @ResponseBody　　C. @RequestParam　　D. @DateTimeFormat

（4）以下注解中，用于业务逻辑层的是（　　）。

A. @Controller　　B. @service　　C. @Repository　　D. @Component

（5）AOP 通知类型不包括（　　）。

A. @Begin　　B. @Before　　C. @After　　D. @AfterReturning

2．简答题

（1）什么是 Spring 框架？简述 Spring 框架的优势。

（2）IoC 能做什么？AOP 是什么？AOP 通知一般包含几种类型（通知）？

第13章 MyBatis 框架

MyBatis 是一个开源的 Java 持久层框架，旨在简化数据库操作，并提供灵活的查询能力。MyBatis 使用 SQL 语句和配置文件实现数据映射，减少了 JDBC 代码的复杂性，并且与 Spring 等框架无缝集成，为 Java 开发人员对数据库的操作提供了便利。

本章首先介绍 MyBatis 基本操作，然后介绍 XML 映射配置文件和 MyBatis 动态 SQL，最后通过“传统方法”和“分页插件 PageHelper”两种方式分析分页查询。

13.1 MyBatis 基本操作

在 Web 实际开发中，应用程序经常使用数据库来管理数据，第 8 章学习了 JDBC 编程，JDBC 是一套用于执行 SQL 语句的 Java API，它提供了一个标准接口，用于与任何关系数据库管理系统进行交互。JDBC 底层没有用到连接池，因此十分消耗资源，原生 JDBC 代码修改 SQL 语句后需要整体编译不利于系统的维护，并且不支持缓存、延迟加载等功能。本节将学习 MyBatis 持久层框架及其基础操作，用于简化 JDBC 开发，弥补 JDBC 的不足。

13.1.1 MyBatis 概念

MyBatis 是支持定制化 SQL、存储过程以及高级映射的优秀的持久层框架。它内部封装了 JDBC，使开发者只需要关注 SQL 本身，而不需要花费精力去处理诸如注册驱动、创建 Connection 对象等 JDBC 的烦琐过程。实体和数据库的映射可以在 XML 中配置，也可以使用注解进行配置，将接口和 Java 的 POJO 映射成数据库中的记录。

MyBatis 框架的主要特点如下。

（1）SQL 映射：MyBatis 直接使用 SQL，可以将接口与 SQL 语句绑定，运行时动态地生成 SQL 语句。

（2）简化 JDBC 使用：减少编写重复的 JDBC 代码，使代码更加简洁。

（3）无侵入性：MyBatis 完全依赖于接口，不会影响原始的代码结构。

（4）灵活性：MyBatis 的 SQL 直接写在 XML 或注解中，可以随时修改 SQL 语句，不影响原始 Java 代码。

（5）动态 SQL：支持动态 SQL，可以根据不同的条件生成不同的 SQL 语句。

（6）与 Spring 集成：MyBatis 可以与 Spring 框架无缝集成，简化了配置过程。

13.1.2 MyBatis 基础操作

本小节将通过一个案例分析 MyBatis 基础操作。

具体步骤如下。

（1）创建一个 Spring Boot 工程，选择引入对应的起步依赖（mybatis、mysql 驱动、lombok 和 web）。

（2）在 application.properties 中引入数据库连接信息，启动 MyBatis 的日志功能，并指定输出到控制台，如例 13-1 所示。

【例 13-1】配置数据库连接信息和打开 MyBatis 的日志功能，其代码如下：

```
spring.datasource.driver-class-name=com.mysql.cj.jdbc.Driver
spring.datasource.url=jdbc:mysql://localhost:3306/mybatis
spring.datasource.username=root
spring.datasource.password=123456

mybatis.configuration.log-impl=org.apache.ibatis.logging.stdout.StdOutImpl
```

（3）创建数据库表 emp 和对应的实体类 Emp，创建表语句和实体类代码如例 13-2、例 13-3 所示。

【例 13-2】创建数据库表 emp，其 SQL 语句如下：

```
create table emp (
    id int unsigned primary key auto_increment comment 'ID',
    username varchar(20) not null unique comment '用户名',
    password varchar(32) default '123456' comment '密码',
    name varchar(10) not null comment '姓名',
    gender tinyint unsigned not null comment '性别，说明：1 男，0 女',
    image varchar(300) comment '图像',
    job tinyint unsigned comment '职位：1 专任教师，2 辅导员，3 其他,
    entrydate date comment '入职时间',
    dept_id int unsigned comment '部门 ID',
    create_time datetime not null comment '创建时间',
    update_time datetime not null comment '修改时间'
) comment '员工表';
```

【例 13-3】创建实体类 Emp.java，其代码如下：

```
@Data
@AllArgsConstructor
@NoArgsConstructor
public class Emp {
    private Integer id;
    private String username;
    private String password;
    private String name;
    private Short gender;
    private String image;
    private short job;
    private LocalDate entrydate;
    private Integer deptId;
    private LocalDateTime createTime;
    private LocalDateTime updateTime;
}
```

（4）准备 Mapper 接口 EmpMapper。MyBatis 支持参数占位符，对于字符参数和非字符参数提供了两种不同的参数占位符，字符类型的参数使用${}，而非字符类型的参数使用#{}。

① #{}。执行 SQL 时，会将#{}替换为?，生成预编译 SQL，会自动设置参数值，适用于参数传递。

② ${}。拼接 SQL。直接将参数拼接在 SQL 语句中，存在 SQL 注入问题，适用于对表名、列表进行动态设置的场景。当使用模糊查询时，必须使用${}形式的参数占位符，因为模糊查询的参数是字符类

型的。使用${}形式会有 SQL 注入的风险，因此通常使用#{}来代替${}，格式如下：

```
name like concat('%',#{name},'%')
```

增加、删除、修改、查询操作如例 13-4 所示。

【例 13-4】EmpMapper.java

```
@Mapper
public interface EmpMapper {
    @Options(keyProperty = "id",useGeneratedKeys = true)
    @Insert("INSERT  INTO  emp(username,  password,  name,  gender,  image,  job,
entrydate,dept_id, create_time, update_time) "+
"VALUES(#{username},#{password},#{name},#{gender},#{image},#{job},#{entrydate},#{de
ptId},#{createTime},#{updateTime})")
    public void insert(Emp emp);

    @Delete("delete from emp where id = #{id}")
    public void delete(Integer id);

    @Update("update emp set username=#{username}, password=#{password}, name=
#{name}, gender=#{gender}, image=#{image}, job=#{job}, entrydate=#{entrydate},dept_
id=#{deptId}, create_time=#{createTime}, update_time=#{updateTime}"+" where id=#{id}")
    public void update(Emp emp);

    @Select("select * from emp where id=#{id}")
    public Emp getById(Integer id);

    @Select("select * from emp where name like concat('%',#{name},'%') and gender =
#{gender} and entrydate between #{begin} and #{end}")
    public List<Emp> list(String name, Short gender, LocalDate begin,LocalDate end);
}
```

（5）数据封装。实体类属性名和数据库字段名一致，MyBatis 会自动封装，如果实体类属性名和数据库字段名不一致，不能自动封装，这种情况下的封装有以下 3 种方式。

① 起别名。在 SQL 语句中，对不一样的列名起别名，保持别名和实体类属性名一致，如例 13-5 所示。

【例 13-5】给列名起别名，其代码如下：

```
@Select("select    id,username,    password,name,gender,image,job,entrydate,dept_id
deptId,create_time createTime,update_time updateTime from emp where id=#{id}")
public Emp getById(Integer id);
```

② 手动设置结果映射。通过@Results 及@Result 手动设置结果映射，如例 13-6 所示。

【例 13-6】设置 MyBatis 的结果映射，其代码如下：

```
@Select("select * from emp where id = #{id}")
@Results({
    @Result(column = "dept_id",property = "deptId"),
    @Result(column = "create_time",property = "createTime"),
    @Result(column = "update_time",property="updateTime")
})
public Emp getById(Integer id);
```

③ 开启驼峰命名。如果数据库字段名与实体类属性名符合驼峰命名规则，MyBatis 会自动通过驼峰命名规则映射，在 application.properties 中进行设置，如例 13-7 所示。

【例 13-7】开启驼峰命名，其代码如下：

```
mybatis.configuration.map-underscore-to-camel-case=true
```

13.2 XML 映射配置文件

上一节介绍了 MyBatis 基础操作，当业务比较复杂时，使用 MyBatis 的注解方式会导致代码可读性差、SQL 维护成本高、代码重复率高、不利于分层结构，注解方式适合简单 SQL。本节将学习第二种方式：XML 映射配置文件。使用 XML 映射配置文件的优点是易于上手、便于统一管理和优化、解除 SQL 与程序代码的耦合等，使用 XML 映射配置文件适合实现复杂的 SQL 功能。

13.2.1 XML 映射文件

使用 XML 映射文件需要遵守以下规范。

（1）XML 映射文件的名称与 Mapper 接口名称一致，并且将 XML 映射文件和 Mapper 接口放置在相同包下。

（2）XML 映射文件的 namespace 属性与 Mapper 接口权限定名一致。

（3）XML 映射文件中 SQL 语句的 id 与 Mapper 接口中的方法名一致，并保持返回类型一致。

本小节将通过一个案例来介绍 XML 映射配置文件。

综合案例：使用 XML 映射配置文件方式实现员工的增加、删除、修改，根据员工 ID 查询单条记录和多条件模糊查询员工信息功能。

工程目录结构如图 13-1 所示。

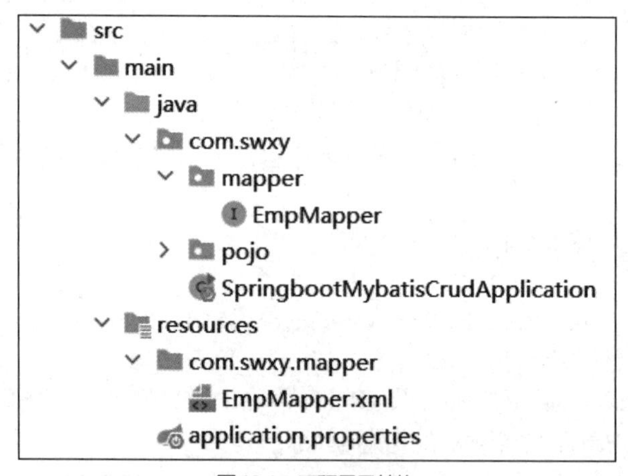

图 13-1　工程目录结构

具体步骤如下。

（1）创建文件 EmpMapper.java，如例 13-8 所示。

【例 13-8】 EmpMapper.java

```
@Mapper
public interface EmpMapper {
    public void insert(Emp emp);
    public void delete(Integer id);
    public void update(Emp emp);
    public Emp getById(Integer id);
    public List<Emp> list(String name, Short gender, LocalDate begin,LocalDate end);
}
```

（2）创建 EmpMapper.xml 文件，如例 13-9 所示。

【例 13-9】EmpMapper.xml

```
<mapper namespace="com.swxy.mapper.EmpMapper">
    <insert id="insert" keyProperty="id" useGeneratedKeys="true">
        INSERT INTO emp(username, password, name, gender, image, job,
entrydate,dept_id,
        create_time, update_time)VALUES(#{username},#{password},#{name},#{gender},
        #{image},#{job},#{entrydate},#{deptId},#{createTime},#{updateTime})
    </insert>
    <delete id="delete">
        delete from emp where id = #{id}
    </delete>
    <update id="update">
        update emp set username=#{username}, password=#{password}, name=#{name},
            gender=#{gender}, image=#{image}, job=#{job}, entrydate=#{entrydate},
            dept_id=#{deptId}, create_time=#{createTime}, update_time=#{updateTime}
        where id=#{id}
    </update>
    <select id="getById" resultType="com.swxy.pojo.Emp">
        select * from emp where id=#{id}
    </select>
    <select id="list" resultType="com.swxy.pojo.Emp">
        select * from emp where name like concat('%',#{name},'%') and
            gender = #{gender} and entrydate between #{begin} and #{end}
    </select>
</mapper>
```

（3）编写测试类，如例 13-10 所示。

【例 13-10】SpringbootMybatisCrudApplicationTests.java

```
@Slf4j
@SpringBootTest
class SpringbootMybatisCrudApplicationTests {
    @Autowired
    private EmpMapper empMapper;
    @Test
    void testInsert(){
        Emp emp=new Emp(0,"oky","123456","蒋亚平",(short)1,"1.png",(short) 4,
           LocalDate.of(2021, 3, 5),2, LocalDateTime.now(),LocalDateTime.now());
        log.info("增加员工");
        empMapper.insert(emp);
    }
    @Test
    void testDelet(){
        log.info("删除编号为 {} 的员工",18);
        empMapper.delete(18);
    }
    @Test
    void testUpdate(){
        Emp emp=new Emp(19,"chalyabc","123456789","Charles",(short)1,"1.png",
           (short) 4, LocalDate.of(2021, 3, 5),2, LocalDateTime.now(),LocalDateTime.now());
        log.info("修改员工");
        empMapper.update(emp);
    }
    @Test
    void testGetById(){
        Emp emp = empMapper.getById(1);
        System.out.println(emp);
    }
```

```
    @Test
    void testList(){
        List<Emp> empList = empMapper.list("蒋", (short) 1,
            LocalDate.of(1990, 5, 6), LocalDate.of(2024, 5, 9));
        System.out.println(empList);
    }
}
```

13.2.2 MyBatis 动态 SQL

随着用户的输入或外部条件的变化而变化的 SQL 语句，称为动态 SQL。

常用的动态 SQL 如下。

1．if、where、set 和 trim 元素

if 元素用于判断条件是否成立。使用 test 属性进行条件判断，如果条件为 true，则拼接 SQL。where 元素只会在子元素有内容的情况下才插入 where 子句，而且会自动去除子句开头的 AND 或 OR。set 元素动态地在行首插入 SET 关键字，并会删除额外的逗号，用于 update 语句中。trim 元素用于字符连接。

综合案例：当员工姓名不为空时，根据员工姓名修改员工的用户名和密码，代码如例 13-11 所示。

【例 13-11】使用动态 SQL 修改员工信息。

```
<update id="update">
    update emp
    <set>
        <if test="username!=null">
            username=#{username},
        </if>
        <if test="password!=null">
            password=#{password},
        </if>
    </set>
    <where>
        <if test="name != null">
          name=#{name}
        </if>
    <where>
</update>
```

2．foreach 标签

foreach 标签可以用来遍历数组、列表和 Map 等集合参数，实现批量操作或一些简单 SQL 操作。foreach 元素属性及作用如下。

collection：集合名称。

item：集合遍历出来的元素或者项。

separator：每一次遍历使用的分隔符。

open：遍历开始前拼接的片段。

close：遍历结束后拼接的片段。

综合案例：根据员工编号批量删除员工数据，关键代码如例 13-12 所示。

【例 13-12】foreach 标签的使用，其代码如下：

```
<delete id="deleteByIds">
      delete from emp where id in
```

```
    <foreach collection="ids" item="id" separator="," open="(" close=")">
        #{id}
    </foreach>
</delete>
```

3．sql 和 include 元素

sql 元素用来定义可重用的 SQL 片段。include 元素通过属性 refid 指定包含的 sql 片段。

综合案例：根据员工编号查询员工信息，关键代码如例 13-13 所示。

【例 13-13】sql 和 include 元素的示例，其代码如下：

```
<sql id="commonSelect">
    select id, username, password, name, gender, image, job,
      entrydate,dept_id, create_time, update_time from emp
</sql>
<select id="getById" resultType="com.swxy.pojo.Emp">
    <include refid="commonSelect"/>
    where id=#{id}
</select>
```

13.3 分页查询

在应用开发中，数据列表页面数据量过大，一次性查询出所有的信息，服务器压力大，并且响应速度慢，通常会使用分页查询来提高查询效率。分页查询是指在查询结果过多时，将数据进行分页显示，每页只显示用户自定义的行数，并允许用户通过翻页来查看完整数据的一种查询方式。分页查询可提高用户体验度，同时减少一次性加载内存溢出的风险。本节采用传统方法和分页插件 PageHelper 分析分页查询。

13.3.1 传统方法

客户端通过传递页码、每页显示记录条数两个参数给服务器，分页查询数据库表中的数据，数据库通过分页函数进行分页。例如，MySQL 使用 limit 函数，数据访问层需要编写获取总记录数和分页查询两个方法。

（1）创建实体类 PageBean，如例 13-14 所示。

【例 13-14】PageBean.java

```
@Data
@NoArgsConstructor
@AllArgsConstructor
public class PageBean {
    private Long total;
    private List rows;
}
```

（2）编写数据访问层 EmpMapper 文件，如例 13-15 所示。

【例 13-15】EmpMapper.mapper

```
@Mapper
public interface EmpMapper {
    @Select("select count(*) from emp")
    public Long count();
```

```
    @Select("select * from emp limit #{start},#{pageSize}")
    public List<Emp> page(Integer start, Integer pageSize);
}
```

（3）编写业务逻辑层实现类，如例 13-16 所示。

【例 13-16】EmpServiceImpl.java

```
@Service
public class EmpServiceImpl implements EmpService {
    @Autowired
    private EmpMapper empMapper;
    @Override
    public PageBean page(Integer page, Integer pageSize) {
        Long count = empMapper.count();
        Integer start = (page-1) * pageSize;
        List<Emp> empList = empMapper.page(start, pageSize);
        PageBean pageBean = new PageBean(count,empList);
        return pageBean;
    }
}
```

（4）编写控制层，如例 13-17 所示。

【例 13-17】EmpController.java

```
@RestController
public class EmpController {
    @Autowired
    private EmpService empService;
    @GetMapping("/emps")
    public Result page(@RequestParam(defaultValue = "1")
        Integer page,@RequestParam(defaultValue = "2") Integer pageSize){
        PageBean pageBean = empService.page(page, pageSize);
        return Result.success(pageBean);
    }
}
```

（5）使用 Postman 进行测试，如图 13-2 所示。

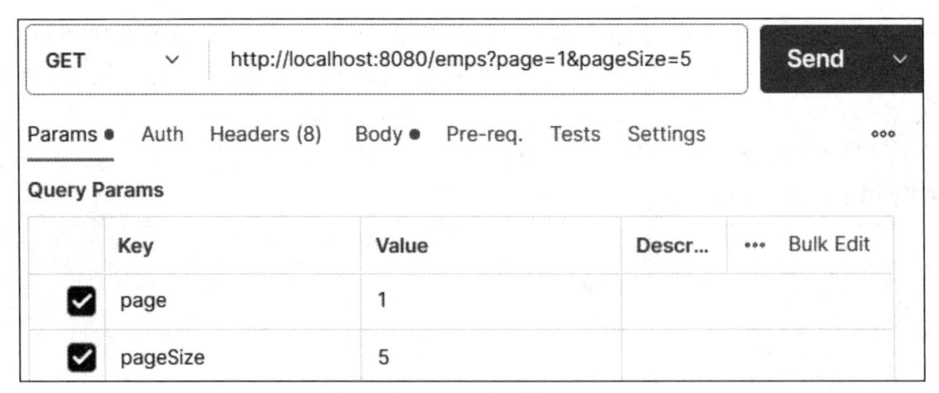

图 13-2　分页测试

13.3.2　分页插件 PageHelper

使用分页插件 PageHelper 进行分页，需要添加分页插件的依赖，数据访问层只需查询所有记录，PageHelper 插件会根据所有记录进行分页，使用起来比传统方法更简单。

使用分页插件 PageHelper 实现分页的具体步骤如下。

（1）添加 PageHelper 分页插件的依赖，如例 13-18 所示。

【例 13-18】添加 PageHelper 分页插件的依赖。

```
<dependency>
    <groupId>com.github.pagehelper</groupId>
    <artifactId>pagehelper-spring-boot-starter</artifactId>
    <version>1.4.2</version>
</dependency>
```

（2）编写数据访问层，如例 13-19 所示。

【例 13-19】EmpMapper.java

```
@Mapper
public interface EmpMapper {
    @Select("select * from emp")
    public List<Emp> list(); //员工信息查询
}
```

（3）编写业务逻辑层实现类，如例 13-20 所示。

【例 13-20】EmpServiceImpl.java

```
@Service
public class EmpServiceImpl implements EmpService {
    @Autowired
    private EmpMapper empMapper;
    @Override
    public PageBean page(Integer page, Integer pageSize) {
        PageHelper.startPage(page, pageSize); //设置分页参数
        List<Emp> list = empMapper.list(); //执行查询
        Page<Emp> p = (Page<Emp>)list;
        PageBean pageBean = new PageBean(p.getTotal(),p.getResult()); //封装PageBean对象
        return pageBean;
    }
}
```

（4）编写控制层。控制层代码与传统方法一样，读者可以参考传统方法。

（5）使用 Postman 进行测试，读者可以参考传统方法。

13.4 跨域访问数据

前后端分离是现在主流的架构设计模式，实际应用中，前端应用经常通过跨域来访问后端数据。跨域是指一个域下的文档或脚本试图去请求另一个域下的资源，也就是浏览器不能执行其他网站的脚本，它是由浏览器的同源策略造成的安全限制。同源策略是指 URL 的协议（protocol）、域名（host）和端口（port）都必须相同。

现在前后端分离开发成为主流，前端、后端应用程序通常会部署到不同的服务器中，这样就会有跨域问题。

Vue 运用 Axios 跨域请求后端数据的具体步骤如下。

（1）配置 vue.config.js 文件，如例 13-21 所示。

【例 13-21】vue.config.js

```
devServer:{
   port: 7000,
```

```
    proxy: {
      '/emps': {
        target: 'http://localhost:8080/',
        changeOrigin: true
      }
    }
}
```

（2）请求路径与 vue.config.js 文件保持一致。

请求路径中"/emps"与 vue.config.js 文件 proxy 属性中的"/emps"保持一致，如例 13-22 所示。

【例 13-22】Axios 跨域请求数据。

```
axios.get("/emps?page=" + val + "&pageSize=3").then((result) => {
      this.tableData = result.data.data.rows;
 }).catch((err) => {
      alert(err)
 });
```

13.5 本章小结

本章重点介绍了 MyBatis 基本操作、XML 映射配置文件和分页查询。使用纯 XML 因参数复杂而导致编写大量的重复代码；只使用接口、注解会失去灵活性。因此，在 Web 实际开发中，结合接口、注解和 XML 使用 MyBatis 可以增强灵活性。本章通过案例使读者体会到 MyBatis 的优点和便捷之处，提升开发效率。

思考与练习

1．单选题

（1）下列选项中，关于 MyBatis 说法错误的是（　　）。

A. MyBatis 是一款优秀的持久层框架

B. MyBatis 支持普通 SQL 查询、存储过程

C. MyBatis 是一个开源、轻量级的数据持久化框架，是 JDBC 的替代方案

D. MyBatis 只支持 MySQL 数据库

（2）MyBatis 是一种（　　）类型的持久层框架。

A. MVC 框架　　B. ORM 框架　　C. SSH 框架　　D. SSM 框架

（3）MyBatis 框架的优点不包含（　　）。

A. MyBatis 只能用于 Web 项目开发

B. MyBatis 是最简单的持久化框架，小巧并且简单易学

C. 提供 XML 标签，支持编写动态 SQL 语句

D. 提供映射标签，支持对象与数据库的 ORM 字段关系映射

2．简答题

（1）试述 MyBatis 的优点和缺点。

（2）试述 MyBatis 框架的适用场景。

第五篇

项目实践篇

第14章 项目案例：企业新闻管理系统

通过前面章节的学习，读者已经掌握了Web开发的基础知识，学习这些基础知识是为开发Web项目奠定基础。本章通过一个小型的企业新闻管理系统，讲述如何使用JSP+Servlet模式来开发一个Web应用。通过本章的学习，读者可以掌握Java Web应用开发的流程、方法以及技术。

14.1 项目设计

新闻管理系统分为两个子系统，一是后台管理子系统，二是前台展示子系统。下面说明系统功能需求和功能结构。

14.1.1 系统功能需求

1．后台管理子系统

在后台管理子系统中，用户可以注册，注册后才能登录，登录成功后，只有管理员才能对新闻、公告和用户进行管理。其中，新闻管理包括查询新闻、添加新闻、修改新闻和删除新闻。公告管理包括查询公告、添加公告、修改公告和删除公告；用户管理包括查询用户、添加用户、修改用户和删除用户。

2．前台展示子系统

非注册用户或未登录用户具有的功能如下：浏览首页、企业简介，查看新闻和公告。成功登录的用户除具有未登录用户具有的功能外，如果是管理员，可以进入后台管理子系统对新闻、公告和用户进行管理。

14.1.2 功能结构

新闻管理系统由两部分组成：一部分是前台信息展示，用于展示新闻、公告信息；另一部分是后台信息管理。管理员可以通过后台信息管理的登录入口，输入用户名和密码进行登录，登录成功后，进入后台管理主页面，可以对新闻、公告和用户进行管理；非注册用户只可以浏览前台信息展示功能，如浏览网站首页、企业简介、新闻和公告。系统功能结构图如图14-1所示。

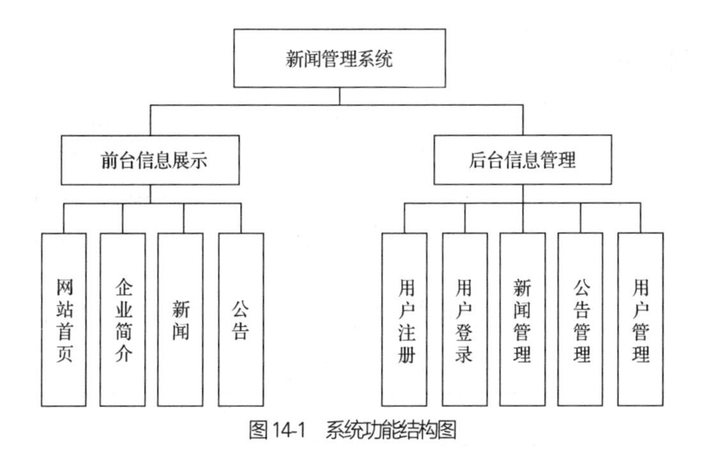

图 14-1 系统功能结构图

14.2 数据库设计

14.2.1 数据库概念结构设计

在设计数据库之前，需要明确系统有哪些实体对象，根据实体对象间的关系设计数据库。E-R 图能够直观地表示实体类型和属性之间的关联关系。下面根据新闻管理系统的需求为本项目的核心实体对象设计 E-R 图，具体如下。

（1）用户实体（user）的 E-R 图，如图 14-2 所示。

（2）新闻实体（news）的 E-R 图，如图 14-3 所示。

（3）公告实体（notice）的 E-R 图，如图 14-4 所示。

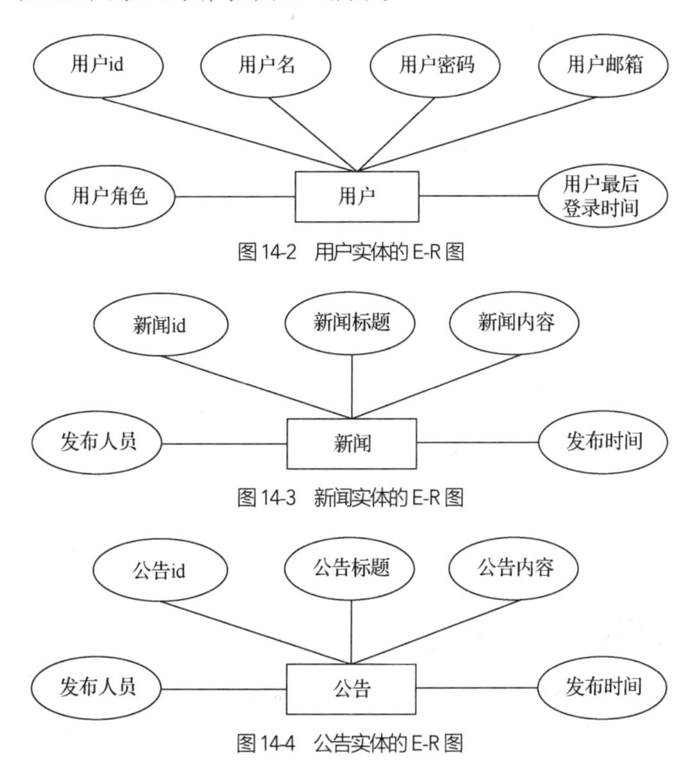

图 14-2 用户实体的 E-R 图

图 14-3 新闻实体的 E-R 图

图 14-4 公告实体的 E-R 图

14.2.2 数据库逻辑结构设计

将数据库概念结构设计中的 E-R 图转换为 MySQL 数据库所支持的实际数据模型，即数据库的逻辑结构。根据系统功能分析，需要对用户、新闻、公告进行记录与维护，所以在此设计表 14-1、表 14-2 和表 14-3 三张表以支撑目前的系统功能，此处设计的数据库名称为 newsmanager。这里只提供数据表的结构，读者可以根据数据表结构自行编写 SQL 语句创建数据表，也可以执行本书配套资源提供的项目源码中的 SQL 语句创建数据表。

（1）用户信息表（user）。用于保存新闻管理系统的用户信息，其结构如表 14-1 所示。

表 14-1　用户信息表

字段名	类型	是否为空	是否为主键	描述
userid	int	否	是	用户编号
username	varchar(50)	否	否	用户名
password	varchar(50)	否	否	密码
email	varchar(50)	否	否	电子邮箱
role	tinyint	是	否	角色（1 管理员　0 普通用户）
lastlogintime	varchar(50	是	否	最后登录时间

（2）新闻表（news）。用于保存新闻管理系统的新闻信息，其结构如表 14-2 所示。

表 14-2　新闻表

字段名	类型	是否为空	是否为主键	描述
newsid	int	否	是	新闻编号
newstitle	varchar(50)	否	否	新闻标题
newscontent	varchar(500)	否	否	新闻内容
newstime	varchar(50)	是	否	发布时间
adminname	varchar(50)	是	否	发布人用户名

（3）公告表（notice）。用于保存新闻管理系统的公告信息，其结构如表 14-3 所示。

表 14-3　公告表

字段名	类型	是否为空	是否为主键	描述
noticeid	int	否	是	公告编号
noticetitle	varchar(50)	否	否	公告标题
noticecontent	longtext	是	否	公告内容
noticetime	varchar(50)	否	否	发布时间
adminname	tinyint	否	否	发布人用户名

14.2.3 创建数据库

根据 14.2.2 小节的数据库逻辑结构创建数据表。由于篇幅有限，这里不再赘述。创建数据表的代码请读者参考本书配套资源中提供的源代码。

14.3 系统管理

14.3.1 准备系统开发环境

1. 系统开发环境

本系统的软件开发及运行环境如下。

（1）操作系统：Windows 10 或更高的 Windows 版本。

（2）JDK 环境：corretto-17 java version "17.0.9"。

（3）开发工具：IntelliJ IDEA 2023。

（4）Web 服务器：apache-tomcat-10.0.27。

（5）数据库：MySQL8.0.32。

（6）浏览器：推荐 Google 或 Firefox 浏览器。

2. 导入相关的 jar 包

本系统采用纯 Java 数据库驱动程序连接 MySQL8.0.32，使用 Servlet 作为控制器，页面使用 EL 表达式和 JSTL 标签库展示数据，所以需要将 mysql-connector-java-8.0.16.jar、servlet-api.jar、jakarta.servlet.jsp.jstl-2.0.0.jar、jakarta.servlet.jsp.jstl-api-2.0.0.jar 添加到项目中。

14.3.2 JSP 页面管理

本系统由后台管理和前台展示两个子系统组成，为了方便管理，这两个子系统的 JSP 页面分开存放。在 web/admin 目录下存放与后台管理相关的 JSP 页面、CSS、JavaScript 和图片；在 web/front 目录下存放与前台展示相关的 JSP 页面、CSS、JavaScript 和图片。由于篇幅受限，本章只附上新闻管理模块、用户注册模块、用户登录模块的核心代码，读者可以参考新闻管理模块，完成公告管理模块和用户管理模块的核心代码。

1. 前台展示子系统

注册用户或非注册用户在浏览器地址栏中输入“http://localhost:8080/NewsManager”就可以访问前台展示子系统的首页。首页（index.jsp）如图 14-5 所示。

图 14-5 前台展示子系统的首页

首页 index.jsp 核心代码如下：

```
<div class="bgStyle">
    <div class="header">
        <div class="logo">
```

```
            <h2 style="color:white;font:bold 30px 楷体">企业新闻管理系统</h2>
        </div>
        <div class="cssmenu">
            <ul>
                <li><a href="index.jsp">首页</a></li>
                <li><a href="about.jsp">企业简介</a></li>
                <li><a href="newsListFrontServlet">新闻</a></li>
                <li><a href="noticeListFrontServlet">公告</a></li>
                <li><a href="../admin/register.jsp">注册</a></li>
                <li><a href="../admin/login.jsp">进入后台</a></li>
            </ul>
        </div>
        <div class="clear"></div>
    </div>
</div>
<div class="second_banner">
    <img src="img/img2.jpg">
</div>
```

2. 后台管理子系统

管理员单击前台展示子系统首页的“进入后台”超链接可访问登录页面，登录成功后，进入后台新闻列表页面（news.jsp）。news.jsp 的运行效果如图 14-6 所示。

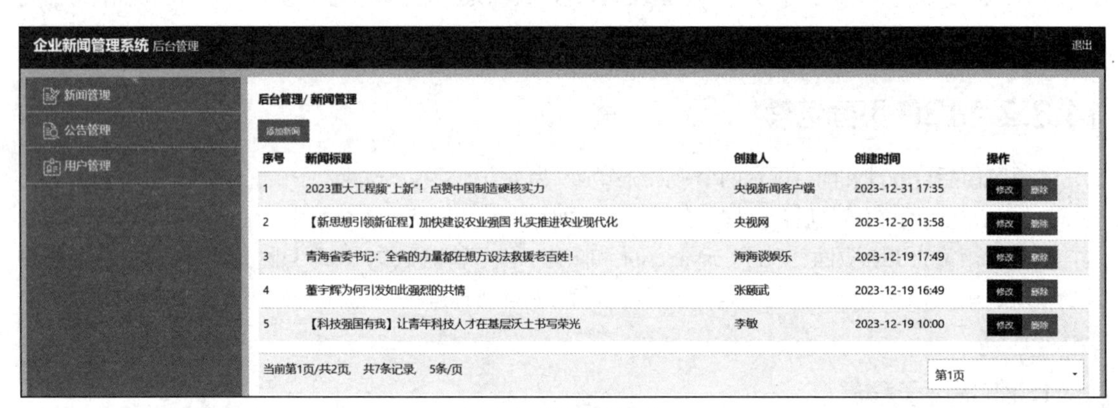

图 14-6 新闻列表页面

后台管理新闻列表页面 news.jsp 的核心代码如下：

```
...
<link rel="stylesheet" href="css/amazeui.min.css"/>
<link rel="stylesheet" href="css/admin.css"/>
<script src="js/main.js"></script>
<script src="js/news.js"></script>
...
<header class="am-topbar admin-header" style="background-color:#2167A9;height:60px">
  <div class="am-topbar-brand" style="color:white;font-size:20px">
     <strong>  企业新闻管理系统</strong> <small>后台管理</small>
  </div>
  <div class="am-collapse am-topbar-collapse" id="topbar-collapse">
     <ul class="am-nav am-nav-pills am-topbar-nav am-topbar-right admin-header-list">
         <li class="am-dropdown">
             <a class="am-dropdown-toggle" style="color:white" href="LogoutServlet">
退出 </a>
```

```
        </li>
     </ul>
  </div>
</header>
...
<div class="admin-sidebar am-offcanvas"
style="background-color:#859FCD;margin:10px 10px" id="admin-offcanvas">
  <div class="am-offcanvas-bar admin-offcanvas-bar" style="height:200px">
      <ul class="am-list admin-sidebar-list">
          <li style="background-color:#859FCD;">
                <a href="newsListServlet" style="color:white" title="新闻管理">
                <img src="img/title1.png" width="25px"/> 新闻管理</a>
          </li>
          <li style="background-color:#859FCD;">
                <a href="noticeListServlet" style="color:white" title="公告管理">
                <img src="img/title2.png" width="25px"/> 公告管理</a>
          </li>
          <li style="background-color:#859FCD;">
                <a href="userListServlet" style="color:white" title="用户管理">
                <img src="img/title3.png" width="25px"/> 用户管理</a>
          </li>
      </ul>
  </div>
</div>
...
```

14.3.3 组件与 Servlet 管理

本系统使用的组件与 Servlet 包层次结构图如图 14-7 所示。

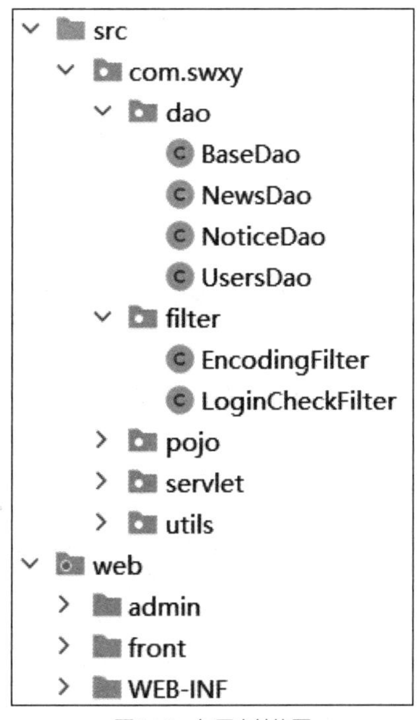

图 14-7 包层次结构图

下面结合图 14-7 详细描述各个包下的文件归类。本系统的业务逻辑比较简单，所以没有考虑业务逻辑层，读者可以自行添加。前台展示子系统的 JSP、CSS 等存放在 web/front 目录下，后台管理子系统的 JSP、CSS 等存放在 web/admin 目录下。

（1）dao 包。dao 包中存放的 Java 程序是实现数据库的操作。BaseDao 中存放通用的方法，如获取数据库连接对象、释放资源、执行增删改操作和执行查询的方法，提高了代码的复用。有关新闻管理系统的数据访问在该类中。

（2）filter 包。filter 包中包含字符编码（EncodingFilter）和登录验证（LoginCheckFilter）两个过滤器。

（3）pojo 包。pojo 包中的类是实现数据封装的实体 bean。

（4）servlet 包。servlet 包中存放的类用来接收客户端请求和响应数据。

（5）utils 包。utils 包中存放的是系统的工具类，包括类型转换等。

14.4 组件设计

本系统的组件包括过滤器、验证码、实体模型、数据库操作及工具类。

14.4.1 过滤器

本系统使用了字符编码和登录验证两个过滤器。

1．设置字符编码过滤器

用户提交请求时，在请求处理前，系统使用过滤器对用户提交的信息进行解码与编码，避免乱码的出现。下面针对 GET 和 POST 两种请求方式分别进行处理，其代码如下：

```
public void doFilter(ServletRequest servletRequest, ServletResponse servletResponse,
FilterChain filterChain) throws IOException, ServletException {
    //转子接口
    HttpServletRequest request=(HttpServletRequest)servletRequest;
    HttpServletResponse response=(HttpServletResponse)servletResponse;
    response.setContentType("text/html;charset=UTF-8");
    //获取请求方式
    String method = request.getMethod();
    //处理请求乱码
    if(method.equalsIgnoreCase("POST")){//POST 方式
        request.setCharacterEncoding("UTF-8");
    }else{//GET 方式
        //取出 key-value 键值对
        Map map = request.getParameterMap();
        Set<String> keys= map.keySet();
        for(String key : keys){
            //根据 key 取值
            String[] values =(String[])map.get(key);
            for(int i=0;i<values.length;i++){
                values[i]=new String(values[i].getBytes("iso-8859-1"),"UTF-8");//转码
            }
        }
    }
    //放行
    filterChain.doFilter(request, response);
}
```

2. 设置登录验证过滤器

```
public void doFilter(ServletRequest servletRequest, ServletResponse servletResponse,
FilterChain filterChain) throws IOException, ServletException {
    HttpServletRequest request=(HttpServletRequest) servletRequest;
    HttpServletResponse response=(HttpServletResponse)servletResponse;
    HttpSession session = request.getSession();
    String request_uri = request.getRequestURI();
    String ctxPath = request.getContextPath();
    String uri = request_uri.substring(ctxPath.length());
    Object user = session.getAttribute("user");
    if(user    ==    null    &&    (uri.contains("news")    ||    uri.contains("user")    ||
uri.contains("notice"))){
        PrintWriter out = response.getWriter();
        out.println("<script>alert('请先登录! ');location.href='login.jsp';</script>");
    }else {
        filterChain.doFilter(request, response);
    }
}
```

3. web.xml 配置过滤器

```
    <!--处理乱码过滤器-->
    <filter>
        <filter-name>EncodingFilter</filter-name>
        <filter-class>com.swxy.filter.EncodingFilter</filter-class>
    </filter>
    <filter-mapping>
        <filter-name>EncodingFilter</filter-name>
        <url-pattern>/*</url-pattern>
    </filter-mapping>
    <!--登录验证过滤器-->
    <filter>
        <filter-name>LoginCheckFilter</filter-name>
        <filter-class>com.swxy.filter.LoginCheckFilter</filter-class>
    </filter>
    <filter-mapping>
        <filter-name>LoginCheckFilter</filter-name>
        <url-pattern>/admin/*</url-pattern>
    </filter-mapping>
```

14.4.2 验证码

本系统验证码的使用步骤如下。

（1）编写 ValidateCodeServlet.java 生成验证码，其代码如下：

```
package com.swxy.servlet;
import jakarta.servlet.ServletException;
import jakarta.servlet.ServletOutputStream;
import jakarta.servlet.http.HttpServlet;
import jakarta.servlet.http.HttpServletRequest;
import jakarta.servlet.http.HttpServletResponse;
import jakarta.servlet.http.HttpSession;

import javax.imageio.ImageIO;
import java.awt.*;
import java.awt.image.BufferedImage;
import java.io.IOException;
import java.util.Random;
```

```
public class ValidateCodeServlet extends HttpServlet {
    @Override
    protected void doGet(HttpServletRequest req, HttpServletResponse resp) throws
ServletException, IOException {
        doPost(req, resp);
    }

    @Override
    protected void doPost(HttpServletRequest req, HttpServletResponse resp) throws
ServletException, IOException {
        String code="";//存放验证码
         //一、准备画板、画笔
        int width=80;
        int height=30;
        BufferedImage bi=new BufferedImage(width, height,BufferedImage.TYPE_INT_
RGB);//画板
        Graphics graphics = bi.getGraphics();//画笔
        //二、画图
        //1.填充背景
        graphics.setColor(Color.white);
        graphics.fillRect(0, 0, width, height);
        //2.画矩形边框
        graphics.setColor(Color.gray);
        graphics.drawRect(0, 0, width-1, height-1);
        Random random=new Random();
        //3.画噪音码
        for(int i=1;i<=80;i++){
            int r=random.nextInt(255);
            int g=random.nextInt(255);
            int b=random.nextInt(255);
            graphics.setColor(new Color(r,g,b));
            graphics.drawOval(random.nextInt(width), random.nextInt(height), 2, 1);
         }
        //4.画干扰线
        graphics.drawLine(0,0,random.nextInt(width),random.nextInt(height));
        graphics.drawLine(random.nextInt(width),random.nextInt(height),
          random.nextInt(width),random.nextInt(height));
        graphics.drawLine(random.nextInt(width),random.nextInt(height),
          random.nextInt(width),random.nextInt(height));
        //5.画字母或数字
        graphics.setFont(new Font("楷体",Font.ITALIC,30));//设置字体
        int r=random.nextInt(125);
        int g=random.nextInt(125);
        int b=random.nextInt(125);
        graphics.setColor(new Color(r,g,b));//颜色
        char[] ch={'a','b','c','d','e','f','g','h','i','j','k', 'l',
                'm','n','o','p','q','r','s','t','u','v','w','x','y',
                'z','A','B','C','D','E','F','G','H','I','J','K','L',
                'M','N','O','P','Q','R','S','T','U','V','W','X','Y',
                'Z', '0','1','2','3','4','5','6','7','8','9'};
        for(int i=1;i<=4;i++){
            char c=ch[random.nextInt(ch.length)];
            code+=c+"";
            graphics.drawString(c+"",16*i,24);
        }
        HttpSession session = req.getSession();
        session.setAttribute("code",code);//随机生成的验证码放入 session 作用域
```

```
        resp.setCharacterEncoding("utf-8");
        ServletOutputStream sos = resp.getOutputStream();
        ImageIO.write(bi,"jpg",sos);//参数1：画板  参数2：图形格式  参数3：输出流
        sos.close();
    }
}
```

（2）在 JSP 页面显示验证码，其代码如下：

```
...
<input type="text" name="code" id="code" value="" placeholder="请输入验证码">
<a href="javascript:refreshCode()"><img id="imgCode" src="ValidateCodeServlet"/></a>
...
```

14.4.3 实体模型

在控制层（Controller）使用实体模型封装 JSP 页面提交的信息，然后由控制层将实体模型传递给业务逻辑层（Service）和数据访问层（DAO）。实现实体模型的类中只有 getter 和 setter 方法，代码简单，读者可自行编写。

14.4.4 数据库操作

本系统有关数据库操作的 Java 类位于包 dao 中，为了方便管理，复用代码，常用的数据库操作都由 BaseDao 实现。新闻管理代码由 NewsDao 实现，公告管理代码由 NoticeDao 实现，用户管理代码由 UsersDao 实现。BaseDao.java 的代码如下所示：

```
public class BaseDao
{
    private Connection conn;
    private String driver;
    private String url;
    private String username="root";
    private String password="123456";
    public BaseDao()
    {
        conn = null;
    }
    //创建数据库连接
    public  Connection getConn()
    {
      try{
          driver = "com.mysql.cj.jdbc.Driver";
          url = "jdbc:mysql://localhost:3306/newsmanager?useUnicode=true&character
Encoding=utf-8&serverTimezone=GMT%2B8 ";
          Class.forName(driver);
          conn = DriverManager.getConnection(url,username,password);
      }catch(Exception e){
          e.printStackTrace();
       }
       return conn;
    }
    //关闭数据库连接
    public void closeAll(ResultSet rs,PreparedStatement stmt,Connection conn){
      try {
          if (rs != null)
              rs.close();
```

```
        if (stmt != null)
            stmt.close();
        if (conn != null)
            conn.close();
    }catch(Exception e){
        e.printStackTrace();
    }
}
//新增、修改、删除处理
public boolean executeUpdate(String sql,Object param[]){
  boolean flag = false;
  Connection conn = getConn();
  PreparedStatement ps = null;
  try{
      ps = conn.prepareStatement(sql);
      if(param != null){
          for(int i=0;i<param.length;i++){
              ps.setObject(i+1, param[i]);
          }
      }
      int n = ps.executeUpdate();
      if(n > 0)
          flag = true;
  }catch (SQLException e){
      e.printStackTrace();
  }finally {
      closeAll(null, ps, conn);
  }
  return flag;
}
//查询(param：通配符对应的值，如果SQL语句无通配符，该数组为null)
public List<Map<String,Object>> executeQuery(String sql,Object[] param){
    Connection conn = getConn();
    PreparedStatement ps = null;
    ResultSet rs = null;
    List<Map<String,Object>> list = new ArrayList<Map<String,Object>>();
    try{
        ps = conn.prepareStatement(sql);
        if(param != null){
            for(int i = 1; i <= param.length; i++){
                ps.setObject(i, param[i-1]);
            }
        }
        rs = ps.executeQuery();
        ResultSetMetaData rm = rs.getMetaData();
        int count = rm.getColumnCount();
        while(rs.next()){
             Map<String,Object> map = new HashMap<String,Object>();
             for(int i=1;i<=count;i++){
                 map.put(rm.getColumnName(i).toLowerCase(),
                         rs.getObject(rm.getColumnName(i)));
             }
             list.add(map);
        }
     }catch (Exception e){
        e.printStackTrace();
     }finally {
        closeAll(rs, ps, conn);
     }
     return list;
}
```

```
    //插入数据（获得最后一个 id）
    public int getLastId(String sql1,String sql2,Object[] param){
        Connection conn = getConn();
        PreparedStatement ps1 = null;
        PreparedStatement ps2 = null;
        ResultSet rs = null;
        int id = 0;
        try{
            ps1 = conn.prepareStatement(sql1);
            if(param != null){
                for(int i=1;i<=param.length;i++){
                    ps1.setObject(i, param[i-1]);
                }
            }
            ps1.executeUpdate();
            ps2 = conn.prepareStatement(sql2);
            rs = ps2.executeQuery();
            if(rs.next()){
                id = rs.getInt(1);
            }
            closeAll(null, ps2, null);
        }catch (Exception e){
            e.printStackTrace();
        }finally {
            closeAll(rs, ps1, conn);
        }
        return id;
    }
}
```

NewsDao.java 的代码如下所示：

```
public class NewsDao {
      BaseDao baseDao=new BaseDao();
      CommonUtils commonUtils=new CommonUtils();
      UsersDao usersDao=new UsersDao();
      //根据新闻 ID 删除新闻
      public boolean delNews(String newsId)
      {
         String sql="delete from News where NewsID=?";
         boolean flag = baseDao.executeUpdate(sql, new Object[]{newsId});
         eturn  flag;
      }
      //修改新闻
      public boolean editNews(News news) {
         String sql="update News set NewsTitle = ?,NewsContent=? where NewsID=?";
         String newsTitle = commonUtils.getStrCN(commonUtils.CheckReplace(news.
getNewsTitle()));
         String newsContent =
             commonUtils.getStrCN(commonUtils.CheckReplace(news.getNewsContent()));
         boolean flag = baseDao.executeUpdate(sql,
new Object[]{newsTitle, newsContent, news.getNewsId()});
         return flag;
      }
      //添加新闻
      public boolean addNews(News news)
      {
         String sql1 = "select * from News order by NewsID desc";
         List<Map<String, Object>> maps = baseDao.executeQuery(sql1, null);
         Map<String, Object> map = maps.get(0);
```

```
        Object newsid = map.get("newsid");
        String sql2 = "insert into News (NewsID,NewsTitle,NewsContent,NewsTime,
AdminName)
                values (?,?,?,?,?)";
        SimpleDateFormat format1 = new SimpleDateFormat("yyyy-MM-dd HH:mm");
        String newsTime = format1.format(new Date());
        boolean flag = baseDao.executeUpdate(sql2, new Object[]{(Integer) newsid + 1,
        commonUtils.getStrCN(commonUtils.CheckReplace(news.getNewsTitle())),
        commonUtils.getStrCN(news.getNewsContent()), newsTime, news.getAdminName()});
        return flag;
    }

    /**
     * 查询新闻（分页）
     * @param pageIndex 页码
     * @param pageSize  页大小
     * @return 新闻集合
     */
    public List<Map<String,Object>> listNews(int pageIndex,int pageSize)
    {
        int start=(pageIndex-1) * pageSize;
        String sql="select * from News order by NewsID desc limit ?,? ";
        List<Map<String, Object>> list = baseDao.executeQuery(sql, new Object[]{start,
pageSize});
        return list;
    }
    //获取新闻总记录数
    public int getNewsCount()
    {
        String sql="select count(*) as c from News";
        List<Map<String, Object>> maps = baseDao.executeQuery(sql, null);
        return Integer.parseInt(maps.get(0).get("c").toString());
    }
    //根据新闻 ID 查询新闻的详情
    public Map<String, Object> frontNewsDetail(String id) {
        String sql = "select * from News where NewsID=?";
        List<Map<String, Object>> list = baseDao.executeQuery(sql, new Object[]{id});
        return list.get(0);
    }
}
```

UsersDao.java 的代码如下所示：

```
public class UsersDao {
    CommonUtils commonUtils=new CommonUtils();
    BaseDao baseDao=new BaseDao();
    //登录验证（返回用户对象）
    public Map<String,Object> loginCheck(String uname, String pwd) {
        String username = commonUtils.CheckReplace(uname);
        String password = commonUtils.CheckReplace(pwd);
        String sql="select * from user where username=? and password=?";
        List<Map<String, Object>> list = baseDao.executeQuery(sql,
new Object[]{username, password});
        return list.get(0);
    }
    //查询用户（返回用户集合）
    public List<Map<String,Object>> listUser() {
        List<Map<String, Object>> list =
```

```
baseDao.executeQuery("select * from user order by userId desc", null);
        return list;
    }
    //用户注册
    public boolean registerUser(User user)
    {
        String sql = "INSERT INTO user(username,password,email,role,lastlogintime) "+
" VALUES (?, ?, ?, ?, ?)";//创建数据库插入语句
        SimpleDateFormat format1 = new SimpleDateFormat("yyyy-MM-dd HH:mm");
        String newsTime = format1.format(new Date());//将日期格式化为字符串
        boolean flag = baseDao.executeUpdate(sql, new Object[]{
user.getUserName(), user.getPassword(), user.getEmail(), user.getRole(), newsTime});
        return flag;
    }
  }
```

读者可以参考 NewsDao.java 编写 NoticeDao.java 的代码。

14.4.5 工具类

本系统使用的工具类 CommonUtils.java 的代码如下：

```
//字符转换
public String CheckReplace(String s) {
    try {
        if ((s == null) || (s.equals("")))
            return "";
        StringBuffer stringbuffer = new StringBuffer();
        for (int i = 0; i < s.length(); i++) {
            char c = s.charAt(i);
            switch (c) {
                case '"':
                    stringbuffer.append("&quot;");
                    break;
                case '\'':
                    stringbuffer.append("&#039;");
                    break;
                case '|':
                    break;
                case '&':
                    stringbuffer.append("&amp;");
                    break;
                case '<':
                    stringbuffer.append("&lt;");
                    break;
                case '>':
                    stringbuffer.append("&gt;");
                    break;
                default:
                    stringbuffer.append(c);
            }
        }
        return stringbuffer.toString().trim();
    } catch (Exception e) {}
    return "";
    }
public String getStrCN(String s) {
        if (s == null)
            s = "";
```

```
        try {
            byte[] abyte0 = s.getBytes("GBK");//以“GBK”的方式转换为字节数组
            s = new String(abyte0);
        } catch (Exception e) {
            s = "";
        }
        return s;
    }
    //字符串转整数
    public int StrToInt(String s) {
        try {
            return Integer.parseInt(CheckReplace(s));
         } catch (Exception e) {}
        return 0;
    }
```

14.5 后台管理子系统的实现

14.4 节已经介绍了系统的数据库操作，本节只介绍 JSP 页面和 Servlet 的核心实现。

14.5.1 用户注册

1. 视图

register.jsp 页面提供注册信息输入界面，如图 14-8 所示。

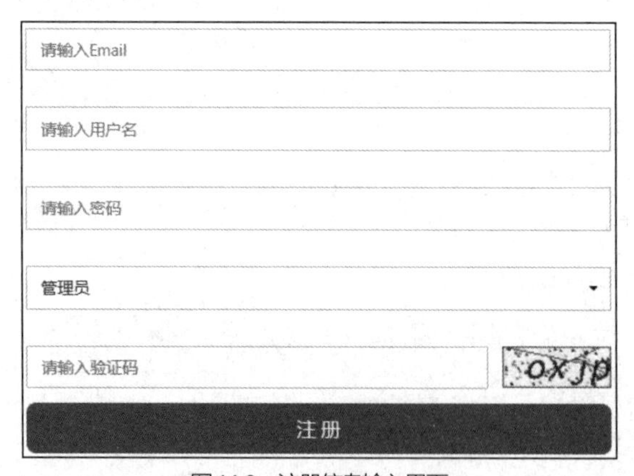

图 14-8 注册信息输入界面

2. 控制器

该控制器 Servlet 对象的<url-pattern>是/admin/RegisterServlet，控制器获取视图的请求后，将视图中的信息封装在实体模型 News 中传递给数据访问层，注册成功后跳到登录界面进行登录。RegisterServlet.java 核心代码如下：

```
...
UsersDao usersDao = new UsersDao();
HttpSession session = req.getSession();
//验证码生成后放在 session 中，这里获取 session 中的验证码
Object sessionCode = session.getAttribute("code");
if (sessionCode.toString().equals(code)) {
```

```
    boolean result = usersDao.registerUser(user);
    if (result) {
        session.setAttribute("user", user);
        out.println("<SCRIPT LANGUAGE='JavaScript'>"+
                    "alert('注册成功! ');location.href='login.jsp';</SCRIPT>");
    } else {
        out.println("<SCRIPT LANGUAGE='JavaScript'>"+
                    "alert('注册失败! ');location.href='register.jsp';</SCRIPT>");
    }
}else{
    out.println("<SCRIPT LANGUAGE='JavaScript'>alert('验证码有误! ');"+
                    "location.href='login.jsp';</SCRIPT>");
}
...
```

14.5.2　用户登录

管理员输入用户名、密码和验证码后，系统将进行验证。如果输入正确，则成功登录，进入新闻列表页面；如果输入有误，则提示错误。

1. 视图

login.jsp 页面提供登录信息输入界面，如图 14-9 所示。

图 14-9　登录信息输入界面

2. 控制器

该控制器 Servlet 对象的<url-pattern>是/admin/loginServlet，登录成功后，首先将用户对象存入 session，然后进入 news.jsp 页面。登录失败则回到 login.jsp 页面。LoginServlet.java 的核心代码如下：

```
...
UsersDao usersDao = new UsersDao();
Map<String, Object> user = usersDao.loginCheck(username, pwd);
HttpSession session = req.getSession();
Object sessionCode = session.getAttribute("code");
if (user!=null && sessionCode.toString().equals(code)) {
session.setAttribute("user", user);
    out.println("<SCRIPT LANGUAGE='JavaScript'>alert('登录成功! ');"+
            "location.href='newsListServlet';</SCRIPT>");
} else {
    out.println("<SCRIPT LANGUAGE='JavaScript'>alert('登录失败! ');"+
            "location.href='login.jsp';</SCRIPT>");
}
...
```

14.5.3 新闻列表页面

管理员登录成功后，进入后台管理子系统的主页面，在该主页面中初始显示新闻列表页 news.jsp。新闻列表页运行效果见图 14-6。

1. 视图

查询新闻模块涉及一个页面：news.jsp。在该页面中使用 EL 表达式展示数据时，一般使用实体类的属性名，因为本项目使用 BaseDao 中的查询方法，EL 表达式对应的属性名全部小写，如 adminName 要写成 adminname。

news.jsp 的核心代码如下：

```
<table class="am-table am-table-striped am-table-hover table-main">
    <thead>
     <tr>
        <th class="table-id">序号</th>
        <th class="table-title">新闻标题</th>
        <th class="table-title">创建人</th>
        <th class="table-author">创建时间</th>
        <th class="table-author">操作</th>
      </tr>
    </thead>
    <tbody>
     <c:forEach items="${newsList}" var="news" varStatus="status">
      <tr>
          <td class="table-id">${status.index + 1}</td>
          <td>${news.newstitle}</td>
          <td class="table-title">${news.adminname}</td>
          <td class="table-title">${news.newstime}</td>
          <td>
             <div class="am-btn-toolbar">
                 <div class="am-btn-group am-btn-group-xs">
                     <input type="hidden" value="${news.newsid}">
                     <input type="hidden" value="${news.newscontent}">
                     <input type="hidden" value="${news.newstitle}">
                     <a style="background:#2167A9" onclick="edit(this);"
                    class="am-btn am-btn-primary am-btn-xs " href="javascript:void(0);">
                     <span></span>修改</a>
                     <a rel="${news.newsid}" onclick="del(this);"
                    class="am-btn am-btn-warning am-btn-xs "
                    href="javascript:void(0);"><span></span>删除</a>
                 </div>
             </div>
          </td>
       </tr>
     </c:forEach>
    </tbody>
</table>
<table  class="am-table  am-table-striped"  width="90%"  border="0"  align="center"
cellpadding="2"
   cellspacing="0">
    <tr>
        <td width="80%" height="30" class="chinese">
          <span class="chinese">
```

```
        当前第${pageIndex}页/共${pageCount}页,    共${rowCount}
条记录,    ${pageSize}条/页
        </span>
    </td>
    <td width="20%">
        <table width="100%" border="0">
            <tr>
                <td>
                    <div align="right">
                        <span class="chinese">
                            <select id="ipage" name="ipage"
                                class="chinese" onChange="page(this)">
                                <option value="" selected>请选择</option>
                                <c:forEach begin="1" end="${pageCount}"
                                step="1" var="page">
                                <option <c:if test="${pageIndex==page}">
                                selected</c:if>>第${page}页</option>
                            </c:forEach>
                            </select>
                        </span>
                    </div>
                </td>
            </tr>
        </table>
    </td>
  </tr>
</table>
```

2．控制器

查询新闻模块的控制器 NewsListServlet，其核心代码如下：

```
NewsDao newsDao = new NewsDao();
int pageIndex=1;//页码
int pageSize=5;//页大小
int pageCount=0;//总页数
if(req.getParameter("pageIndex") !=null)
pageIndex = commonUtils.StrToInt(req.getParameter("pageIndex"));
List<Map<String, Object>> newsList = newsDao.listNews(pageIndex, pageSize);//分页查询
int rowCount = newsDao.getNewsCount();//总记录条数
if(rowCount%pageSize==0)
   pageCount=rowCount/pageSize;
else
   pageCount=rowCount/pageSize+1;
//新闻集合、页码、页大小、总记录条数和总页数放入请求作用域
req.setAttribute("newsList", newsList);
req.setAttribute("pageIndex", pageIndex);
req.setAttribute("pageSize", pageSize);
req.setAttribute("rowCount", rowCount);
req.setAttribute("pageCount", pageCount);
req.getRequestDispatcher("news.jsp").forward(req, resp);
```

14.5.4 添加新闻

添加新闻模块嵌入在 news.jsp 页面中，使用 AmazeUI 模态窗口进行布局。添加新闻模块运行效果如图 14-10 所示。

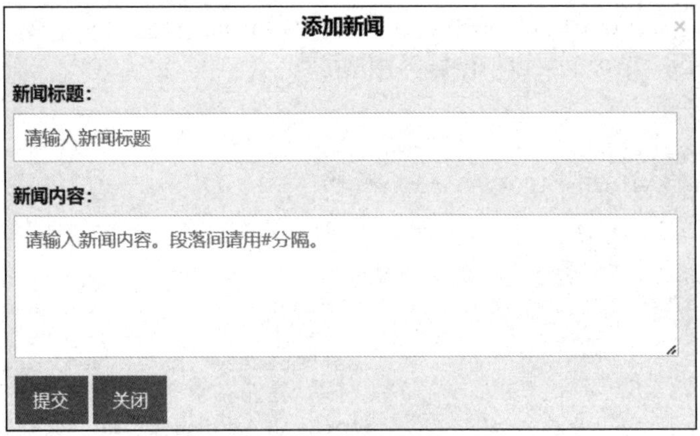

图 14-10　添加新闻界面

1. 视图

增加新闻模块的核心代码如下：

```
<div class="am-popup" id="new-popup">
    <div class="am-popup-inner">
        <div class="am-popup-hd">
            <h4 class="am-popup-title">
                添加新闻
            </h4>
            <span data-am-modal-close class="am-close">&times;</span>
         </div>
        <div class="am-popup-bd">
            <form action="newsAddServlet" method="post"
                class="am-form" id="new-msg">
                <fieldset>
                    <div class="am-form-group">
                    <label>
                        新闻标题：
                    </label>
                    <input name="newsTitle" type="text" maxlength="32"
                      placeholder="请输入新闻标题"
                      data-validation-message="不能为空" required/>
                </div>
                <div class="am-form-group">
                    <label>
                        新闻内容：
                    </label>
                    <textarea name="newsContent" cols="30" rows="10"
                      placeholder="请输入新闻内容。段落间请用#分隔。"
                      data-validation-message="不能为空" required></textarea>
                </div>
                <input name="Action" type="hidden" value="Add">
                <button class="am-btn am-btn-secondary" type="submit">
                    提交
                </button>
                <button onclick='$("#new-popup").modal("close");'
                class="am-btn am-btn-secondary" type="button">
                    关闭
                </button>
             </fieldset>
            </form>
```

```
        </div>
    </div>
</div>
```

2. 控制器

添加新闻模块的控制器 NewsAddServlet，其核心代码如下：

```
HttpSession session = req.getSession();
Map<String,Object> user = (Map<String,Object>)session.getAttribute("user");
News news = new News();
news.setNewsTitle(newsTitle);
news.setNewsContent(newsContent);
news.setAdminName(user.get("username").toString());
boolean flag = newsDao.addNews(news);
if (flag)
{
    out.print("<script>alert('添加新闻成功!');location.href='newsListServlet';</script>");
     return;
}
else
{
    out.print("<script>alert('添加新闻失败!');location.href='newsListServlet';</script>");
     return;
}
```

14.5.5 修改新闻

单击新闻列表页面中的“修改”超链接，打开修改新闻界面，它是 AmazeUI 模态窗口，嵌入在新闻列表页面 news.jsp 中。通过<c:forEach>标签遍历新闻列表时，新闻编号、标题和内容已存放在隐藏域中，如<input type="hidden" value="${news.newsid}">，单击“修改”超链接时，将隐藏域中的值显示到修改界面的文件框中。

输入要修改的信息后，单击“提交”按钮，将新闻信息提交给控制器 Servlet（NewsUpdateServlet）。该控制器与添加新闻的控制器 NewsAddServlet 类似，读者可以参考 NewsAddServlet 编写代码。修改成功，进入查询新闻页面；修改失败，回到修改新闻界面。修改新闻界面如图 14-11 所示。

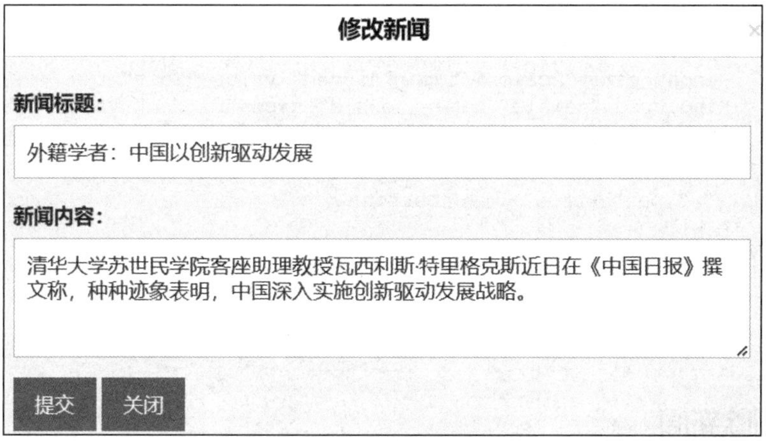

图 14-11 修改新闻界面

新闻列表“修改”超链接的 js 函数代码如下：

```
function edit(obj) {
    var _obj=$(obj);
    var newsTitle = _obj.prev().val();
    var NewsContent=_obj.prev().prev().val();
    var NewsId=_obj.prev().prev().prev().val();
    $('#upd_NewsTitle').val(newsTitle);
    $('#upd_NewsContent').val(NewsContent);
    $('#newsId').val(NewsId);
    $('#edit-popup').modal();
}
```

修改新闻的 AmazeUI 模态窗口代码如下：

```
<div class="am-popup" id="edit-popup">
    <div class="am-popup-inner">
        <div class="am-popup-hd">
            <h4 class="am-popup-title">
                修改新闻
            </h4>
            <span data-am-modal-close class="am-close">&times;</span>
        </div>
        <div class="am-popup-bd">
            <form action="newsUpdateServlet" method="post"  class="am-form" id="edit-
msg">
             <fieldset>
               <div class="am-form-group">
                   <label>
                       新闻标题:
                   </label>
                   <input id="upd_NewsTitle" name="upd_NewsTitle" type="text" maxlength=
"32"
                           placeholder="请输入新闻标题" data-validation-message="不能为空"
required/>
               </div>
               <div class="am-form-group">
                   <label>
                       新闻内容:
                   </label>
                   <textarea  id="upd_NewsContent"  name="upd_NewsContent"  cols="30"
rows="10"  placeholder=" 请 输 入 新 闻 内 容 "  data-validation-message=" 不 能 为 空 "
required></textarea>
               </div>
               <input name="Action" type="hidden" value="Edit">
               <input id="newsId" name="newsId" type="hidden" value="">
               <button class="am-btn am-btn-secondary" type="submit">提交 </button>
               <button   onclick='$("#edit-popup").modal("close");'   class="am-btn
am-btn-secondary" type="button">关闭</button>
           </fieldset>
           </form>
        </div>
    </div>
 </div>
```

14.5.6 删除新闻

单击新闻列表页面中的“删除”超链接，打开 AmazeUI 模态窗口，如图 14-12 所示。

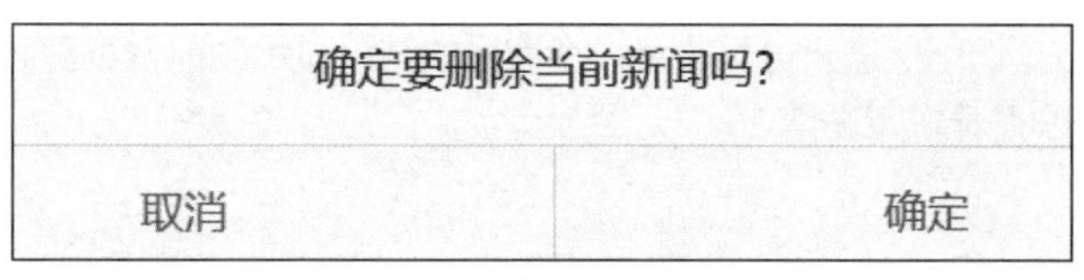

图 14-12 删除新闻确定界面

1. 视图

模态窗口代码如下所示：

```
<div class="am-modal am-modal-confirm" tabindex="-1" id="my-confirm">
<div class="am-modal-dialog">
     <div class="am-modal-bd">
         确定要删除当前新闻吗?
     </div>
     <div class="am-modal-footer">
         <span class="am-modal-btn" data-am-modal-cancel>取消</span>
         <span class="am-modal-btn" data-am-modal-confirm>确定</span>
     </div>
   </div>
</div>
```

单击模态窗口中的“确定”按钮，将当前行的新闻 ID 提交给控制器 Servlet（NewsDelServlet），删除成功后，进入新闻列表查询页面。

2. 控制器

NewsDelServlet.java 代码如下：

```
NewsDao newsDao = new NewsDao();
String NewsID = req.getParameter("NewsID"); //新闻 ID
PrintWriter out = resp.getWriter();
if (newsDao.delNews(NewsID))
    out.print("<script>alert('删除新闻成功!');location.href='newsListServlet';</script>");
else {
    out.print("<script>alert('删除新闻失败!');location.href='newsListServlet';</script>");
}
```

14.6 前台展示子系统的实现

与前台展示子系统相关的 JSP 页面、CSS、JavaScript 和图片位于 web/front 目录下，在 14.4 节中已经介绍了系统的数据库操作。本节只介绍 JSP 页面和 Servlet 的核心实现。

14.6.1 导航栏

导航栏参见图 14-1，单击导航栏中的某项超链接可以跳转到对应的页面。本小节只介绍新闻模块，公告模块与新闻模块类似，读者可以参考新闻模块完成公告模块的相关功能。

14.6.2 新闻

单击导航栏中的“新闻”超链接，该超链接的目标地址是一个 Servlet，该 Servlet 的类名为

NewsListFrontServlet。数据访问层进行分页查询，查询后的结果显示到前台页面。单击新闻列表中每一项的“详情”超链接，可以查看新闻详情。

1．视图

该模块的视图涉及两个 JSP 页面：newsFrontList.jsp、newsFrontDetail.jsp。newsFrontList.jsp 运行效果如图 14-13 所示，newsFrontDetail.jsp 运行效果如图 14-14 所示。

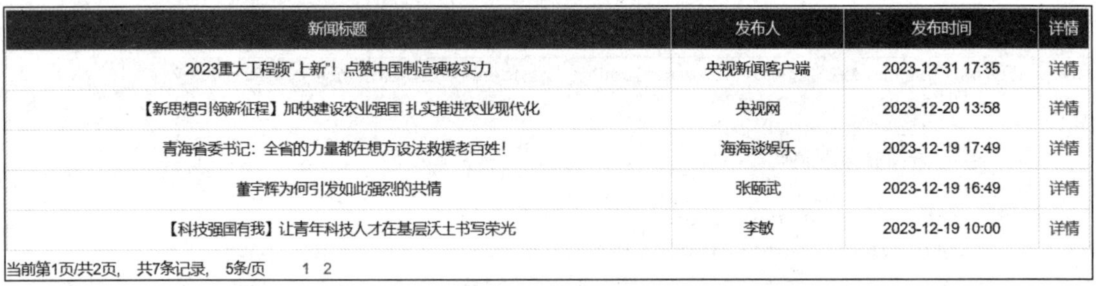

新闻标题	发布人	发布时间	详情
2023重大工程频“上新”！点赞中国制造硬核实力	央视新闻客户端	2023-12-31 17:35	详情
【新思想引领新征程】加快建设农业强国 扎实推进农业现代化	央视网	2023-12-20 13:58	详情
青海省委书记：全省的力量都在想方设法救援老百姓！	海海谈娱乐	2023-12-19 17:49	详情
董宇辉为何引发如此强烈的共情	张颐武	2023-12-19 16:49	详情
【科技强国有我】让青年科技人才在基层沃土书写荣光	李敏	2023-12-19 10:00	详情

当前第1页/共2页， 共7条记录， 5条/页 1 2

图 14-13 前台新闻列表

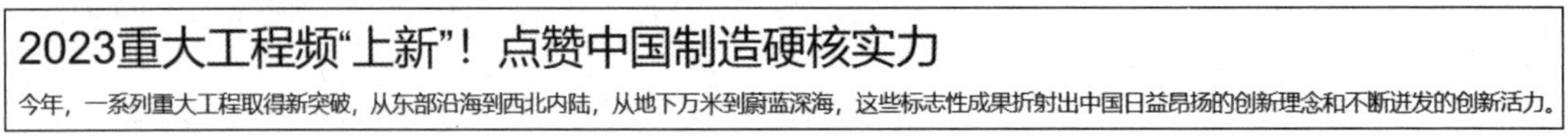

2023重大工程频“上新”！点赞中国制造硬核实力

今年，一系列重大工程取得新突破，从东部沿海到西北内陆，从地下万米到蔚蓝深海，这些标志性成果折射出中国日益昂扬的创新理念和不断迸发的创新活力。

图 14-14 前台新闻详情

2．控制器

该模块的控制器涉及两个 Servlet：NewsListFrontServlet 和 NewsFrontDetailServlet。NewsListFrontServlet.java 和 NewsListServlet 类似，可参考 14.5.3 小节新闻列表页面的控制器 NewsListServlet，其核心代码如下：

```
NewsDao newsDao = new NewsDao();
String newsId = req.getParameter("newsId");
Map<String, Object> news = newsDao.frontNewsDetail(newsId);
req.setAttribute("news", news);
req.getRequestDispatcher("newsFrontDetail.jsp").forward(req, resp);
```

14.7 本章小结

本章主要对新闻管理系统的前期准备工作和项目开发过程进行了讲解。首先介绍了项目需求、功能结构，讲解了项目中的 E-R 图以及相关数据表结构设计，使读者对新闻管理系统有了大致了解；然后讲解了过滤器、验证码、数据库操作和工具类等组件；最后讲解了项目的功能实现。

第15章 项目案例：员工管理系统

本章综合运用前面所学知识完成基于Spring Boot、MyBatis和Vue的员工管理系统的设计与实现。通过本章的学习，可以加深读者对Java Web基础知识和框架的理解，并了解Web项目的开发流程。

15.1 项目设计

15.1.1 项目概述

1. 需求分析

本系统的前台使用当前主流框架Vue，后端使用Spring Boot+MyBatis框架。管理员登录成功后，可以对用户信息进行管理，包括增加用户、查询用户、修改用户和删除用户，也可以对部门管理模块、员工管理模块、员工培训模块和奖惩管理模块进行增加、查询、修改和删除操作。

2. 功能结构

员工管理系统包括用户模块、部门管理模块、员工管理模块、员工培训模块和奖惩管理模块，如图15-1所示。管理员登录成功后，进入后台页面，可以对用户、部门、员工、员工培训和员工奖惩信息进行管理。

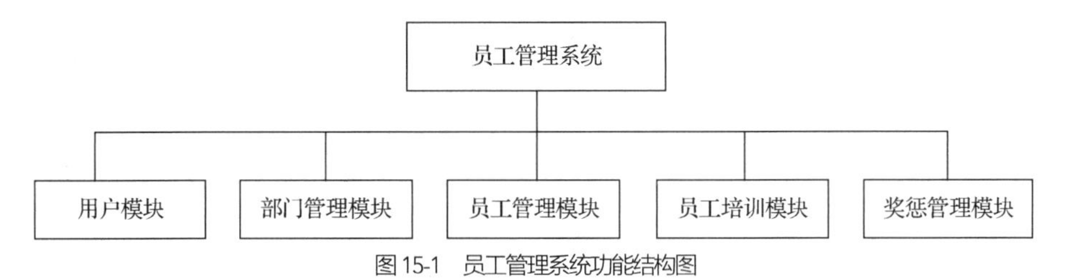

图15-1 员工管理系统功能结构图

15.1.2 数据库设计

根据系统功能分析，需要对用户、部门、员工、员工培训和员工奖惩信息进行记录与维护，所以在此设计表15-1至表15-5这五张表以支撑目前的系统功能，此处设计的数据库名称为staffmanager。这里只提供数据表的结构，读者可以根据表结构自行编写SQL语句创建数据表，也可以执行本书提供的项目源码中的SQL语句创建数据表。

（1）用户信息表（user）。用于保存用户信息，其结构如表15-1所示。

表 15-1　用户信息表

字段名	类型	是否为空	是否为主键	描述
id	int	否	是	用户编号
name	varchar(50)	否	否	姓名
username	varchar(50)	否	否	用户名
password	varchar(50)	否	否	密码
age	tinyint	是	否	年龄
gender	tinyint	是	否	性别（1 男　0 女）
phone	varchar(11)	是	否	手机号
role	tinyint	是	否	角色（1 管理员　2 普通用户）

（2）部门表（dept）。用于保存部门信息，其结构如表 15-2 所示。

表 15-2　部门表

字段名	类型	是否为空	是否为主键	描述
id	int	否	是	部门编号
name	varchar(50)	否	否	部门名称
create_time	datetime	否	否	创建时间
update_time	datetime	否	否	修改时间

（3）员工信息表（emp）。用于保存员工信息，其结构如表 15-3 所示。

表 15-3　员工信息表

字段名	类型	是否为空	是否为主键	描述
id	int	否	是	员工编号
name	varchar(50)	否	否	姓名
gender	tinyint	是	否	性别（1 男　0 女）
image	varchar(50)	是	否	头像
job	tinyint	是	否	职位（ 1 专任教师 2 辅导员　3 其他）
entrydate	date	是	否	入职时间
dept_id	int	是	否	部门 ID
create_time	datetime	是	否	创建时间
update_time	datetime	是	否	修改时间

（4）员工培训表（train）。用于保存员工培训信息，其结构如表 15-4 所示。

表 15-4　员工培训表

字段名	类型	是否为空	是否为主键	描述
id	int	否	是	编号

续表

字段名	类型	是否为空	是否为主键	描述
emp_id	int	否	否	员工编号
theme	varchar(50)	否	否	培训主题
organizer	varchar(50)	否	否	主办方
start_date	date	是	否	培训开始时间
end_date	date	是	否	培训结束时间
content	varchar(300)	是	否	培训主要内容

（5）奖惩信息表（prizeFine）。用于保存对员工的奖惩信息，其结构如表 15-5 所示。

表 15-5　奖惩信息表

字段名	类型	是否为空	是否为主键	描述
id	int	否	是	编号
emp_id	int	否	否	员工编号
type	int	否	否	类型（1 警告　2 记过　3 大过　4 嘉奖　5 记功　6 大功）
content	varchar(300)	是	否	奖惩事项及文号

15.2 系统设计与实现

15.2.1 项目环境搭建

在开发功能模块之前，应该进行项目环境及项目框架的搭建等工作。下面分步骤讲解在正式开发功能模块前应做的准备工作，具体如下。

1. 系统开发环境

本系统的软件开发及运行环境如下。

（1）操作系统：Windows 10 或更高版本的 Windows。

（2）JDK 环境：Corretto-17 Java Version "17.0.9"。

（3）开发工具：IntelliJ IDEA 2023。

（4）Web 服务器：Spring Boot 框架的 Web 依赖包中内嵌 Tomcat 组件。

（5）数据库：MySQL 8.0.32。

（6）框架：Spring Boot 3.1.7、MyBatis 2.3.1、Vue 2.0。

（7）浏览器：推荐 Google 或 Firefox 浏览器。

2. 工程目录结构

由于项目代码量大，而本书篇幅有限，因此本章主要介绍本案例的登录模块和员工管理模块，详细代码请参见项目配套的源代码。工程的目录结构如图 15-2、图 15-3 所示。下面结合图 15-2 详细描述各个包下的文件归类。

（1）mapper 包下的 Java 文件为与数据库进行交互的接口。持久层采用的是 MyBatis 框架，简单操作直接在 mapper 包下使用注解，复杂操作需要在工程 resources 目录下创建 xml 文件，使用 SQL 语句完成功能。

（2）service 包中的类主要用于编写业务逻辑，并通过调用数据访问层接口中对应的方法操作数据库。

（3）controller 包中的类用于接收客户端请求，并做出响应。

（4）pojo 包下的 Java 文件为实体类。本案例包括实体类 User、Dept、Emp、Train、PrizeFine、Result（通用返回类）和 PageBean（分页）。

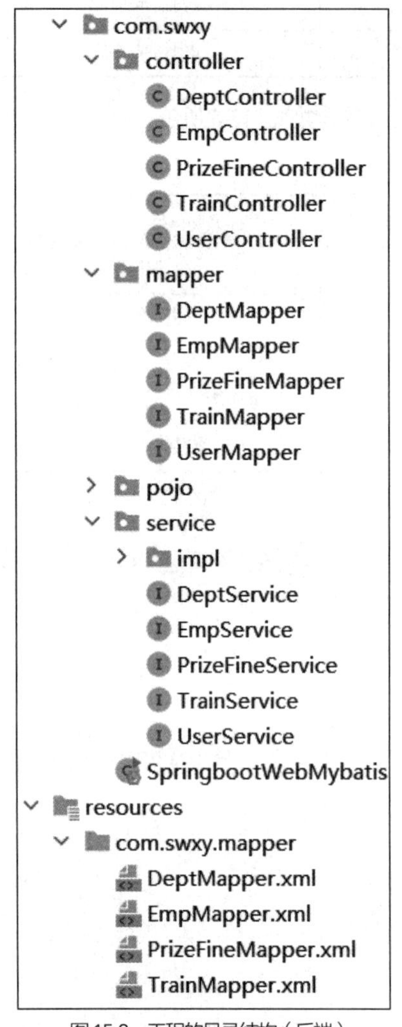

图 15-2　工程的目录结构（后端）

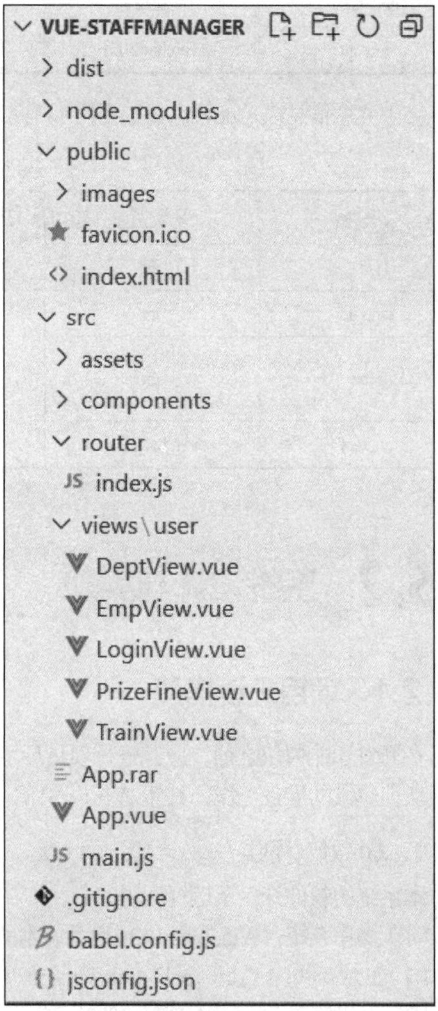

图 15-3　工程的目录结构（前端）

15.2.2　登录模块

1．后端功能的实现

（1）创建实体类。

```
@Data
@NoArgsConstructor
@AllArgsConstructor
public class User {
```

```
    private Integer id;
    private String name;
    private String username;
    private String password;
    private Short age;
    private Short gender;
    private String phone;
    private Short role;
}
```

（2）创建数据访问层。

```
@Mapper
public interface UserMapper {
    @Select("SELECT password from user where username=#{username}")
    public String getPwdByUserName(String username);
}
```

（3）创建业务逻辑层。

```
@Service
public class UserServiceImpl implements UserService {
    @Autowired
    private UserMapper userMapper;
    @Override
    public String getPwdByUserName(String username) {
        return userMapper.getPwdByUserName(username);
    }
}
```

（4）创建控制器类。

```
@RestController
public class UserController {
    @Autowired
    private UserService userService;
    @PostMapping("/emps/login")
    public Result login(@RequestBody User user){
        System.out.println(user);
        String pwd = userService.getPwdByUserName(user.getUsername());
        if(user.getPassword().equals(pwd)){
            return  Result.success("success");
        }else {
            return Result.error("error");
        }
    }
}
```

注意

操作数据库，需要在 application.properties 中配置数据源。

2．前端功能的实现

手动配置路由 index.js 文件，代码如下所示：

```
import Vue from 'vue'
import VueRouter from 'vue-router'
Vue.use(VueRouter)
const routes = [
{
```

```
    path: '/',
    name: 'loginDefault',
    redirect: "/login"
},
{
    path: '/login',
    name: 'login',
    component: () => import('../views/user/LoginView.vue')
 },
{
    path: '/emp',
    name: 'emp',
    component: () => import('../views/user/EmpView.vue')
},
{
    path: '/dept',
    name: 'dept',
    component: () => import('../views/user/DeptView.vue')
},
{
    path: '/train',
    name: 'train',
    component: () => import('../views/user/TrainView.vue')
},
{
    path: '/prizeFine',
    name: 'prizeFine',
    component: () => import('../views/user/PrizeFineView.vue')
}]
const router = new VueRouter({
  routes
})
export default router
```

登录界面如图 15-4 所示，用户登录成功后，进入员工管理列表页面。

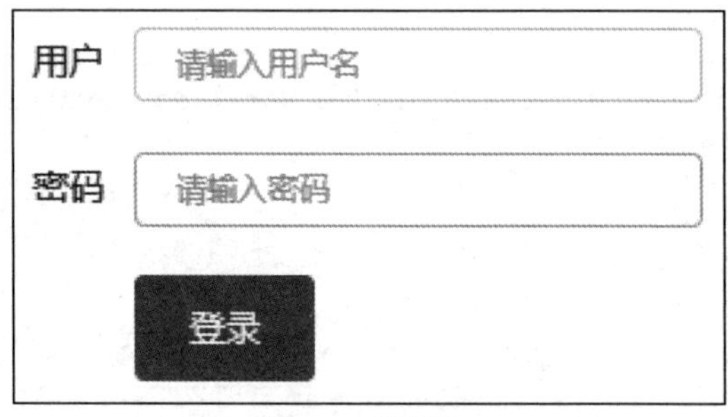

图 15-4　登录界面

LoginView.vue 代码如下所示：

```
<template>
   <div style="width:300px;margin;0px auto;">
       <el-form ref="form" :model="loginForm" label-width="80px" size="mini">
           <el-form-item label="用户">
                   <el-input v-model="loginForm.username" placeholder="请输入用户名
"></el-input>
           </el-form-item>
           <el-form-item label="密码">
               <el-input v-model="loginForm.password"
```

```
                show-password placeholder="请输入密码"></el-input>
            </el-form-item>
            <el-form-item size="large">
                <el-button type="primary" @click="onSubmit">登录</el-button>
            </el-form-item>
        </el-form>
    </div>
</template>
<script>
import axios from 'axios';
export default {
    data() {
        return {
            loginForm: {
                username: '',
                password: ''
            }
        }
    },
    methods: {
        onSubmit() {
            let that = this;
            const data = { "username": this.loginForm.username, "password": this.login
Form.password };
            axios.post("/emps/login", data).then((result) => {
                if (result.data.data == "success") {
                    that.$router.push("/emp");
                }
            }).catch((err) => {
                console.log(err);
            });
        }
    }
}
</script>
```

15.2.3　员工管理模块

1. 后端主要功能的实现

员工管理模块的列表界面如图 15-5 所示，增加员工信息界面如图 15-6 所示，修改员工信息界面如图 15-7 所示。

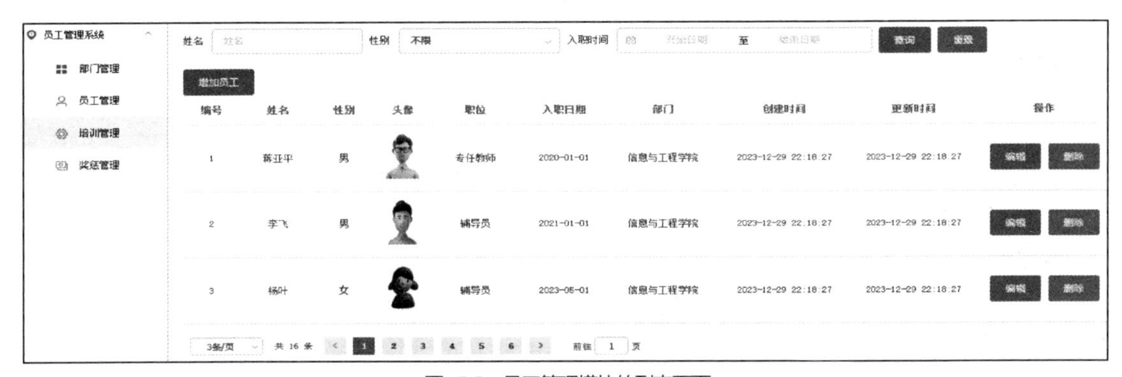

图 15-5　员工管理模块的列表页面

图 15-6　增加员工信息界面

图 15-7　修改员工信息界面

单击员工管理模块列表页面中的“删除”超链接，可以删除当前行对应的员工信息，删除前系统会弹出一个提示框，提示删除的数据将无法恢复，如图 15-8 所示。成功删除后，回到员工管理模块列表页面。

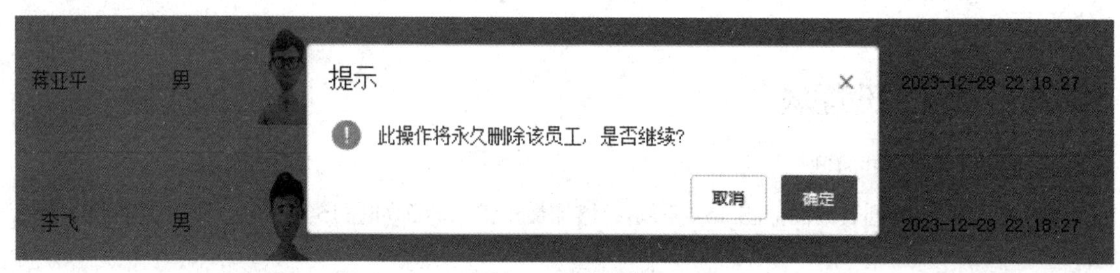

图 15-8　删除提示框

（1）创建员工实体类

员工实体类代码如下所示：

```
@Data
@AllArgsConstructor
@NoArgsConstructor
public class Emp {
    private Integer id;
    private String name;
    private Short gender;
    private String image;
    private short job;
    private LocalDate entrydate;
    private Integer deptId;
```

```
    private LocalDateTime createTime;
    private LocalDateTime updateTime;
}
```

分页实体类代码如下所示：

```
@Data
@AllArgsConstructor
@NoArgsConstructor
public class PageBean {
     private Long total;
     private List rows;
}
```

统一响应结果封装类 Result，读者请参照 12.3.2 小节。

（2）创建数据访问层

EmpMapper.java 接口代码如下所示：

```
@Mapper
public interface EmpMapper {
    @Select("select id, name, gender, image, job,\n" +
      " entrydate,dept_id, create_time, update_time from emp where id = #{id}")
    public Emp selectById(Integer id);
    public void insertEmp(Emp emp);
    @Delete("delete from emp where id=#{id}")
    public void delete(Integer id);
    public void update(Emp emp);
    public List<Emp> listWhere(String name, Short gender, LocalDate start, LocalDate
end);
}
```

EmpMapper.xml 代码如下所示：

```
<mapper namespace="com.swxy.mapper.EmpMapper">
    <select id="listWhere">
        select id, name, gender, image, job,entrydate,dept_id, create_time, update_time
from emp
        <where>
            <if test="name!=null and name!=''">
                name like concat('%',#{name},'%')
            </if>
            <if test="gender!=null and gender!=-1">
                and gender = #{gender}
            </if>
            <choose>
                <when test="start!=null and end!=null">
                    and entrydate between #{start} and #{end}
                </when>
                <when test="start!=null">
                    and entrydate > #{start}
                </when>
                <when test="end!=null">
                    and entrydate &lt; #{end}
                </when>
            </choose>
        </where>
    </select>
    <update id="update">
        update emp
        <set>
            <if test="name!=null and name!=''">
```

```
                name=#{name},
            </if>
            <if test="gender!=null">
                gender=#{gender}
            </if>
        </set>
        where id = #{id}
    </update>
    <insert id="insertEmp">
        insert into emp
            <trim prefix="(" suffix=")" suffixOverrides=",">
                <if test="name!=null and name!=''">
                    name,
                </if>
                <if test="gender!=null">
                    gender,
                </if>
                <if test="createTime!=null">
                    create_time,
                </if>
                <if test="updateTime!=null">
                    update_time
                </if>
            </trim>
            <trim prefix="values(" suffix=")" suffixOverrides=",">
                <if test="name!=null and name!=''">
                    #{name},
                </if>
                <if test="gender!=null">
                    #{gender},
                </if>
                <if test="createTime!=null">
                    #{createTime},
                </if>
                <if test="updateTime!=null">
                    #{updateTime}
                </if>
            </trim>
    </insert>
</mapper>
```

（3）创建业务逻辑层

EmpServiceImpl.java 文件代码如下所示：

```
@Service
public class EmpServiceImpl implements EmpService {
    @Autowired
    private EmpMapper empMapper;
    @Override
    public Emp selectById(Integer id) {
        return empMapper.selectById(id);
    }
    //使用 PageHelper 插件分页
    @Override
    public PageBean page(Integer page, Integer pageSize,String name, Short gender,
LocalDate start, LocalDate end) {
        PageHelper.startPage(page, pageSize);
        List<Emp> list = empMapper.listWhere(name, gender, start, end);
        Page<Emp> p = (Page<Emp>) list;
        PageBean pageBean = new PageBean(p.getTotal(),p.getResult());
        return pageBean;
```

```
    }
    @Override
    public void delete(Integer id) {
        empMapper.delete(id);
    }
    @Override
    public void update(Emp emp) {
        empMapper.update(emp);
    }
    @Override
    public void insertEmp(Emp emp) {
        empMapper.insertEmp(emp);
    }
}
```

（4）创建控制层

EmpController.java 代码如下所示：

```
@RestController
public class EmpController {
     @Autowired
     private EmpService empService;
     @GetMapping("/emps/{id}")
     public Result selectById(@PathVariable Integer id){
        return Result.success(empService.selectById(id));
     }
     @GetMapping("/emps")
     public   Object   page(@RequestParam(defaultValue   =   "1")   Integer   page,
@RequestParam(defaultValue = "3") Integer pageSize, String name, Short gender, String[]
entryDate) throws ParseException {
        LocalDate start =null,end=null;
        if(entryDate!=null && entryDate.length>0) {
           DateTimeFormatter dtf=DateTimeFormatter.ofPattern("yyyy-MM-dd");
           start = LocalDate.parse(entryDate[0],dtf);
           end = LocalDate.parse(entryDate[1],dtf);
        }
        PageBean pageBean = empService.page(page, pageSize,name,gender,start,end);
        return pageBean;
     }
     @PostMapping("/emps")
     public void insertEmp(@RequestBody Emp emp){
        emp.setCreateTime(LocalDateTime.now());
        emp.setUpdateTime(LocalDateTime.now());
        empService.insertEmp(emp);
     }
     @DeleteMapping("/emps/{id}")
     public void delete(@PathVariable("id") Integer id){
        empService.delete(id);
     }
     @PutMapping("/emps")
     public void update(@RequestBody  Emp emp){
        empService.update(emp);
     }
   }
```

注意

下拉列表回显时出现问题，例如，应该显示“男”，但显示数字 1，这个问题只需使用:value 属性即可解决，代码如下所示：

```
<el-select v-model="form.gender" placeholder="请选择性别">
  <el-option label="男" :value="1"></el-option>
  <el-option label="女" :value="0"></el-option>
</el-select>
```

2．前端主要功能的实现

员工管理 Vue 页面代码如下：

```
<template>
    <div>
        <el-container>
            <el-header>Header</el-header>
            <el-container>
                <el-aside width="220px" style="border-right: 1px solid lightgray;">
                    <el-menu style="border-right:0px" default-active="2" class="el-
menu-vertical-demo">
                        <el-submenu index="1">
                            <template slot="title">
                                <i class="el-icon-location"></i>
                                <span>员工管理系统</span>
                            </template>
                            <el-menu-item index="1-1" style="text-align: center;"
background="lightgray">
                                <router-link to="/dept" style="text-decoration: none;">
<i class="el-icon-menu"></i>  部门管理</router-link>
                            </el-menu-item>
                            <el-menu-item index="1-2" style="text-align: center;"
 background="lightgray">
                                <router-link to="/emp" style="text-decoration: none;"><i
class="el-icon-user"></i>  员工管理</router-link>
                            </el-menu-item>
                            <el-menu-item index="1-3" style="text-align: center;"
background="lightgray">
                                    <router-link to="/train" style="text-decoration:
none;"><i class="el-icon-setting"></i>  培训管理</router-link>
                            </el-menu-item>
                            <el-menu-item index="1-4" style="text-align: center;"
background="lightgray">
                                  <router-link to="/prizeFine" style="text-decoration:
none;"><i class="el-icon-money"></i>  奖惩管理</router-link>
                            </el-menu-item>
                        </el-submenu>
                    </el-menu>
                </el-aside>
                <el-main>
                    <el-form :inline="true" :model="formInline" class="demo-form-
inline">
                        <el-form-item label="姓名">
                            <el-input v-model="formInline.name" placeholder="姓名">
</el-input>
                        </el-form-item>
                        <el-form-item label="性别">
                            <el-select v-model="formInline.gender" placeholder="性别">
                                <el-option label="不限" :value="-1"></el-option>
```

```
                              <el-option label="男" :value="1"></el-option>
                              <el-option label="女" :value="0"></el-option>
                          </el-select>
                      </el-form-item>
                      <el-form-item label="入职时间">
                              <el-date-picker format="yyyy-MM-dd" value-format=
"yyyy-MM-dd" v-model="formInline.entrydate"
                              type="daterange" range-separator="至" start-placeholder=
"开始日期" end-placeholder="结束日期">
                          </el-date-picker>
                      </el-form-item>
                      <el-form-item>
                          <el-button type="primary" @click="onSubmit">查询</el-button>
                          <el-button type="info" @click="onReset">重置</el-button>
                      </el-form-item>
                  </el-form>
                  <el-row>
                      <el-button type="primary" @click="dialogFormAddVisible = true">
增加员工</el-button>
                  </el-row>
                  <el-table :data="tableData" style="width: 100%" :header-cell-style=
"{'text-align':'center'}" :cell-style="{'text-align':'center'}">
                      <el-table-column prop="id" label="编号" width="80">
                      </el-table-column>
                      <el-table-column prop="name" label="姓名" width="100">
                      </el-table-column>
                      <el-table-column label="性别" width="80">
                          <template slot-scope="scope">
                              {{ scope.row.gender == 1 ? "男" : "女" }}
                          </template>
                      </el-table-column>
                      <el-table-column label="头像" width="80">
                          <template slot-scope="scope">
                              <img :src="scope.row.image" width="50" height="70">
                          </template>
                      </el-table-column>
                      <el-table-column label="职位" width="120">
                          <template slot-scope="scope">
                              <span v-if="scope.row.job == 1">专任教师</span>
                              <span v-else-if="scope.row.job == 2">辅导员</span>
                              <span v-else>其他</span>
                          </template>
                      </el-table-column>
                      <el-table-column prop="entrydate" label="入职日期" width="120">
                      </el-table-column>
                      <el-table-column prop="deptId" label="部门" width="150">
                          <template slot-scope="scope">
                              <span v-if="scope.row.deptId ==1 ">传媒与艺术设计学院 </span>
                              <span v-else-if="scope.row.deptId ==2 ">信息与工程学院
</span>
                              <span v-else>经济学院 </span>
                          </template>
                      </el-table-column>
```

```
                        <el-table-column prop="createTime" label="创建时间" width="180"
                            :formatter = "formatDate">
                        </el-table-column>
                        <el-table-column prop="updateTime" label="更新时间" width="180"
                            :formatter = "formatDate">
                        </el-table-column>
                        <el-table-column fixed="right" label="操作" width="180">
                            <template slot-scope="scope">
                                <el-button type="primary" @click="handleToEdit
(scope.row)">编辑</el-button>
                                <template>
                                    <el-button type="danger" @click="handlerDelete
(scope.row)">删除</el-button>
                                </template>
                            </template>
                        </el-table-column>
                    </el-table>
                    <br />
                     <el-pagination :current-page.sync="currentPage" style="text-
align: left;" background layout="sizes, total, prev, pager, next, jumper"
                                                    @size-change="handleSizeChange"
@current-change="handleCurrentChange" :total="total"
                        :page-sizes="[3, 6, 9, 12,15]" :page-size="3">
                    </el-pagination>

                    <!-- Form 修改员工信息-->
                    <el-dialog title="修改员工信息" :visible.sync="dialogFormVisible">
                        <el-form :model="form">
                            <el-form-item label="姓名" :label-width="formLabelWidth">
                                <el-input v-model="form.name" autocomplete="off">
</el-input>
                            </el-form-item>
                            <el-form-item label="用户性别" :label-width="formLabelWidth">
                                <el-select v-model="form.gender" placeholder="请选择性别">
                                    <el-option label="男" :value="1"></el-option>
                                    <el-option label="女" :value="0"></el-option>
                                </el-select>
                            </el-form-item>
                        </el-form>
                        <div slot="footer" class="dialog-footer">
                                <el-button @click="dialogFormVisible = false">取 消
</el-button>
                                <el-button type="primary" @click="handleEdit">确 定
</el-button>
                        </div>
                    </el-dialog>

                    <!-- Form 增加员工信息-->
                    <el-dialog title="增加员工信息" :visible.sync="dialogFormAddVisible">
                        <el-form :model="formAdd">
                            <el-form-item label="姓名" :label-width="formLabelWidth">
                                <el-input v-model="formAdd.name" autocomplete="off">
</el-input>
                            </el-form-item>
```

```
                        <el-form-item label="用户性别" :label-width="formLabelWidth">
                            <el-select v-model="formAdd.gender" placeholder="请选择
性别">
                                <el-option label="男" :value="1"></el-option>
                                <el-option label="女" :value="0"></el-option>
                            </el-select>
                        </el-form-item>
                    </el-form>
                    <div slot="footer" class="dialog-footer">
                        <el-button @click="dialogFormAddVisible = false">取 消</el-
button>
                        <el-button type="primary" @click="handleAdd">确 定</el-button>
                    </div>
                </el-dialog>
            </el-main>
        </el-container>
    </el-container>
  </div>
</template>
<script>
import axios from "axios"
export default {
    data() {
        return {
            currentPage: 1,
            tableData: [],
            total: 10,
            formInline: {
                name: '',
                gender: -1,
                entrydate: [],
            },
            dialogFormVisible: false,
            form: {
                name: '',
                gender: ''
            },
            formLabelWidth: '120px',
            idEdit: 0,// 编辑行对应的id
            formAdd: {
                name: '',
                gender: ''
            },
            dialogFormAddVisible: false
        }
    },
    mounted() {
        axios.get("/emps").then((result) => {
            this.tableData = result.data.rows;
            this.total = result.data.total;
        })
    },
    methods: {
        onSubmit() {
          axios.get("/emps?name=" + this.formInline.name + "&gender=" + this.
formInline.gender + "&entryDate=" + this.formInline.entrydate).then((result) => {
                this.tableData = result.data.rows;
```

```
            this.total = result.data.total;
        })
    },
    handleCurrentChange(val) {
        axios.get("/emps?page=" + val).then((result) => {
            this.tableData = result.data.rows;
            this.total = result.data.total;
        })
    },
    handleSizeChange(val) {
        axios.get("/emps?pageSize=" + val).then((result) => {
            this.tableData = result.data.rows;
            this.total = result.data.total;
        })
    },
    handlerDelete(val) {
        this.$confirm('此操作将永久删除该员工，是否继续?', '提示', {
            confirmButtonText: '确定',
            cancelButtonText: '取消',
            type: 'warning'
        }).then(() => {
            //根据 id 删除员工
            axios.delete("/emps/" + val.id).then(() => {
            });
        }).then(() => {
            //刷新页面（默认显示第一页，但分页组件不会选中第一页）
            this.fetchData();
            //分页组件选中第一页
            this.currentPage=1;
            this.$message({
                type: 'success',
                message: '删除成功!'
            });
        }).catch(() => {
            this.$message({
                type: 'info',
                message: '已取消删除'
            });
        });
    },
    handleToEdit(val) {
        this.dialogFormVisible = true;
        this.idEdit = val.id;  //修改时需要选中行的 id

        axios.get("/emps/" + val.id).then((result) => {
            var emp = result.data.data;
            this.form.name = emp.name;
            this.form.gender = emp.gender;
        })
    },
    handleEdit() {
        this.dialogFormVisible = false;
        console.log(this.form.gender);
        const data = { "id": this.idEdit, "name": this.form.name,"gender": this.
form.gender };
        axios.put("/emps", data).then(() => {
```

```
                this.fetchData();
            }).then(() => {
                 //分页组件选中第一页
                 this.currentPage=1;
                this.$message({
                    type: 'success',
                    message: '修改成功!'
                })
            }).catch(() => {
                this.$message({
                    type: 'success',
                    message: '已取消修改!'
                })
            });
        },
        handleAdd() {
            this.dialogFormAddVisible = false;
            const data = { "name": this.formAdd.name, "gender": this.formAdd.gender };
            axios.post("/emps", data).then(() => {
                this.fetchData();
            }).then(() => {
                 //分页组件选中第一页
                 this.currentPage=1;
                this.$message({
                    type: 'success',
                    message: '增加成功!'
                })
            }).catch(() => {
                this.$message({
                    type: 'success',
                    message: '已取消增加!'
                })
            });
            this.formAdd.name = '';
            this.formAdd.gender = '';
        },
        //重置检索表单
        onReset(){
            this.formInline.name='';
            this.formInline.gender=-1;
            this.formInline.entrydate=[];
        },
        formatDate(row,column){
            let data = row[column.property]
            if(data == null){
                return null
            }
            let dt = new Date(data)
            return dt.getFullYear()+'-'+(dt.getMonth()+1) + '-' + dt.getDate() + ' ' +
dt.getHours() + ':' + dt.getMinutes() +':'+dt.getSeconds()
        },
        //获取表格数据
        fetchData() {
            axios.get("/emps").then((result) => {
                this.tableData = result.data.rows;
                this.total = result.data.total;
            })
```

```
        }
    }
}
</script>
```

用户、部门管理、员工培训和奖惩管理 4 个模块的实现代码与员工管理模块类似，读者可以参考员工管理模块完成相关功能。

15.3 本章小结

本章讲述了员工管理系统通用功能的设计与实现。通过本章的学习，读者不仅掌握了开发员工管理系统的流程、方法和技术，还熟悉了该系统的业务需求、设计与实现。